•9天练会系列丛书•

9天练会 新型空调器维修

韩雪涛 主 编

吴 瑛 韩广兴 王新霞 副主编

U0391354

机 械 工 业 出 版 社

本书根据市场实际需求，将当前新型空调器维修行业所需要具备的从业技能按照项目式培训教程的教学理念进行细分，打破传统图书的章节编写模式，将时间概念引入到书中，根据学习者的学习习惯和行业特点，循序渐进地安排知识技能的学习，注重技能在实用方向和应用方向上的培养与锻炼。

本书每一天的训练安排如下：第 1 天，做好新型空调器的维修准备；第 2 天，掌握新型空调器制冷管路的操作技能；第 3 天，掌握新型空调器安装、移机的方法；第 4 天，掌握新型空调器的故障判别方法；第 5 天，练会新型空调器中制冷管路的维修技能；第 6 天，练会新型空调器中电源电路的维修技能；第 7 天，练会新型空调器中主控电路的维修技能；第 8 天，练会新型空调器中遥控电路的维修技能；第 9 天，练会新型空调器中变频电路的维修技能。

为了能够让读者在 9 天的时间内掌握新型空调器维修的基本技能，本书加强实训环节的锻炼，将新型空调器维修中的操作技能以项目案例的形式展现，让读者可以跟着学跟着练，力求在训练的过程中领悟原理、掌握技能、开阔眼界、增长经验。

本书可作为电子产品生产、调试、维修等岗位培训教材，也可作为电子技术相关职业资格考核认证的培训教材，既适合广大家电维修从业人员阅读，也适合家电维修行业学员和电子爱好者阅读。

图书在版编目（CIP）数据

9 天练会新型空调器维修/韩雪涛主编 .—北京：机械工业出版社，2012.12
（9 天练会系列丛书）
ISBN 978-7-111-40304-3

Ⅰ.①9…　Ⅱ.①韩…　Ⅲ.①空气调节器–维修　Ⅳ.①TM925.120.7

中国版本图书馆 CIP 数据核字（2012）第 263593 号

机械工业出版社（北京市百万庄大街 22 号　邮政编码 100037）
策划编辑：张俊红　责任编辑：张俊红
版式设计：霍永明　责任校对：张玉琴
封面设计：马精明　责任印制：乔　宇
北京机工印刷厂印刷（三河市南杨庄国丰装订厂装订）
2013 年 1 月第 1 版第 1 次印刷
184mm×260mm・20.75 印张・513 千字
0 001—4 000 册
标准书号：ISBN 978-7-111-40304-3
定价：49.80 元

本书编委会

主　编：韩雪涛

副主编：吴　瑛　韩广兴　王新霞

编　委：张丽梅　马　楠　宋永欣　梁　明

宋明芳　吴　敏　张相萍　吴　玮

高瑞征　吴鹏飞　韩雪冬　章佐庭

吴惠英　李亚洲　李亚梁　周　洋

马敬宇

前　言

　　近几年，电子技术的发展速度超出了人们的想象，各种家电产品不断涌现。而且，随着人们生活水平的提高，家电产品的智能化程度越来越高，功能越来越强大。丰富的家电产品为我们的生活带来了便捷，同时也为社会提供了更广阔的就业空间。尤其是对家电产品生产、调试、维修等行业的从业人员需求日益显著，越来越多的人开始从事家电产品生产、调试、维修等工作。

　　作为数码工程师鉴定指导中心，我们每天都会收到全国各地读者的信件，接听大量的咨询电话。其中，咨询如何能够在短时间内掌握家电产品维修技能是最常见的问题。对于学习家电产品维修技术，我们所面临的第一个难题就是家电产品的电路结构越来越复杂，更新速度也越来越快，而传统的家电维修类图书的写作方式和呈现内容显然已不能满足现阶段学习的需要。

　　针对这一现状，我们进行了深入的市场调研，对当前流行的各种具备典型代表性的家电产品的售后维修技能进行了细致的层次划分，并将这些数据和分析结果与我们多年的培训经验相结合，最终将不同类型的家电产品进行分类，制作成针对各类家电产品的精品维修教程，分别植入到短期速成培训方案中，力求让学习者通过集中式强化学练模式，在短短几天内掌握维修技能的精髓。这就是我们编写《9天练会系列丛书》的初衷。

　　《9天练会系列丛书》不同于以往技能类培训图书，本套丛书将时间概念引入到图书编写的框架中，所有的知识技能按照读者的学习习惯和行业特点，按时间线进行规划，注重培训内容的衔接和连贯。

　　此外，本套丛书的另一大特色是以练为主，这种特色模式区别于以往培训图书以学为主的培训观念。本套丛书强调技能的训练，以练代学，突出了项目式技能培训理念，真正做到以市场需求为导向，以指导就业为培训原则。书中所有的知识内容都以项目技能为考核目标，知识以实用且够用为原则，注重读者实际动手操作的能力，这一培训理念的贯彻实施也是使读者能9天练会技能的重要保障。

　　当然，通过平面图文来传授技能也是我们编写这套丛书所面临的又一大挑战。为了让图书的内容有现场操作的效果，本套丛书在资源储备和内容制作上做足了文章，所有的操作环节都聘请了具有丰富经验的高级技师亲自操作演示，并用先进的照相机和摄录机进行现场实景拍摄，全程记录实操过程；然后再由多媒体技术人员根据所表达的技能内容对拍摄的影像资料进行后期编辑与整理，充分发挥多媒体技术优势，将难以表现的结构原理通过三维效果图的形式展现出来，将冗长而繁琐的工作过程通过二维流程图的形式展现出来，将操作过程的内容以现场图解的形式展现出来，力求让读者一看就懂、一学就会。

在图书内容的把握上，我们特聘请了家电产品维修行业的资深专家韩广兴教授担任顾问，确保整套图书独特的职业化培训特色，同时能够将国家职业技能鉴定的考核标准融入到实训项目中。读者通过学习不仅可以掌握维修技能，还可申报相应的国家工程师资格或国家职业资格的认证。

此外，本套丛书在编著制作过程中，得到了 SONY、松下、佳能、JVC、亚洲培训学校等多家专业维修机构的大力支持，以确保图书内容的权威性、规范性和实用性。需要特别说明的是，为了保持产品资料原貌，以便于读者在实际维修时对照参考，本书中的部分图形符号和文字符号并未按照国家标准做统一修改处理，这点请广大读者引起注意。

考虑到家电产品维修技术的特殊性，为了便于读者进行后期技术交流和咨询，丛书依托数码维修工程师鉴定指导中心作为技术咨询服务机构，向读者开通了专门的技术服务咨询平台。读者在学习和职业规划等方面有任何问题均可通过网站、电话或信件的方式进行咨询。

在增值服务方面，为了更好地满足读者的需求，达到最佳的学习效果，本书得到了数码维修工程师鉴定指导中心的大力支持。除可获得免费的专业技术咨询外，每本图书都附赠价值 50 元的数码维修工程师远程培训基金（培训基金以"学习卡"的形式提供），读者可凭借此卡登录数码维修工程师的官方网站（www. chinadse. org），即可实现远程多媒体网络培训和技术资料的下载。同时，读者还可以通过网站的技术交流平台进行技术的交流与咨询。

通过学习与实践，读者还可以参加相关资质的国家职业资格或工程师资格认证，以获得相应等级的国家职业资格或数码维修工程师资格证书。如果读者在学习和考核认证方面有什么问题，可通过以下方式与我们联系。

数码维修工程师鉴定指导中心

网　　址：http：//www. chinadse. org
联系电话：022-83718162/83715667/13114807267
电子信箱：chinadse@ 163. com
联系地址：天津市南开区榕苑路 4 号天发科技园 8-1-401
邮政编码：300384

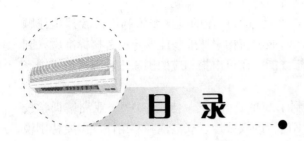

目 录

本书编委会

前言

第 1 天 做好新型空调器的维修准备 ……………………………………………………… 1

上 午

课程 1 了解新型空调器的分类 ……………………………………………… 1

项目 1 不同功能的空调器 ……………………………………………… 2

项目 2 不同结构的空调器 ……………………………………………… 3

项目 3 不同使用场合的空调器 ………………………………………… 5

项目 4 不同控制原理的空调器 ………………………………………… 6

课程 2 了解新型空调器的整机结构 ………………………………………… 8

项目 1 普通空调器的整机结构 ………………………………………… 8

项目 2 变频空调器的整机结构 ………………………………………… 8

课程 3 了解新型空调器的电路结构 ………………………………………… 15

项目 1 普通空调器的电路构成 ………………………………………… 15

项目 2 变频空调器的电路构成 ………………………………………… 15

课程 4 了解新型空调器的整机工作原理 …………………………………… 19

项目 1 变频空调器的制冷工作原理 …………………………………… 21

项目 2 变频空调器的制热工作原理 …………………………………… 22

下 午

训练 1 准备新型空调器的检修器材 ………………………………………… 23

项目 1 新型空调器的拆装工具 ………………………………………… 23

项目 2 新型空调器的检测仪表 ………………………………………… 25

项目 3 新型空调器的管路加工工具 …………………………………… 29

项目 4 新型空调器的维修专用工具 …………………………………… 32

项目 5 新型空调器的焊接工具 ………………………………………… 35

项目6　新型空调器的清洁工具 ……………………………………………… 37
项目7　新型空调器的辅助工具 ……………………………………………… 37
训练2　练会新型空调器外壳的拆卸 …………………………………………… 40
项目1　室内机外壳的拆卸 …………………………………………………… 40
项目2　室外机外壳的拆卸 …………………………………………………… 40
训练3　练会新型空调器电路板的拆卸 ………………………………………… 44
项目1　室内机电路部分的拆卸 ……………………………………………… 44
项目2　室外机电路部分的拆卸 ……………………………………………… 50
训练4　练会新型空调器电路之间信号关系的分析 …………………………… 51
项目1　分析普通空调器电路之间的关系 …………………………………… 51
项目2　分析变频空调器电路之间的关系 …………………………………… 52

第②天　掌握新型空调器制冷管路的操作技能 ……………………………… 57

上　午

课程1　了解制冷管路切管、扩口的操作要点 ………………………………… 57
课程2　了解制冷管路焊接的操作要点 ………………………………………… 59
课程3　了解制冷管路充氮的操作要点 ………………………………………… 61
课程4　了解制冷管路抽真空的操作要点 ……………………………………… 62
课程5　了解制冷管路充注制冷剂的操作要点 ………………………………… 63

下　午

训练1　练会制冷管路的切管、扩口技能 ……………………………………… 66
训练2　练会制冷管路的焊接技能 ……………………………………………… 71
训练3　练会制冷管路的充氮检漏技能 ………………………………………… 73
训练4　练会制冷管路的抽真空技能 …………………………………………… 78
训练5　练会制冷管路的充注制冷剂技能 ……………………………………… 82

第③天　掌握新型空调器安装、移机的方法 ………………………………… 86

上　午

课程1　掌握新型空调器室内机安装位置的选择 ……………………………… 86
项目1　壁挂式空调器室内机安装位置的选择 ……………………………… 87
项目2　柜式空调器室内机安装位置的选择 ………………………………… 88
课程2　掌握新型空调器室外机安装位置的选择 ……………………………… 89

下　午

训练1　练会新型空调器室内机的安装方法 …………………………………… 90
项目1　壁挂式空调器室内机的安装方法 …………………………………… 90
项目2　柜式空调器室内机的安装方法 ……………………………………… 100

训练2　练会新型空调器室外机的安装方法 ································ 101

　　项目1　空调器室外机在底座上的固定方法 ······················ 101

　　项目2　空调器室外机在角钢支撑架上的固定方法 ············ 101

　　项目3　空调器室外机管路的连接方法 ···························· 103

　　项目4　空调器室外机电气线缆的连接方法 ···················· 103

训练3　练会新型空调器的移机方法 ···································· 107

　　项目1　空调器制冷剂的回收 ······································ 107

　　项目2　空调器机组的拆卸 ·· 108

　　项目3　空调器机组的重装和排气 ································ 108

第4天　掌握新型空调器的故障判别方法 ················· 112

上　午

课程1　了解新型空调器的基本检修思路 ······························ 112

课程2　了解新型空调器的故障特点 ···································· 114

　　项目1　制冷管路的故障特点 ······································ 114

　　项目2　制冷系统的故障特点 ······································ 115

　　项目3　电路系统的故障特点 ······································ 115

课程3　了解新型空调器的故障检修流程 ······························ 118

　　项目1　完全不制冷的检修流程 ···································· 118

　　项目2　制冷效果差的检修流程 ···································· 118

　　项目3　完全不制热的检修流程 ···································· 121

　　项目4　制热效果差的检修流程 ···································· 121

　　项目5　空调器漏水的检修流程 ···································· 122

　　项目6　空调器漏电的检修流程 ···································· 123

　　项目7　振动及噪声过大的检修流程 ······························ 123

　　项目8　压缩机不停机的检修流程 ································ 123

下　午

训练1　练会直接检查法判别新型空调器的故障 ······················ 125

　　项目1　观察法判别空调器故障 ···································· 125

　　项目2　倾听法判别空调器故障 ···································· 126

　　项目3　触摸法判别空调器故障 ···································· 129

训练2　练会测试法判别新型空调器的故障 ···························· 133

　　项目1　保压测试法判别空调器故障 ······························ 133

　　项目2　万用表测试法判别空调器故障 ···························· 133

　　项目3　示波器测试法判别空调器故障 ···························· 135

　　项目4　电子温度计测试法判别空调器故障 ······················ 137

第 5 天　练会新型空调器中制冷系统的检修技能 ………………………………………… 138

上　午

课程1　了解室内机贯流风扇组件的结构及工作原理 ………………………………… 138
　　项目1　室内机贯流风扇组件的结构 ……………………………………………… 139
　　项目2　室内机贯流风扇组件的工作原理 ………………………………………… 142
课程2　了解室内机导风板组件的结构及工作原理 …………………………………… 145
　　项目1　导风板组件的结构 ………………………………………………………… 145
　　项目2　导风板组件的工作原理 …………………………………………………… 146
课程3　了解室外机轴流风扇组件的结构及工作原理 ………………………………… 148
　　项目1　轴流风扇组件的结构 ……………………………………………………… 148
　　项目2　轴流风扇组件的工作原理 ………………………………………………… 150
课程4　了解压缩机组件的结构及工作原理 …………………………………………… 152
　　项目1　压缩机组件的结构 ………………………………………………………… 152
　　项目2　压缩机组件的工作原理 …………………………………………………… 159
课程5　了解闸阀组件的结构及工作原理 ……………………………………………… 165
　　项目1　闸阀组件的结构 …………………………………………………………… 165
　　项目2　闸阀组件的工作原理 ……………………………………………………… 171
课程6　了解过滤及节流组件的结构及工作原理 ……………………………………… 176
　　项目1　过滤及节流组件的结构 …………………………………………………… 176
　　项目2　过滤及节流组件的工作原理 ……………………………………………… 179

下　午

训练1　练会室内机贯流风扇组件的检修代换 ………………………………………… 180
　　项目1　贯流风扇组件的检修方法 ………………………………………………… 180
　　项目2　贯流风扇驱动电动机的代换方法 ………………………………………… 182
训练2　练会室内机导风板组件的检修代换 …………………………………………… 185
　　项目1　导风板组件的检修方法 …………………………………………………… 187
　　项目2　导风板驱动电动机的代换方法 …………………………………………… 188
训练3　练会室外机轴流风扇组件的检修代换 ………………………………………… 192
　　项目1　轴流风扇组件的检修方法 ………………………………………………… 192
　　项目2　轴流风扇组件的代换方法 ………………………………………………… 198
训练4　练会压缩机组件的检修代换 …………………………………………………… 205
　　项目1　压缩机组件的检修方法 …………………………………………………… 205
　　项目2　压缩机组件的代换方法 …………………………………………………… 209
训练5　练会闸阀组件的检修代换 ……………………………………………………… 217
　　项目1　闸阀组件的检修方法 ……………………………………………………… 217
　　项目2　闸阀组件的代换方法 ……………………………………………………… 221

训练6　练会过滤及节流组件的检修代换 ·················· 224

　　项目1　过滤及节流组件的检修方法 ·················· 225

　　项目2　过滤及节流组件的代换方法 ·················· 227

第6天　练会新型空调器中电源电路的检修技能 ·················· 233

上　午

课程1　了解电源电路的结构 ·················· 233

　　项目1　变频空调器室内机电源电路的结构 ·················· 234

　　项目2　变频空调器室外机电源电路的结构 ·················· 237

课程2　搞清电源电路的工作原理 ·················· 241

　　项目1　室内机电源电路的工作原理 ·················· 241

　　项目2　室外机电源电路的工作原理 ·················· 242

课程3　掌握电源电路的检修流程 ·················· 246

下　午

训练1　练会电源电路的基本检修方法 ·················· 247

　　项目1　室内机电源电路的基本检修方法 ·················· 247

　　项目2　室外机电源电路的基本检修方法 ·················· 252

训练2　新型空调器电源电路的检修实例 ·················· 258

第7天　练会新型空调器中主控电路的检修技能 ·················· 262

上　午

课程1　了解主控电路的结构 ·················· 262

　　项目1　室内机主控电路的结构 ·················· 263

　　项目2　室外机主控电路的结构 ·················· 263

课程2　搞清主控电路的工作原理 ·················· 265

　　项目1　室内机主控电路的工作原理 ·················· 265

　　项目2　室外机主控电路的工作原理 ·················· 267

课程3　掌握主控电路的检修流程 ·················· 269

下　午

训练1　练会主控电路的基本检修方法 ·················· 270

　　项目1　微处理器的检测 ·················· 271

　　项目2　晶体的检测 ·················· 274

　　项目3　存储器的检测 ·················· 275

训练2　新型空调器主控电路的检修实例 ·················· 276

第 8 天　练会新型空调器中显示及遥控电路的检修技能 ································ 280

上　午

课程 1　了解显示及遥控电路的结构 ································ 280
课程 2　搞清显示及遥控电路的工作原理 ························ 289
课程 3　掌握显示及遥控电路的检修流程 ························ 292

下　午

训练 1　练会显示及遥控电路的基本检修方法 ················ 293
项目 1　遥控发射器的性能检查 ································ 293
项目 2　遥控发射电路供电的检测方法 ···················· 293
项目 3　红外发光二极管的检测方法 ······················ 294
项目 4　遥控接收器供电的检测方法 ······················ 296
项目 5　遥控接收器输出信号的检测方法 ················ 297
项目 6　发光二极管的检测方法 ································ 297
训练 2　新型空调器显示及遥控电路的检修实例 ············ 298

第 9 天　练会新型空调器中变频电路的检修技能 ······················ 301

上　午

课程 1　了解变频电路的结构 ····································· 301
课程 2　搞清变频电路的工作原理 ······························ 307
项目 1　交流变频方式的工作原理 ·························· 310
项目 2　直流变频方式的工作原理 ·························· 311
课程 3　掌握变频电路的检修流程 ······························ 311

下　午

训练 1　练会变频电路的基本检修方法 ························· 312
项目 1　变频压缩机驱动信号的检测方法 ················ 312
项目 2　逆变器（功率模块）300V 直流供电电压的检测方法 ···· 313
项目 3　逆变器（功率模块）PWM 驱动信号的检测方法 ···· 313
项目 4　光电耦合器的检测方法 ······························ 315
训练 2　新型空调器变频电路的检修实例 ····················· 317

9天练会 第1天

做好新型空调器的维修准备

【任务安排】

今天，我们要实现的学习目标是"做好新型空调器的维修准备"。

上午的时间，我们主要是结合实际样机，了解并掌握新型空调器的分类、整机结构以及电路结构等基本知识。学习方式以"授课教学"为主。

下午的时间，我们将通过实际训练对上午所学的知识进行验证和巩固，同时强化动手操作能力，丰富实战经验。

上午

今天上午以学习为主，了解新型空调器维修前的准备知识。共划分成四课：

课程1 了解新型空调器的分类

课程2 了解新型空调器的整机结构

课程3 了解新型空调器的电路结构

课程4 了解新型空调器的整机工作原理

我们将用"图解"的形式，系统学习新型空调器的分类、整机结构、电路结构以及整机工作原理等专业基础知识。

课程1 了解新型空调器的分类

在学习新型空调器的检修之前，我们需要对新型空调器的种类和结构有个明确的认识。这节课就先来了解一下新型空调器的分类。

空调器是一种给空间区域提供空气处理的设备，其主要功能是对空气中的温度、湿度、纯净度及空气流速等进行调节。随着人们生活水平的提高，许多场合都对空调器产生了需

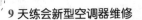

求。目前，市场上的空调器样式繁多，可以按照空调器的使用场合、功能、结构以及工作频率等对其进行分类。

项目1 不同功能的空调器

空调器按照功能进行分类时，可以分为单冷型空调器和冷暖型空调器两种类型，它们在外观上没有明显的区别。

1. 单冷型空调器

单冷型空调器适用于夏季使用，可以进行制冷和除湿，功能比较简单，可以从其名牌标识上识别，图 1-1 所示为单冷型空调器的产品标识。目前，单冷型的空调器已经逐渐在市场上消失。

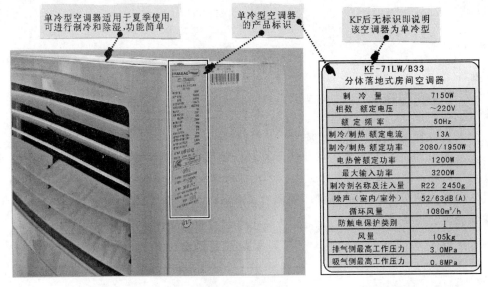

图 1-1 单冷型空调器的产品标识

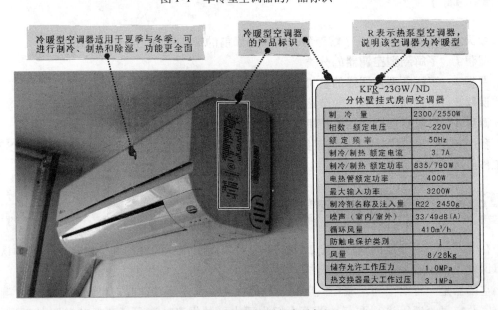

图 1-2 冷暖型空调器的产品标识

2. 冷暖型空调器

冷暖型空调器不仅可以实现制冷和除湿功能，还能够在温度较低时进行制热处理，功能更为全面。图 1-2 所示为冷暖型空调器的产品标识。目前，市场大多为冷暖型空调器。

 【知道更多】

冷暖型空调器根据制冷（热）的原理不同，又可以分为热泵型空调器、电热型空调器和电铺热泵型空调器三大类型。

项目 2　不同结构的空调器

从结构来说，空调器由室内机和室外机两大部分构成。根据室内机和室外机结构形式不同，可以将空调器分为整体式空调器和分体式空调器两种类型。

1. 整体式空调器

整体式空调器是将室外机与室内机组合在一起形成一个整体。图 1-3 所示为一种典型的整体式空调器。由于整体式空调器的工作噪声较大，制冷效率较低，目前已经很少使用了。

图 1-3　一种典型的整体式空调器

2. 分体式空调器

分体式空调器是指室外机与室内机单独放置的空调器，也是现在使用较多的一种。常见的分体式空调器又可以分为壁挂式、柜式和吊顶式三种，如图 1-4 所示。

其中分体壁挂式空调器不受安装位置的限制，容易与室内装饰进行搭配，噪声小；分体柜式空调器的功率大、风力强、适合大面积房间，但噪声较大；分体吊顶式空调器占用空间小，但安装与清洁比较麻烦。

 【特别提示】

分体式空调器的室外机与室内机通过管路和线缆实现管路系统和电气系统的连接，图

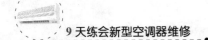

1-5 所示为分体式空调器室内机与室外机的连接示意图。

图 1-4   常见的分体式空调器种类

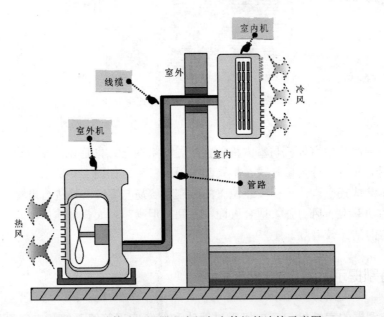

图 1-5   分体式空调器室内机与室外机的连接示意图

项目3 不同使用场合的空调器

空调器按照使用场合进行分类时，可以分为普通家庭空调器和中央空调器两种类型。

1. 普通家庭空调器

普通家庭空调器主要用来对家庭室内的温度、湿度等进行调节，其容量一般在 3 匹以下，采用转子压缩机进行工作。图 1-6 所示为常见的普通家庭空调器，主要有窗式、壁挂式、柜式以及吊顶式等不同形式。

图 1-6 常见的普通家庭空调器

2. 中央空调器

中央空调器是通过一台或多台室外主机（室外机组）控制多个房间或某一个大空间中的多个室内机（室内机组），使其可以进行制冷或制热。图 1-7 所示为典型的中央空调器结构示意图。中央空调器大多使用在大型商场、企业车间、办公楼以及学校等场所中。

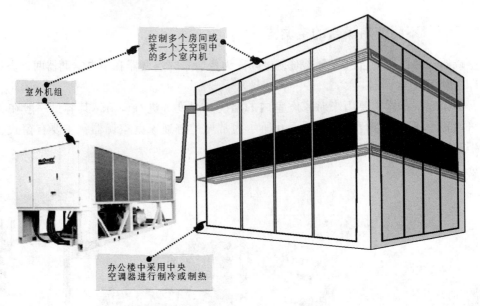

控制多个房间或某一个大空间中的多个室内机

室外机组

办公楼中采用中央空调器进行制冷或制热

图 1-7　典型的中央空调器结构示意图

【专家热线】

Q：请问一下专家，中央空调器能对整栋大楼发挥制冷或制热作用，那它是不是特别复杂呢？

A：的确，中央空调器有着非常复杂的循环系统，此系统由一系列驱动流体流动的运动设备（如水泵、风机及压缩机）、各种型式的热交换器（如风机盘管、蒸发器、冷凝器及中间热交换器等）及连接各种装置的管道（如风管、水管及冷媒管）和阀件组成。通常情况下，这个复杂的循环系统包括室内空气循环、冷水循环、冷媒循环、冷却水循环、室外空气循环等五大循环系统。

项目 4　不同控制原理的空调器

空调器按照控制原理的不同，可以分为定频空调器和变频空调器两种类型。这两种空调器的外观也基本相同，通常可以通过空调器的标识或内部电路对其进行区分。图 1-8 所示为通过标识区分的定频空调器和变频空调器。

1. 定频空调器

定频空调器是指压缩机只能输入固定频率和大小的电压，因而压缩机转速和输出功率不变的空调器。由于电压的频率不能改变，定频空调器压缩机的转速基本不变，依靠"开、关"压缩机来调节室内的温度。

2. 变频空调器

变频空调器是相对于定频空调器而开发的，与定频空调器不同的是其室外机增加了变频电路，且压缩机采用变频式压缩机，由变频电路控制其工作。变频电路可以通过改变驱动电压的频率和大小来改变压缩机的转速和输出功率，从而使压缩机的出力状态发生变化。

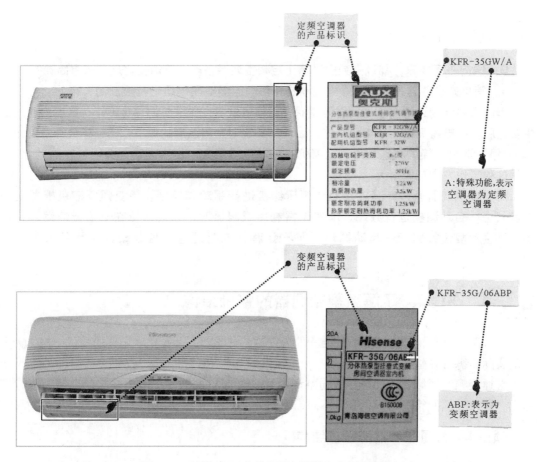

图1-8 通过标识区分的定频空调器和变频空调器

变频空调器可以在短时间内迅速达到设定的温度，并在低转速、低耗能状态下保证较小的温差，从而实现节能环保。图1-9所示为变频空调器与定频空调器室外机的内部结构。

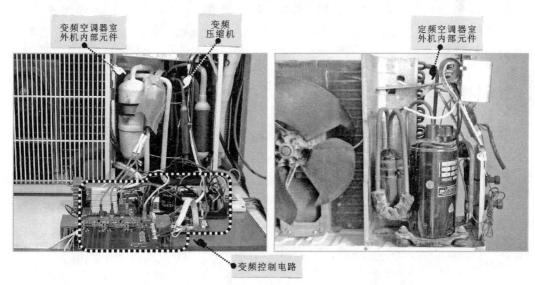

图1-9 变频空调器与定频空调器室外机的内部结构

【专家热线】

Q：请问一下专家，都说变频空调器比定频空调器省电、节能，这是什么原因呢？

A：简单来说，这是因为定频空调器是使用继电器对压缩机进行控制的，因此，当空调器工作使室内温度达到要求时，继电器断开压缩机供电，压缩机便停止工作；当室内温度发生变化后，继电器又接通压缩机工作，因此为实现对室内温度的调节，压缩机会经常工作在"起—停"频繁切换的状态。由于压缩机的起动电流很大，每次起动都会消耗很大的电能，因而这种工作方式耗能很大。

而变频空调器通过变频电路对变频压缩机进行驱动和控制，使变频压缩机根据室内温度状态，自动调整运行频率，即使无需制冷或制热时，也会保持在一个低速运转状态下，不会反复进行停机—起动循环，即不会消耗电能进行频繁起动，因此可大大节约电能。

课程 2　了解新型空调器的整机结构

上节课了解了新型空调器的种类和外形，这节课学习一下新型空调器的整机结构，为下午的实际训练打好基础。

普通定频空调器（下面简称普通空调器）和变频空调器因压缩机及控制电路方面存在差异，所以它们的整机结构也有所不同，下面分别介绍。

项目 1　普通空调器的整机结构

空调器分为室内机与室外机两大部分。图 1-10 所示为普通壁挂式空调器室内机结构分解图。该室内机主要是由蒸发器和风扇组件、前盖和滤尘组件、导风板组件和电路部分等构成的。

图 1-11 所示为普通壁挂式空调器室外机结构分解图。空调器室外机主要是由外壳、轴流风扇组件、冷凝器、起动电容、压缩机、过热保护器、电磁四通阀、干燥过滤器和截止阀等部分构成的。

【特别提示】

只有冷暖型空调器才安装有电磁四通阀，单冷型空调器没有。

项目 2　变频空调器的整机结构

变频空调器与普通冷暖型空调器室内机的整机结构基本相同，主要区别体现在室外机中。图 1-12 所示为变频空调器室内机的整机结构。

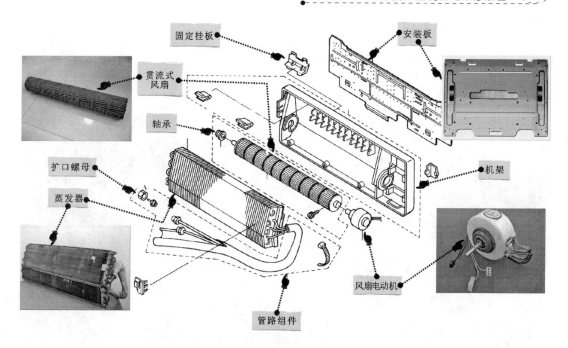

a) 蒸发器和风扇组件的结构分解图

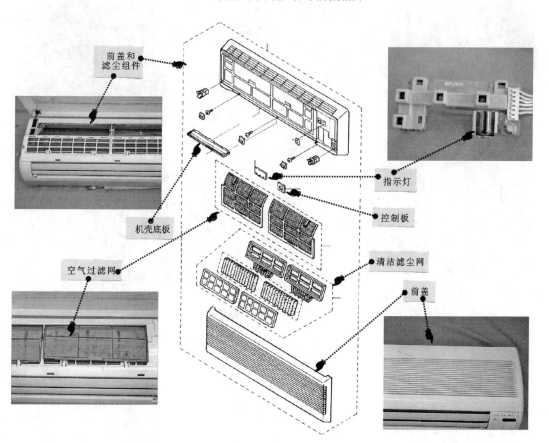

b) 前盖和滤尘组件的结构分解图

图1-10　普通壁挂式空调器室内机结构分解图

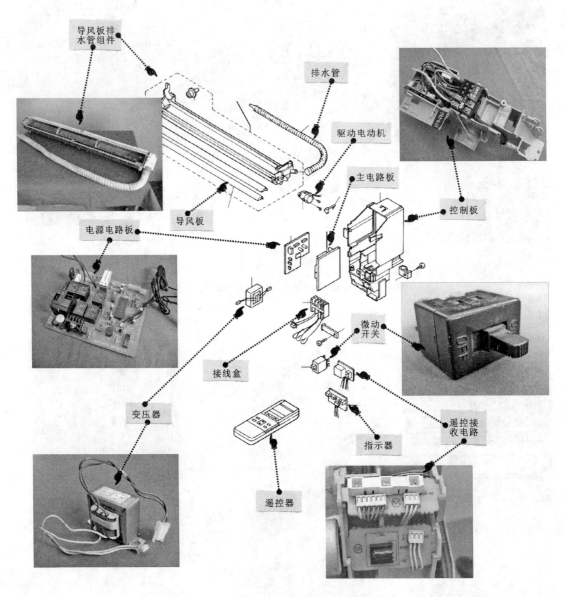

c) 导风板组件和电路部分的结构分解图

图 1-10　普通壁挂式空调器室内机结构分解图（续）

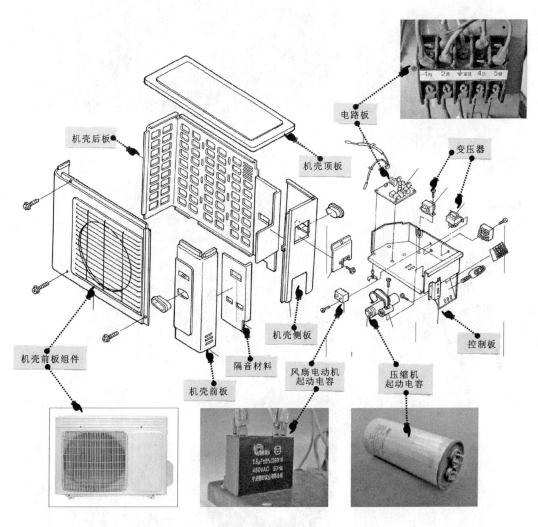

电路板

变压器

机壳后板

机壳顶板

控制板

机壳侧板

机壳前板组件

隔音材料

风扇电动机
起动电容

压缩机
起动电容

机壳前板

a) 外壳和起动电容的结构分解图

图 1-11　普通壁挂式空调器室外机结构分解图

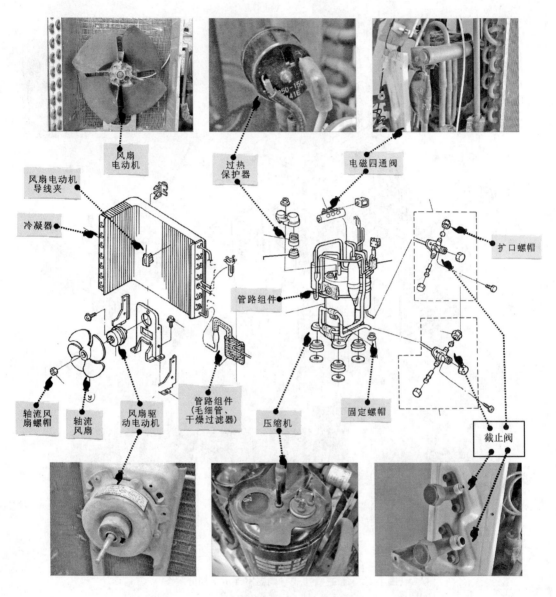

b) 风扇组件和制冷管路的结构分解图

图 1-11 普通壁挂式空调器室外机结构分解图（续）

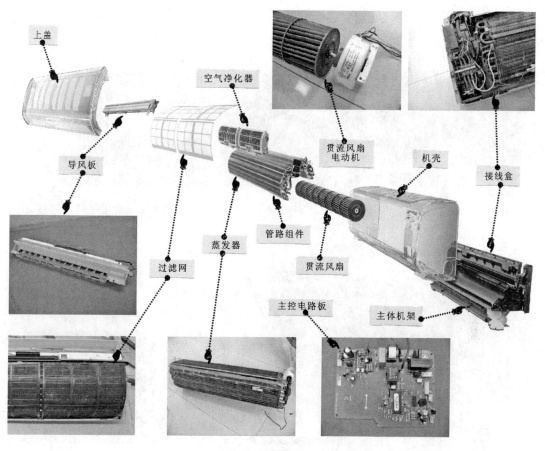

上盖

空气净化器

贯流风扇
电动机

机壳

接线盒

导风板

管路组件

过滤网

蒸发器

贯流风扇

主控电路板

主体机架

图 1-12　变频空调器室内机的整机结构

与普通冷暖型空调器相比，变频空调器室外机除了配有相同的管路部件外，还安装有变频电路、滤波器、电抗器、电感线圈和桥式整流堆等变频空调器特有的元器件。图 1-13 所示为变频空调器室外机的整机结构。

变频空调器的变频电路是变频空调器室外机所特有的电路模块，该电路模块安装在压缩机上面，由螺钉固定在专用散热片上。图 1-14 所示为变频电路及电路中焊接的逆变器（功率模块）。

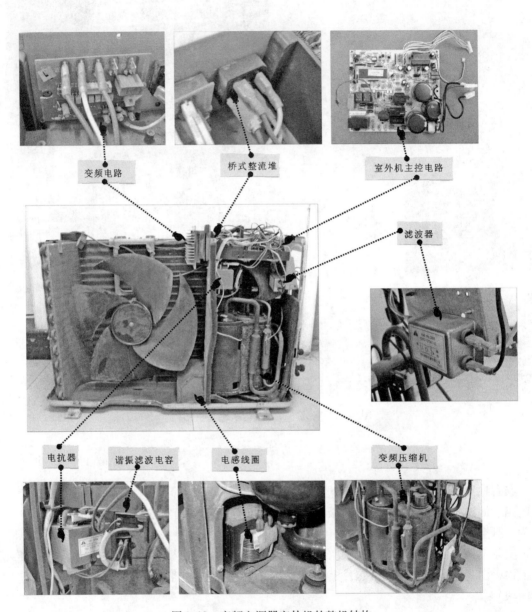

变频电路

桥式整流堆

室外机主控电路

滤波器

电抗器　　谐振滤波电容　　电感线圈　　变频压缩机

图 1-13　变频空调器室外机的整机结构

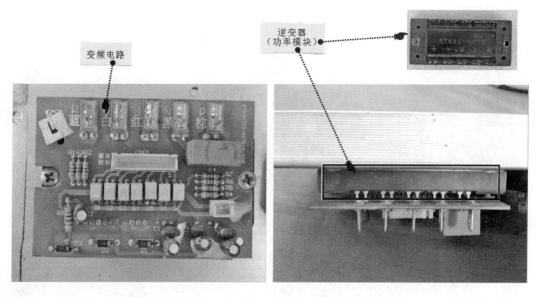

图 1-14　变频电路及电路中焊接的逆变器（功率模块）

 ## 课程 3　了解新型空调器的电路结构

练会新型空调器的检修，除了要了解新型空调器的整机结构之外，还应对关键的电路部分有明确的认识，这节课分别学习普通空调器和变频空调器的电路结构。

项目 1　普通空调器的电路构成

普通空调器的电路结构通常以接线图的方式呈现，图 1-15 所示为普通空调器室内机与室外机接线图的位置。

图 1-16 所示为典型普通空调器室内机的接线图，从图中能清楚地查找到空调器各部分之间的连接关系。从图中可以看出，空调器室内机电路主要是由主控电路、电源电路、遥控接收电路、温度传感器、风扇电动机、变压器和接线盒等构成的。

图 1-17 所示为典型普通空调器室外机的结构及连接关系。普通空调器室外机通常没有电路板，因此其接线图较为简单。从图中可以看出，空调器室外机电路主要是由压缩机、过热保护器、风扇电动机、电磁四通阀、起动电容和接线盒等构成的。

项目 2　变频空调器的电路构成

变频空调器的接线图通常粘贴在机器外壳上。图 1-18 所示为典型变频空调器室外机接线图的粘贴位置，该接线图粘贴在室外机外壳内侧，将外壳拆下后，即可找到。

图 1-19 所示为典型变频空调器室内机的电路器件和相关结构。从图中可以看出，变频空调器室内机电路主要是由主控电路、显示接收电路、变压器、室内风扇电动机、导风板电动机、传感器和接线盒等部分构成的。

15

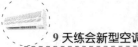
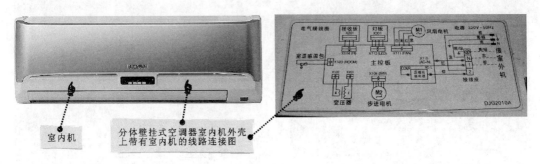

a) 室内机接线图位置

b) 室外机接线图位置

图 1-15　普通空调器室内机与室外机接线图的位置

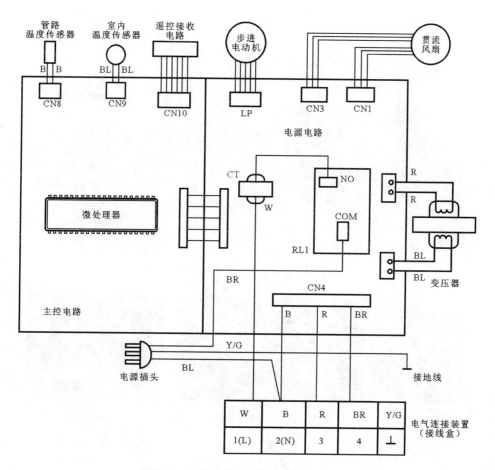

图 1-16　典型普通空调器室内机的接线图

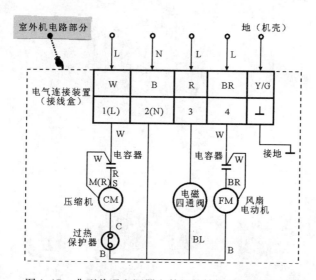

图 1-17　典型普通空调器室外机的结构及连接关系

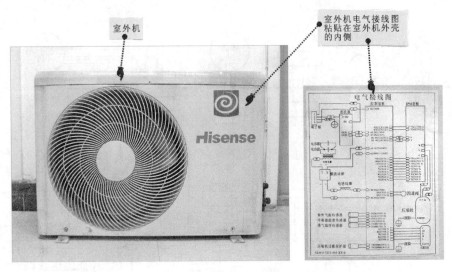

图 1-18　典型变频空调器室外机接线图的粘贴位置

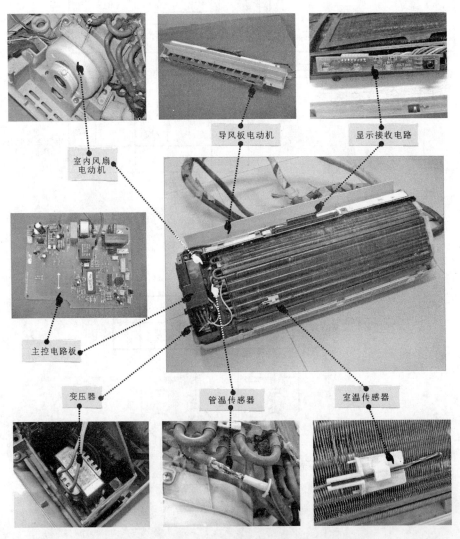

图 1-19　典型变频空调器室内机的电路器件和相关结构

图 1-20 所示为典型变频空调器室外机的接线图。从图中可以发现，变频空调器室外机电路主要是由变频电路板、变频压缩机、主控电路板、室外风扇电动机、电磁四通阀、过热保护继电器、温度传感器、滤波器和接线盒等构成的。

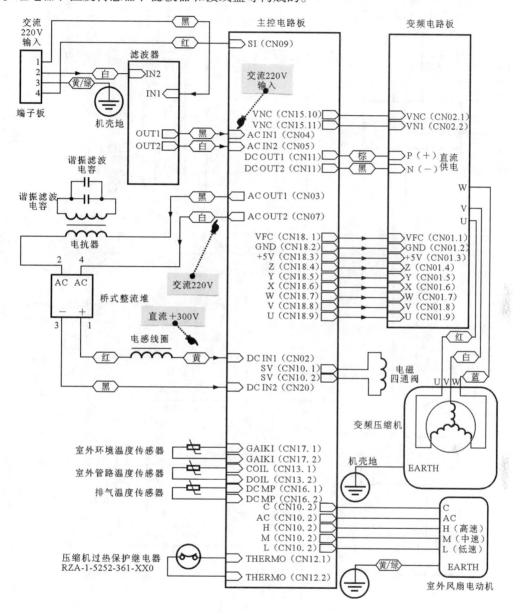

图 1-20 典型变频空调器室外机的接线图

课程4 了解新型空调器的整机工作原理

上节课了解了空调器的电路结构，这节课学习空调器的整机工作原理，为以后的维修工作打下基础。

空调器最重要的作用就是对室内的温度进行降温或升温控制。目前，变频空调器因其节能环保特点发展前景广阔，该类空调器压缩机受变频电路控制，可使室内温度保持恒定不变。图1-21 所示为典型变频空调器的电路系统和管路系统（空调器中的两大系统）的控制关系。

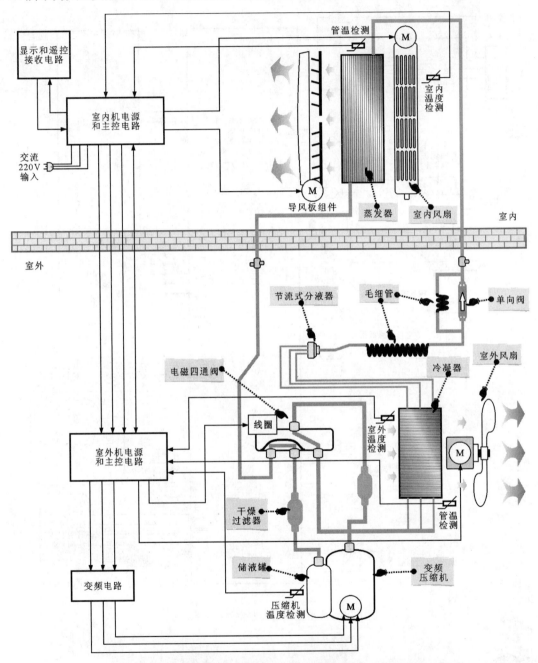

图 1-21　典型变频空调器的电路系统和管路系统的控制关系

　　在室内机中，由遥控接收电路接收遥控信号，主控电路根据遥控信号对室内风扇电动机、导风板电动机进行控制，并对室内温度、管路温度进行检测，同时通过通信电路将控制信号传输到室外机中，控制室外机工作。

在室外机中，主控电路板根据室内机送来的通信信号，对室外风扇电动机、电磁四通阀等进行控制，并对室外温度、管路温度、压缩机温度进行检测；同时，在主控电路的控制下变频电路输出驱动信号驱动变频压缩机工作。另外，室外机主控电路也将检测信号、故障诊断信息以及工作状态信息等通过通信接口传送到室内机中。

空调器的制冷、制热工作模式是空调器最重要的工作模式。不同类型的空调器其制冷、制热原理基本相似，下面以变频空调器为例，分别对制冷、制热的工作原理进行学习。

项目1 变频空调器的制冷工作原理

图1-22所示为典型变频空调器的制冷工作原理。当变频空调器进行制冷工作时，电磁四通阀处于断电状态，内部滑块使管口A与B导通，C与D导通。同时在电路系统的控制下，室内机与室外机中的风扇电动机、变频压缩机等电气部件也开始工作。

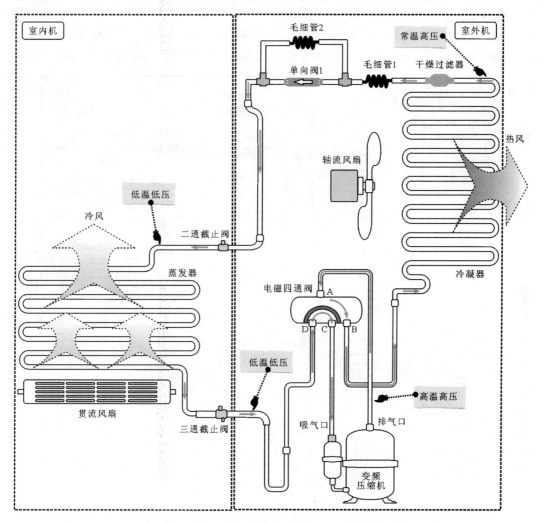

图1-22 典型变频空调器的制冷工作原理

压缩机开始工作后，制冷剂在变频压缩机中被压缩，变成高温高压的过热气体，经压缩机排气口排出，由电磁四通阀的A口进入，经电磁四通阀的B口送到冷凝器中，高温高压

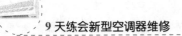

的气体在冷凝器中进行冷却，并由轴流风扇将散发出的热量吹出机体外。

高温高压的制冷剂气体经冷凝器冷却后变为低温高压制冷剂液体，经干燥过滤器、毛细管和单向阀，进行过滤、节流降压后，送出低温低压的制冷剂液体，再经二通截止阀（液体截止阀）送入到室内机中。

制冷剂液体在室内机的蒸发器中吸热汽化，使蒸发器周围空气的温度下降，贯流风扇将冷风吹入到室内，室内温度降低。

汽化后的低温低压制冷剂气体再经三通截止阀（气体截止阀）送回到室外机中，经电磁四通阀的 D 口、C 口后，由压缩机的吸气口吸回到压缩机中，进行下一次制冷循环。

项目2　变频空调器的制热工作原理

变频空调器的制热循环和制冷循环的过程正好相反，如图1-23所示。在制冷循环中，室内机的蒸发器起吸热作用，室外机的冷凝器起散热作用。因此，变频空调器制冷时，室外机吹出的是热风，室内机吹出的是冷风；而变频空调器制热时，室内机的蒸发器起冷凝器的作用，而室外机的冷凝器则起蒸发器的作用。此时，室内机吹出的是热风，而室外机吹出的是冷风。

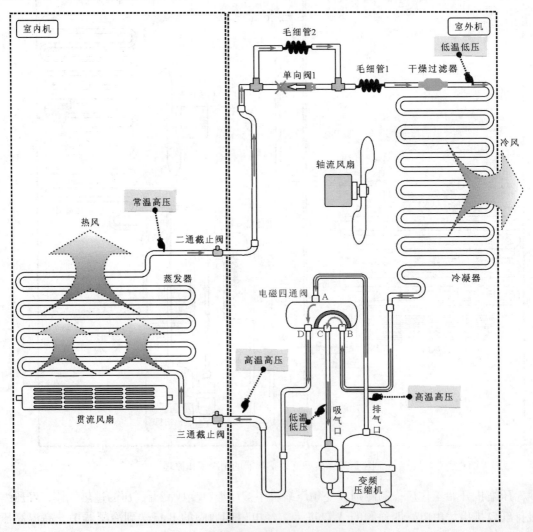

图1-23　典型变频空调器的制热工作原理

当变频空调器进行制热工作时，由电路部分控制电磁四通阀通电，内部滑块将 C、B 口导通。

当压缩机开始工作后，制冷剂在压缩机中被压缩成高温高压的过热气体，制冷剂在压缩机中的流向不变，高温高压的制冷剂气体由压缩机的排气管口排出，经电磁四通阀的 A 口进入，从 D 口送出，通过三通截止阀送到室内机的蒸发器中。此时室内机的蒸发器起到冷凝器的作用，过热的制冷剂通过蒸发器散发出热量，并由贯流风扇吹到室内，室内温度升高。

制冷剂经蒸发器冷却成常温高压的液体后，再由二通截止阀从室内机送回到室外机中。此时，单向阀截止，制冷剂经毛细管 2、毛细管 1、干燥过滤器节流降压后，变为低温低压的制冷剂液体送入室外机的冷凝器中。

低温低压的制冷剂液体在冷凝器中进行吸热汽化，重新变为低温低压的气体，并由轴流风扇将冷气由室外机吹出。制冷剂再通过电磁四通阀的 B 口、C 口后经由压缩机的吸气管口回到压缩机中，开始下一次制热循环。

下午

今天下午以操作训练为主，掌握新型空调器维修前的准备工作。共划分成四个训练：

训练 1　准备新型空调器的检修器材
训练 2　练会新型空调器外壳的拆卸
训练 3　练会新型空调器电路板的拆卸
训练 4　练会新型空调器电路之间信号关系的分析

我们将借助实际样机和设备，完成对新型空调器的拆卸和信号分析等一系列实训操作。

 训练 1　准备新型空调器的检修器材

在对新型空调器进行检修之前，先要对空调器进行拆卸，然后再用相关仪表对其进行检修。在此训练中，我们首先将需要用到的各种检修工具和检测仪表准备齐全。

项目 1　新型空调器的拆装工具

新型空调器的拆卸工具和安装工具一样，主要有螺丝刀（规范术语为螺钉旋具，但为照顾读者的行业习惯用语，本书以下统称"螺丝刀"）、钳子和扳手等，分别对固定螺钉、连接线缆的插件、大型螺栓或阀门开关等进行拆卸和安装。

1. 螺丝刀

螺丝刀主要用来拆装空调器外壳、制冷系统以及电气系统的固定螺钉。图 1-24 所示为螺丝刀的实物外形及使用方法。

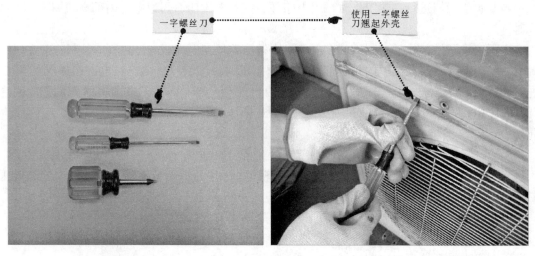

一字螺丝刀

使用一字螺丝刀翘起外壳

a) 一字螺丝刀

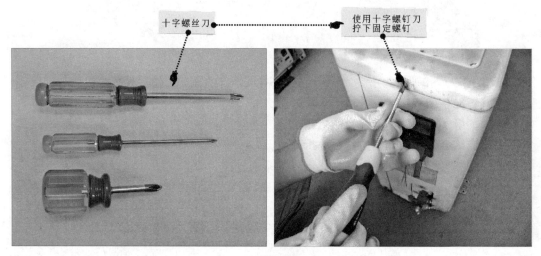

十字螺丝刀

使用十字螺钉刀拧下固定螺钉

b) 十字螺丝刀

图 1-24　螺丝刀的实物外形及使用方法

【特别提示】

　　在对空调器进行拆卸时，要尽量采用规格适当的螺丝刀来拆卸螺钉，如果螺丝刀的刀口尺寸不合适，可能会损坏螺钉，给拆卸带来困难。需注意的是，宜尽量采用带有磁性的螺丝刀，减少螺钉脱落的情况，以便快速准确的拧松或紧固螺钉。

　　2. 钳子

　　在维修空调器过程中，钳子可用来拆装空调器连接线缆的插件或某些部件的固定螺栓，或在焊接空调器管路时，用来夹取制冷管路或部件，以便于焊接。钳子的实物外形及使用方法如图 1-25 所示。

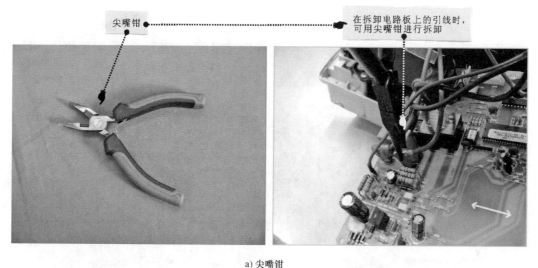

尖嘴钳

在拆卸电路板上的引线时，可用尖嘴钳进行拆卸

a) 尖嘴钳

平口钳

在焊接空调器管路时，可使用平口钳夹取制冷管路，以便于焊接

b) 平口钳

图1-25　钳子的实物外形及使用方法

3. 扳手

扳手主要用来拆装或固定空调器中一些大型的螺帽或阀门开关，其实物外形及使用方法如图1-26所示。

项目2　新型空调器的检测仪表

新型空调器的检测仪表主要有万用表、示波器、钳形表、兆欧表（又称摇表，标准中称为绝缘电阻表）等。

1. 万用表

万用表是检测空调器电气系统的主要工具。电路是否存在短路或断路故障、电路中元器件性能是否良好、供电条件是否满足等，都可使用万用表来进行检测。万用表的实物外形及使用方法如图1-27所示。

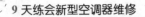

呆扳手

使用呆扳手拧下轴流
风扇上的固定螺帽

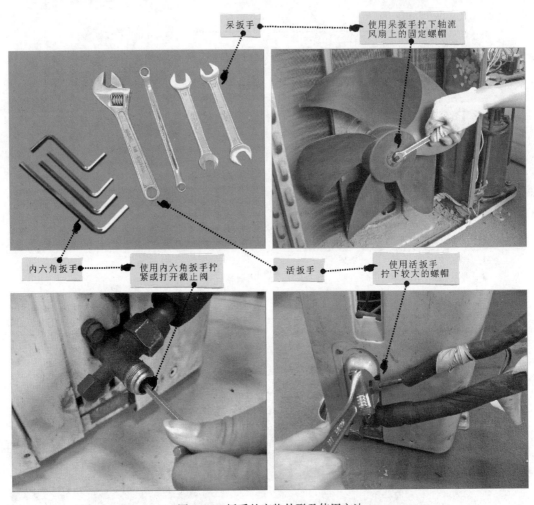

内六角扳手

使用内六角扳手拧
紧或打开截止阀

活扳手

使用活扳手
拧下较大的螺帽

图 1-26　扳手的实物外形及使用方法

使用万用表之前先
调整万用表挡位

空调器
电源电路板

指针式万用表

指针式万用表

表笔

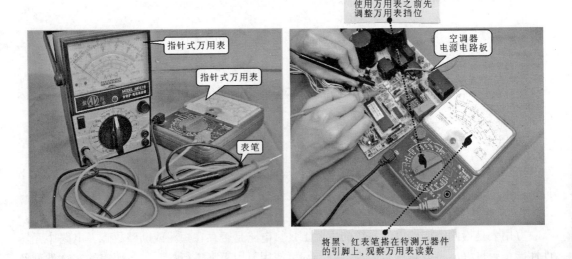

将黑、红表笔搭在待测元器件
的引脚上,观察万用表读数

图 1-27　万用表的实物外形及使用方法

【特别提示】

一般情况下，使用万用表测量电压或电流时，要先对万用表进行挡位和量程的调整设置，然后再进行实际测量。习惯上，此时将万用表的红表笔搭在正极端，黑表笔连接负极端。

2. 示波器

在空调器电路的检修中，使用示波器可以方便、快捷、准确地检测出各关键测试点的相关信号，并以信号波形的形式显示在示波器的显示屏上。通过观测各种信号的波形即可判断出故障点或故障范围，这也是维修空调器电路板时最便捷的检修方法之一。示波器的实物外形及使用方法如图 1-28 所示。

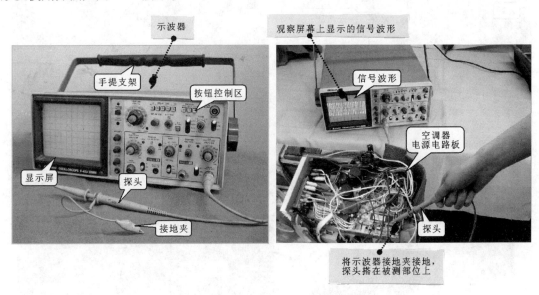

图 1-28 示波器的实物外形及使用方法

3. 钳形表

钳形表（标准称钳形电流表）也是检修空调器电气系统时的常用仪表。钳形表特殊的钳口设计，可在不断开电路的情况下，方便地检测电路中的交流电流，因此在检修空调器时钳形表常用于检测空调器整机的起动电流和运行电流，以及压缩机的起动电流和运行电流等。钳形表的实物外形及使用方法如图 1-29 所示。

4. 兆欧表

兆欧表主要用于对绝缘性能要求较高的部件或设备进行检测，用以判断被测部件或设备中是否存在短路或漏电情况等。在检修空调器时，其主要用于检测压缩机绕组的绝缘性能。兆欧表的实物外形及使用方法如图 1-30 所示。

5. 电子温度计

电子温度计是用来检测空调器室内机进风口或出风口温度的仪表，可根据测得温度来判断空调器的制冷或制热是否正常。电子温度计的实物外形及使用方法如图 1-31 所示。

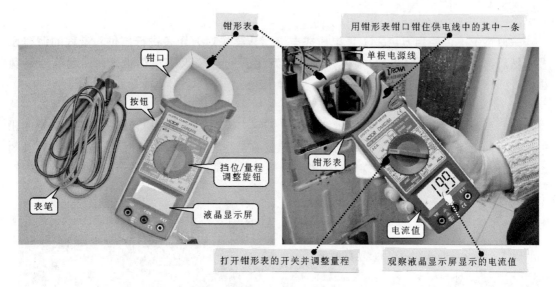

钳形表

钳口

按钮

挡位/量程
调整旋钮

表笔

液晶显示屏

用钳形表钳口钳住供电线中的其中一条

单根电源线

钳形表

电流值

打开钳形表的开关并调整量程

观察液晶显示屏显示的电流值

图 1-29　钳形表的实物外形及使用方法

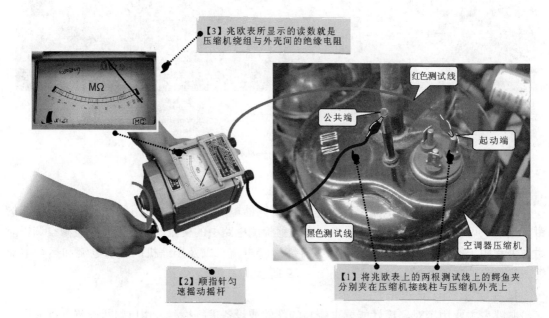

【3】兆欧表所显示的读数就是
压缩机绕组与外壳间的绝缘电阻

MΩ

红色测试线

公共端

起动端

黑色测试线

空调器压缩机

【2】顺指针匀
速摇动摇杆

【1】将兆欧表上的两根测试线上的鳄鱼夹
分别夹在压缩机接线柱与压缩机外壳上

图 1-30　兆欧表的实物外形及使用方法

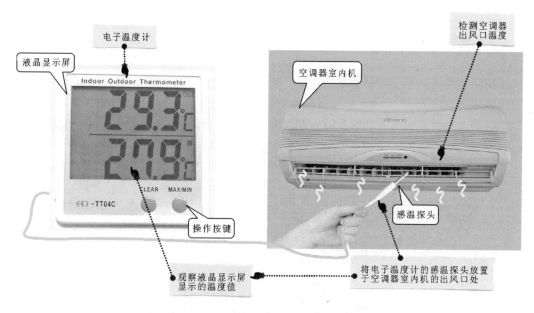

图1-31　电子温度计的实物外形及使用方法

项目3　新型空调器的管路加工工具

管路加工工具也是空调器维修人员的重要工具，其中以切管器、扩管工具、弯管器最为常用。

1. 切管器

切管器主要用来对空调器制冷铜管进行切割。在对空调器进行维修时，经常需要使用切管器来切割不同长度和不同直径的铜管，切管器的实物外形及使用方法如图1-32所示。可以看到，切管器主要由刮管刀、滚轮、刀片及进刀旋钮组成。

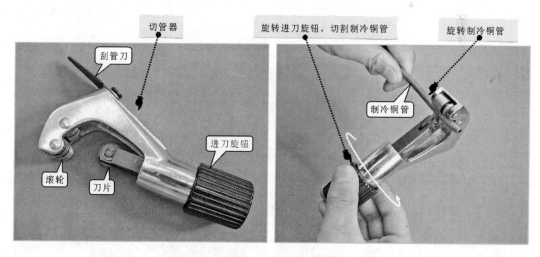

图1-32　切管器的实物外形及使用方法

29

【特别提示】

在使用切管器对铜管切割完毕后，应当使用切管器上端的刮管刀对切割铜管管口处的毛刺进行去除。如图 1-33 所示，应当将铜管管口垂直向下，在刮管刀上水平移动。若将铜管管口垂直向上时，可能会导致铜渣掉入铜管内，对其造成污染。

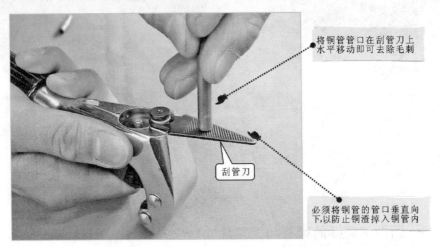

将铜管管口在刮管刀上水平移动即可去除毛刺

刮管刀

必须将铜管的管口垂直向下，以防止铜渣掉入铜管内

图 1-33　使用切管器上刮管刀去除毛刺的方法

2. 扩管工具

扩管工具主要是用来对管路进行扩口操作的。在对空调器管路进行连接时，若出现两根相同管径的管路，则需要通过扩管工具对其中一根管子的铜管进行扩口，以便于另一根铜管能够插入一部分，实现紧密连接。

图 1-34 所示为扩管工具的实物外形及使用方法。可以看到扩管工具主要包括顶压器、顶压支头和夹板。

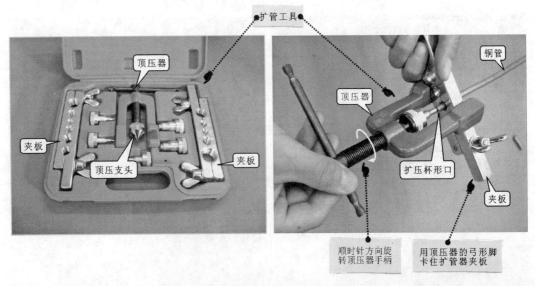

扩管工具

顶压器

夹板

顶压支头

夹板

铜管

顶压器

扩压杯形口

夹板

顺时针方向旋转顶压器手柄

用顶压器的弓形脚卡住扩管器夹板

图 1-34　扩管工具的实物外形及使用方法

【知道更多】

扩管操作主要可将铜管的管口扩为杯形口和喇叭口，如图 1-35 所示。两根直径相同的铜管需要通过焊接方式进行连接时，一般使用扩管器将其中一根铜管的管口扩为杯形口；当铜管需要通过纳子或管路连接器连接时，需将管口扩为喇叭口。

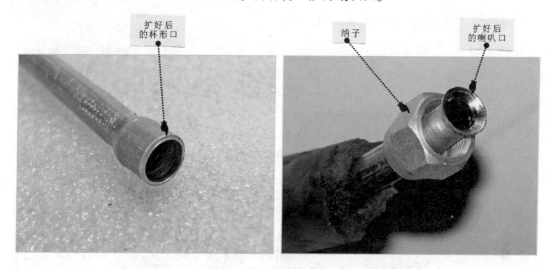

图 1-35　使用扩管工具将管口扩为杯形口和喇叭口

3. 弯管器

在进行空调器管路的焊接操作时，为了适应制冷铜管的连接需要，难免会对铜管进行弯曲，为了避免因弯曲而造成管壁有凹瘪的现象，一般使用专用的弯管器对其进行操作，进而保证制冷系统正常的循环效果。典型弯管器的实物外形及使用方法如图 1-36 所示。

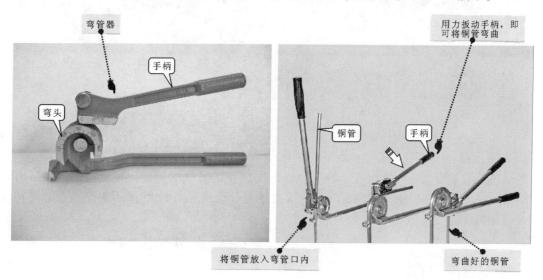

图 1-36　典型弯管器的实物外形及使用方法

【知道更多】

空调器的制冷管路经常需要弯制成特定的形状，而且为了保证系统循环的效果，对于管路的弯曲有严格的要求。通常管路的弯曲半径不能小于其直径的三倍，而且要保证管道内腔不能变形。

项目4 新型空调器的维修专用工具

维修专用工具主要有三通压力表阀、减压器、真空泵、氮气及氮气钢瓶、制冷剂及制冷剂钢瓶等。维修新型空调器时，这些专用工具必不可少。

1. 三通压力表阀

在对空调器管路充注制冷剂、氮气或抽真空等操作时，均需要借助三通压力表阀监测管路中的压力，进而控制充注量和真空度。另外，还可以通过三通压力表阀测量空调器的运行压力、均衡压力等数值来判断空调器的管路系统是否存在故障。图 1-37 所示为三通压力表阀的实物外形。

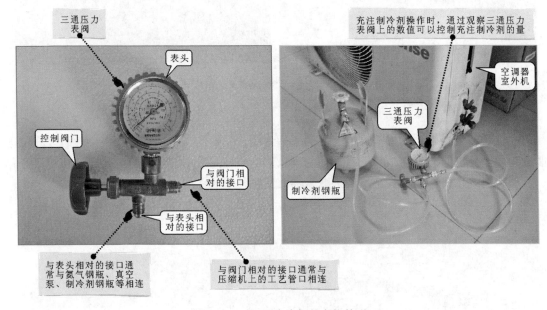

图 1-37 三通压力表阀的实物外形

2. 减压器

减压器通常安装在高压钢瓶（氧气瓶或氮气瓶）的出气端口处，主要用于将钢瓶内的气体压力降低后输出，确保输出后气体的压力和流量稳定。图 1-38 所示为减压器的实物外形及使用方法。

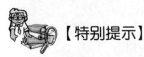【特别提示】

对空调器的制冷管路进行检修时，由于气瓶内的气压压力较高，而实际应用中所需要的气体压力较低，因此需要用减压器将钢瓶内的高压气体减到工作时所需要的压力值，并保持

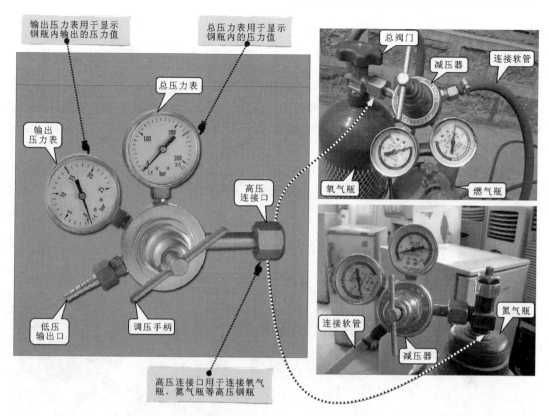

图 1-38　减压器的实物外形及使用方法

输出气体的压力和流量稳定。

3. 真空泵

真空泵是对空调器的制冷系统进行抽真空时用到的专用工具，对空调器制冷管路进行检修后，必须使用真空泵进行抽真空操作，真空泵的实物外形及使用方法如图 1-39 所示。空调器检修中常用的真空泵的规格为 2~4L/s（排气能力）。为防止介质回流，真空泵需带有电子止回阀。

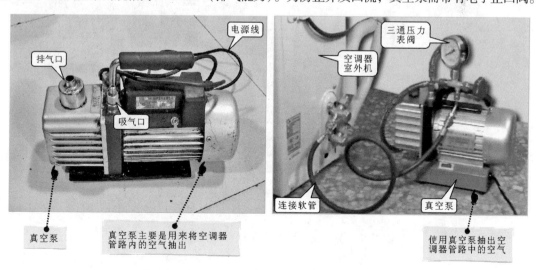

图 1-39　真空泵的实物外形及使用方法

33

【特别提示】

　　真空泵质量的好坏将直接影响到空调器维修后制冷效果的好坏。若真空泵质量不好，会使制冷系统中残留少量空气，使制冷效果变差。因此，在对空调器制冷系统进行抽真空处理时，一定要使用质量合格的真空泵，并且要严格按照要求，将制冷系统内的气体全部排空。

　　4. 氮气及氮气钢瓶

　　在对空调器进行检修时，经常会使用氮气对管路进行清洁、试压、检漏等操作，如图1-40所示。氮气通常压缩在氮气钢瓶中，由于瓶中压力较大，在使用氮气时，必须在氮气钢瓶阀口处接一个减压器（配有压力表等），并根据需要调节氮气钢瓶的排气压力。

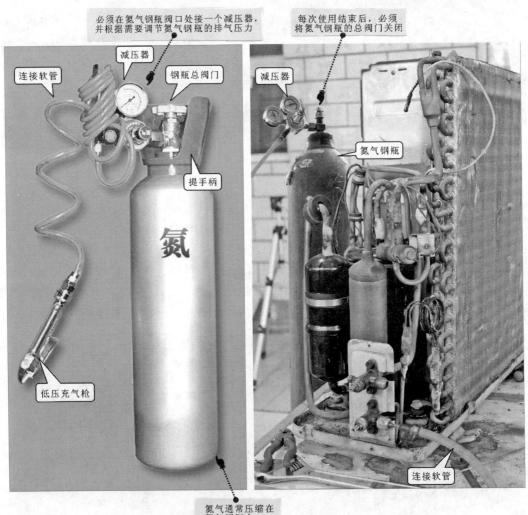

图1-40　氮气及氮气钢瓶的实物外形及使用方法

5. 制冷剂及制冷剂钢瓶

空调器中可使用的制冷剂主要有 R22、R407C、R410A 三种类型，制冷剂钢瓶是用来存放制冷剂的专用容器，如图 1-41 所示。充注制冷剂时，制冷剂的流量大小主要通过制冷剂钢瓶上的控制阀门进行控制，在不进行充注制冷剂操作时，一定要将阀门拧紧，以免制冷剂泄漏污染环境。

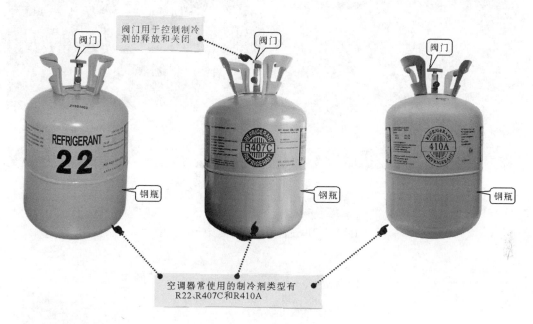

图 1-41　制冷剂钢瓶

项目5　新型空调器的焊接工具

对空调器进行检修时，经常会遇到管路的焊接、元器件的拆卸与代换等问题，在此情况下，会用到焊接工具。

1. 气焊设备

气焊设备主要用于对空调器制冷管的拆焊操作，图 1-42 所示为气焊设备的实物外形及使用方法。由图可知其主要是由氧气瓶、燃气瓶、焊枪和连接软管组成的。

2. 电烙铁

在对空调器电路板上的元器件进行拆焊或焊接操作时，电烙铁是最常使用到的焊接工具，其实物外形及使用方法如图 1-43 所示。

3. 焊料

在对空调器的管路和电路进行焊接时，焊料是必不可少的辅助材料，主要有焊条（铜铝焊条、铜铁焊条、铜焊条）、丁烷、焊粉、焊剂等，其实物外形及使用方法如图 1-44 所示。

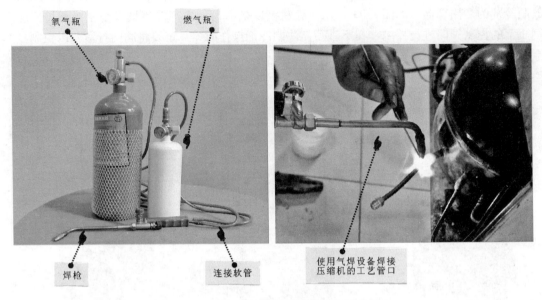

氧气瓶　　　　　燃气瓶

焊枪　　　　　连接软管

使用气焊设备焊接
压缩机的工艺管口

图 1-42　气焊设备的实物外形及使用方法

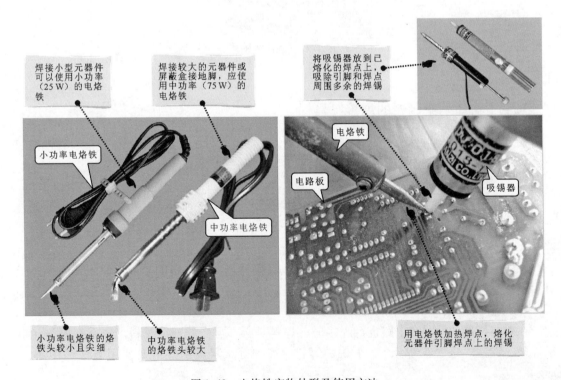

焊接小型元器件
可以使用小功率
（25 W）的电烙
铁

焊接较大的元器件或
屏蔽盒接地脚，应使
用中功率（75 W）的
电烙铁

将吸锡器放到已
熔化的焊点上，
吸除引脚和焊点
周围多余的焊锡

小功率电烙铁

中功率电烙铁

电烙铁

电路板

吸锡器

小功率电烙铁的烙
铁头较小且尖细

中功率电烙铁
的烙铁头较大

用电烙铁加热焊点，熔化
元器件引脚焊点上的焊锡

图 1-43　电烙铁实物外形及使用方法

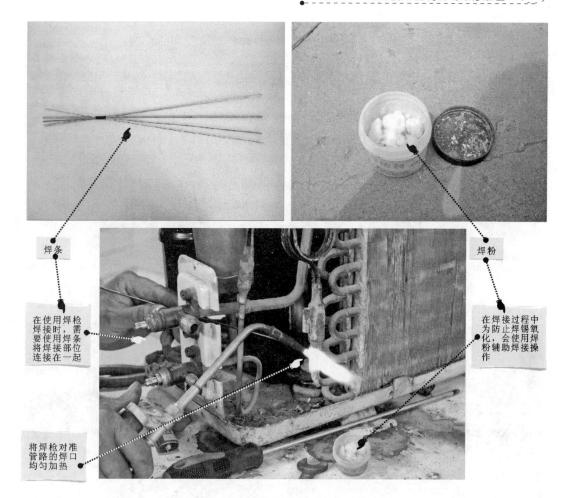

焊条

焊粉

在使用焊枪焊接时，需要使用焊条将焊接部位连接在一起

在焊接过程中为防止焊锡氧化，会使用焊粉辅助焊接操作

将焊枪对准管路的焊口均匀加热

图 1-44　焊料的实物外形及使用方法

项目6　新型空调器的清洁工具

空调器使用时间过长，其内外难免出现有灰尘、脏污的情况，此时就需使用清洁工具对空调器进行清洁，保证其可以正常使用。

清洁刷和手提式电动吹风机（鼓风机）主要是用于清理空调器内部的，图 1-45 所示为手提式电动吹风机和清洁刷的实物外形及使用方法。

项目7　新型空调器的辅助工具

在维修空调器时，有时还需要用到一些辅助工具，如连接软管、转接头、保温管、维尼龙胶带等。

1. 连接软管

在维修空调器过程中，当需要对管路系统进行充氮气、抽真空、充注制冷剂等操作时，各设备或部件之间的连接均需要用到连接软管（也称加氟管）。目前，根据连接软管的接口类型不同，主要有公—公制连接软管和公—英制连接软管两种，如图 1-46 所示。

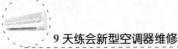

手提式
电动吹风机

使用手提式电动吹风机
（鼓风机）吹走空调器
管路部分上的灰尘

清洁刷

使用清洁刷对电路板上
的灰尘和污物进行清洁

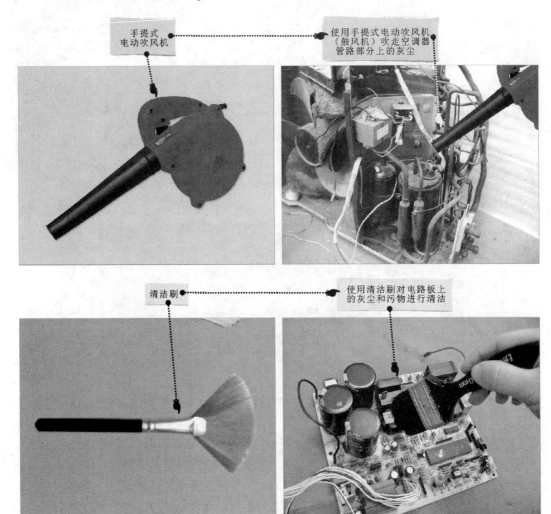

图 1-45　手提式电动吹风机和清洁刷的实物外形及使用方法

连接软管

公—公制
连接软管

公—英制
连接软管

英制接头

公制接头

公制接头

公制接头

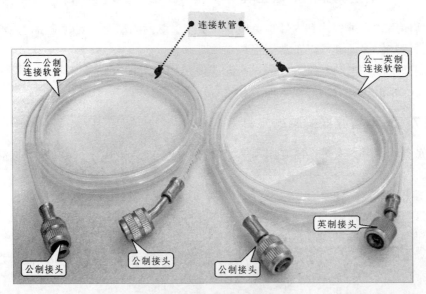

图 1-46　连接软管的类型

2. 转接头

在维修空调器时，常常会遇到管口制式不匹配的情况，可使用转接头进行转接后，再将不同类型的接口进行连接。图1-47所示为转接头的实物外形。

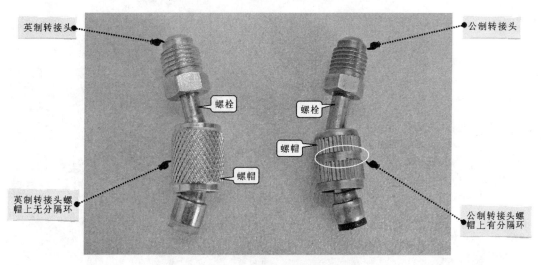

图1-47 转接头的实物外形

【知道更多】

常见的转接头有公制转英制转接头和英制转公制转接头。在公制转英制转接头上，螺帽有明显的分隔环；在英制转公制转接头上，螺帽无明显的分隔环，可以由此来分辨两种转接头。

3. 保温管

保温管是用于包裹空调管路的泡沫管，具有耐腐蚀和防水能力，其实物外形如图1-48所示。

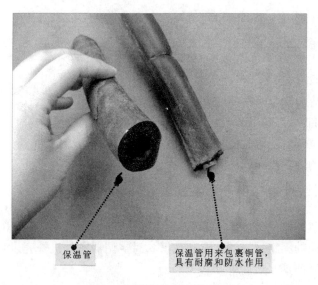

图1-48 保温管的实物外形

4. 维尼龙胶带

维尼龙胶带也称空调包扎带，是空调维修中用于缠绕管路的 PVC 塑料胶带，具有不易燃烧、绝缘性能好的特点，其实物外形如图 1-49 所示。

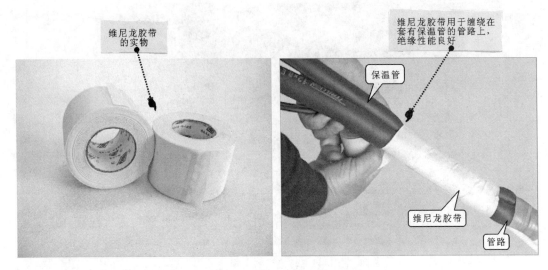

图 1-49　维尼龙胶带的实物外形

 ## 训练 2　练会新型空调器外壳的拆卸

检修器材准备齐全之后，接下来我们练习空调器的拆卸分离。首先练习空调器外壳的拆卸，在实际动手操作后，掌握空调器外壳的拆卸方法。

项目 1　室内机外壳的拆卸

室内机外壳通常采用按扣、卡扣和螺钉的方式固定在室内机机体上。对空调器室内机外壳进行拆卸时，首先将吸气栅取下，然后再将空气过滤网和清洁滤尘网取下，最后将前盖板拆卸下来。

1. 空气过滤网和清洁滤尘网的拆卸

空气过滤网和清洁滤尘网的拆卸操作如图 1-50 所示。

2. 前盖板的拆卸

室内机前盖板位于室内机前面，并通过螺钉和卡口进行固定，撬开卡口，拧下螺钉即可将其取下。前盖板的拆卸操作如图 1-51 所示。

项目 2　室外机外壳的拆卸

在拆卸空调器室外机的外壳前，首先要对室外机的外壳进行仔细观察，确定室外机上盖、前盖、后盖之间的固定螺钉的位置和数量。对空调器室外机外壳进行拆卸时，一般首先拆卸上盖，然后拆卸前盖，最后拆卸后盖。

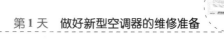

【1】用手按下位于机壳两侧的按扣，并向上提起

吸气栅

按扣

【2】将吸气栅向上掀，可看到空气过滤网和清洁滤尘网

吸气栅

清洁滤尘网

空气过滤网

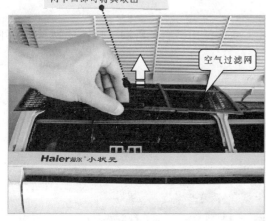

【3】轻轻向上提空气过滤网卡口即可将其取出

空气过滤网

【4】空气过滤网下面是清洁滤尘网，向上轻提卡扣即可将清洁滤尘网抽出。

清洁滤尘网

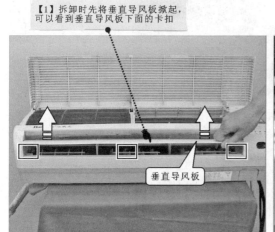

图1-50　空气过滤网和清洁滤尘网的拆卸操作

【1】拆卸时先将垂直导风板掀起，可以看到垂直导风板下面的卡扣

垂直导风板

【2】使用一字螺丝刀轻轻撬动卡扣

卡扣

图1-51　前盖板的拆卸操作

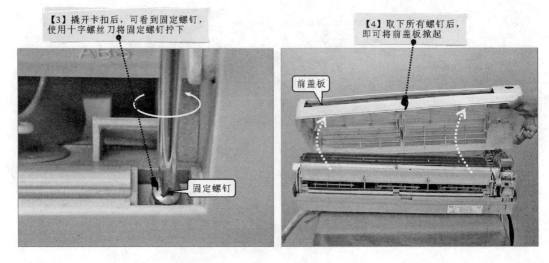

图 1-51　前盖板的拆卸操作（续）

1. 上盖的拆卸

拆卸上盖时，首先要明确其固定位置和方式，然后使用适当的拆卸工具将其取下。室外机上盖的拆卸操作如图 1-52 所示。

图 1-52　室外机上盖的拆卸操作

2. 前盖的拆卸

前盖位于空调器室外机前面，并通过螺钉进行固定，拧下固定螺钉后即可将前盖取下。室外机前盖的拆卸操作如图 1-53 所示。

3. 后盖的拆卸

后盖位于空调器室外机后面，并通过螺钉进行固定，拧下固定螺钉后即可将后盖取下。室外机后盖的拆卸操作如图 1-54 所示。

【1】首先使用螺丝刀将室外机前盖的固定螺钉拧下

【2】将前盖的固定螺钉拧下后，即可将前盖取下

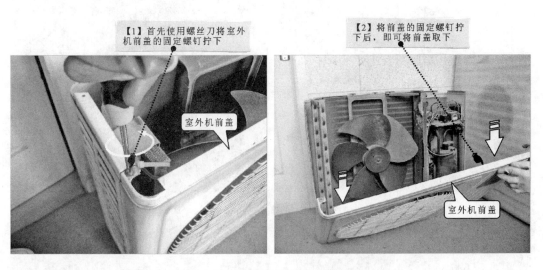

图 1-53　室外机前盖的拆卸操作

【1】使用螺丝刀将接线盒护板上的固定螺钉拧下

【2】固定螺钉拧下后即可将接线盒护板取下

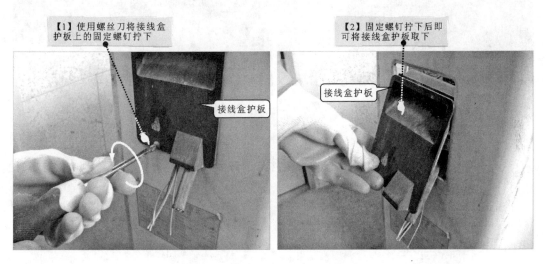

图 1-54　室外机后盖的拆卸操作

【3】使用螺丝刀将室外机电气连接装置与外壳间的固定螺钉拧下

室外机后盖

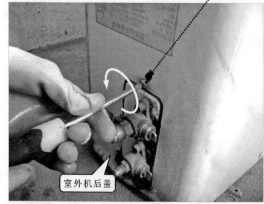

【4】使用螺丝刀将室外机后盖的固定螺钉拧下

室外机后盖

【5】待后盖的固定螺钉拧下后，即可将后盖取下

室外机后盖

图 1-54　室外机后盖的拆卸操作（续）

训练3　练会新型空调器电路板的拆卸

　　将空调器的外壳拆下来之后，就可以对空调器的电路板进行拆卸分离了。此训练中，我们仍然对室内机、室外机电路部分的拆卸分别进行练习。在实际动手操作之后，应掌握空调器电路板拆卸分离的方法。

项目1　室内机电路部分的拆卸

　　取下前盖板后，可以看到室内机电路部分，室内机电路部分主要是由遥控接收电路板、指示灯电路板、电源电路板、主控电路板和接线板等构成的。

1. 室内机遥控接收电路板和指示灯电路板的拆卸

　　遥控接收电路板和指示灯电路板（遥控信号接收电路）位于室内机的右下侧，其体积较小。这两块电路板是连在一起的，取下时要注意，顺着指示灯电路板上的输入引线，即可找到主控电路板上的引线插头，指示灯电路板与主控电路板之间的连接引线被电路固定模块外侧的卡线槽固定在模块夹板的外侧。

　　室内机遥控接收电路板和指示灯电路板的拆卸操作如图 1-55 所示。

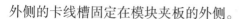

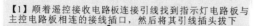

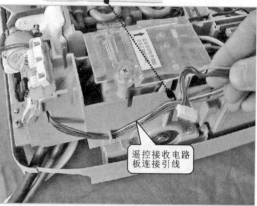

图 1-55　室内机遥控接收电路板和指示灯电路板的拆卸操作

2. 室内机电气连接装置的拆卸

　　空调器室内机中的电气连接装置是向室外机传送控制指令的部件。室内机电气连接装置的拆卸如图 1-56 所示。

3. 室内机温度传感器的拆卸

　　在空调器室内机中有两个温度传感器：一个是室温传感器，安装在蒸发器的翅片处，主要用于检测环境温度；另一个是管温传感器，安装在铜管部分，用于检测制冷管路温度。室内机温度传感器的拆卸如图 1-57 所示。

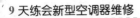
电气连接装置上覆盖有保护盖

【1】用螺丝刀将保护盖的固定螺钉拧下后，将保护盖取下

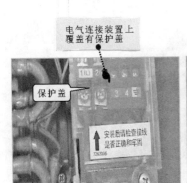

保护盖

安装后请检查接线是否正确和牢固

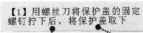

KFR-2 G

保护盖

固定螺钉

保护盖

1（L）

3 4

1（L）

3 4

接地端

较粗的一组主要为压缩机供电

【2】取下保护盖后，可以看到控制引线

较细的一组是为四通阀和风扇组件供电

【3】使用螺丝刀分别将"1（L）"、"2（N）"端口和接地端的螺钉拧松

【4】螺钉拧松后，分别将供电线缆的接头拔出

【5】同样的方法，使用螺丝刀将"3"和"4"端口的螺钉拧松，并将供电线缆取出

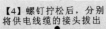

1（L） 2(N)

3 4

3G

1（L） 2(N)

3 4

图 1-56　室内机电气连接装置的拆卸

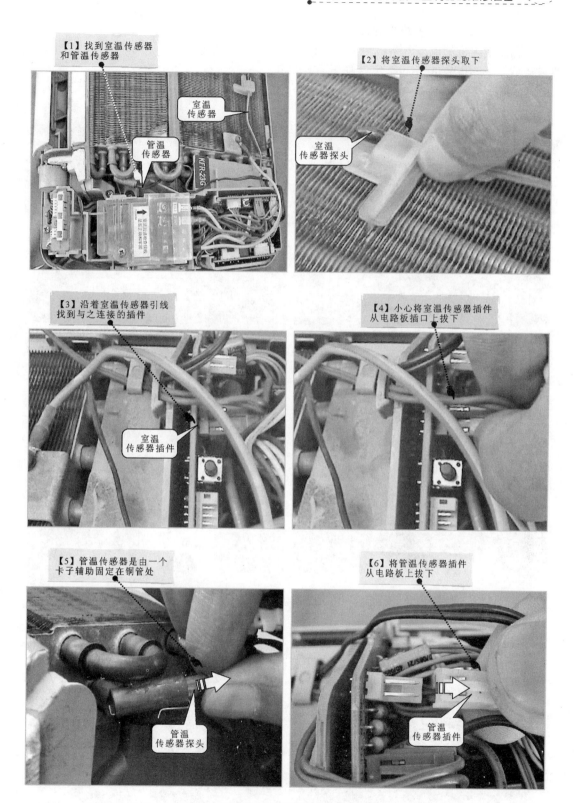

图 1-57　室内机温度传感器的拆卸

4. 电源电路和主控电路板的拆卸

空调器室内机的电源电路板和主控电路板安装得十分紧凑，拆卸时需小心谨慎。电源电路板和主控电路板的拆卸如图 1-58 所示。

【1】将导风组件驱动电动机插件从电路板上拔下

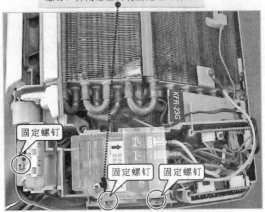

【2】找到承装电路板模块的固定螺钉，并用螺丝刀将固定螺钉拧下

固定螺钉

固定螺钉　固定螺钉

【3】小心将固定模块向上抬起，避免将连接引线损坏

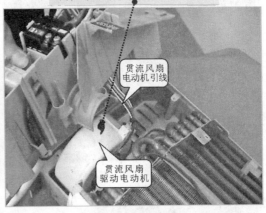

【4】贯流风扇驱动电动机位于模块下方，其引线接头仍连在电路板上

贯流风扇电动机引线

贯流风扇驱动电动机

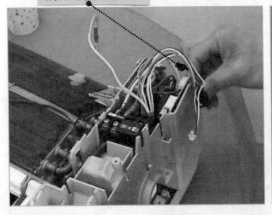

【5】将贯流风扇驱动电动机的连接插件拔下

主控电路板

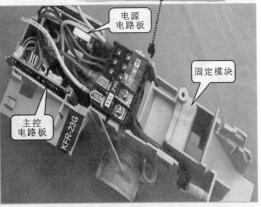

【6】断开所有连接后，即可将电路板连同固定模块一起取下

电源电路板

固定模块

图 1-58　电源电路板和主控电路板的拆卸

【7】将固定模块翻转后可以看到变压器的固定螺钉，使用螺丝刀将其拧下

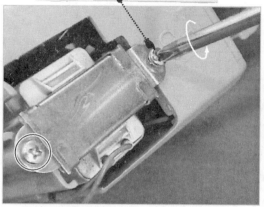

【8】电气连接装置是由卡扣固定在模块中的，将卡扣向外稍微用力掰开，就可取下

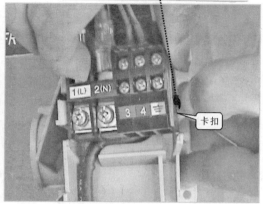

卡扣

【9】将电路板从固定模块中取下后，应将卡槽中的塑料薄片拔出

塑料薄片

卡槽

【10】将卡槽中的所有塑料薄片拔出

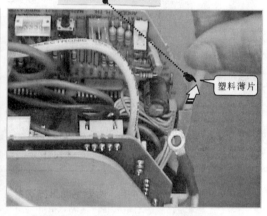

塑料薄片

【11】顺着卡槽缝轻轻向上拉电路板

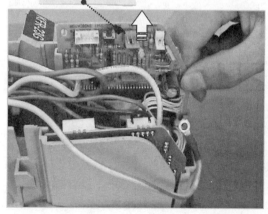

【12】将电源电路板和主控电路板连同变压器一起从固定模块中取出

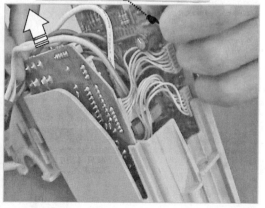

图1-58 电源电路板和主控电路板的拆卸（续）

项目2　室外机电路部分的拆卸

室外机电路部分通常安装在室外机压缩机及制冷管路上面，并通过固定螺钉固定在箱体上。电路板主要用来为空调器各单元电路或电器部件提供工作电压，同时接收人工指令信号，以及传感器送来的温度检测信号，并根据人工指令信号、温度检测信号以及内部程序，输出控制信号，对空调器进行控制。

对空调器室外机电路部分进行拆卸时，首先拧下电路板的固定螺钉，然后拔下电路板上的相关连接引线并将其取下。

电路板部分的拆卸操作如图1-59所示。

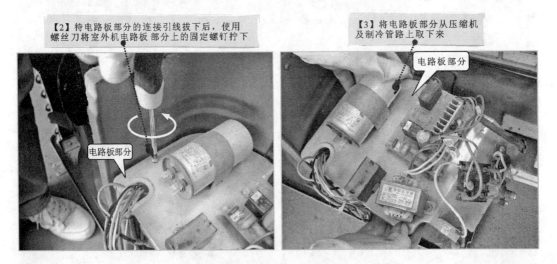

图1-59　电路板部分的拆卸操作

【特别提示】

由于电路板与压缩机、风扇组件及周边功能部件都有连接关系，在拆卸电路板部分时要仔细查看或记录好电路板部分与其他部件之间的连接关系，切不可盲目操作，以免回装时发生遗漏或错误。

训练4　练会新型空调器电路之间信号关系的分析

要练会新型空调器的检修，还需要学会分析新型空调器电路之间的信号关系，以便能很好地找到空调器的故障所在，快速准确地完成检修。我们通过实际训练来熟练掌握分析电路之间信号关系的技能。

项目1　分析普通空调器电路之间的关系

图1-60所示为普通空调器电路间的关联示意图。空调器通电后，由遥控器发出指令，空调器遥控接收电路接收到遥控信号后，由主控电路起动室内/外风扇组件、室内导风组件和压缩机，主控电路根据传感器反馈的温度信号，及时对空调器的工作状态进行调整。

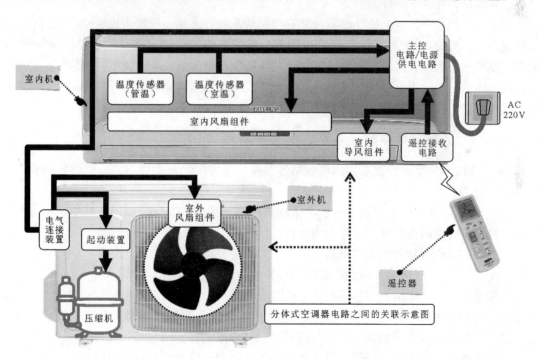

图1-60　普通空调器电路间的关联示意图

图1-61所示为典型空调器室内机的实物连接图。从图中可以很容易的查找出各器件之间的关系。

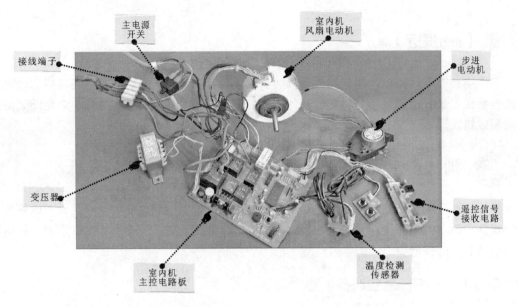

图 1-61　典型空调器室内机的实物连接图

图 1-62 所示为典型空调器整机电路信号流程框图。整机电路是由遥控接收器、主控电路板、传感器和各工作部件组成的。

其中，主控电路板中的微处理器是具有判断功能的智能化大规模集成电路，是整个电路的控制中心。交流 220V 输入电压经变压器和整流滤波稳压电路为微处理器提供 +5V 工作电压，复位电路为微处理器提供复位信号，晶体振荡电路为微处理器提供时钟信号。室内机的风扇电动机、导风板电动机、室外机的压缩机、室外风扇电动机、电磁四通阀等都受微处理器的控制。从图中可以看到各种器件的连接关系。

项目 2　分析变频空调器电路之间的关系

图 1-63 所示为变频空调器室内机电路各部件的连接图。从图中可以查找出室内机各部件之间的关系。

图 1-64 所示为变频空调器室外机电路各部件的连接图。变频空调器室外机电路之间关系较为复杂，查找时比较麻烦，配合室外机接线图便可减少一些不必要的麻烦。

变频空调器内部主要由电源电路、主控电路、遥控接收电路、变频电路、通信电路等构成，图 1-65 所示为变频空调器的内部电路信号流程框图。

空调器通电后，室内机的显示接收电路接收由遥控器送入的遥控信号，并将遥控信号送入主控电路中。主控电路工作后，接收由温度传感器送入的温度信号，并发出控制指令信号，其中包括对室内机风扇控制信号、压缩机运转频率的控制信号等。

主控电路由通信电路将控制信号经连接插件送入室外机中，经室外机电源板送入室外主控电路的微处理器中。室外主控电路接收到通信信号后，再对压缩机、风扇、电磁四通阀等器件进行控制。

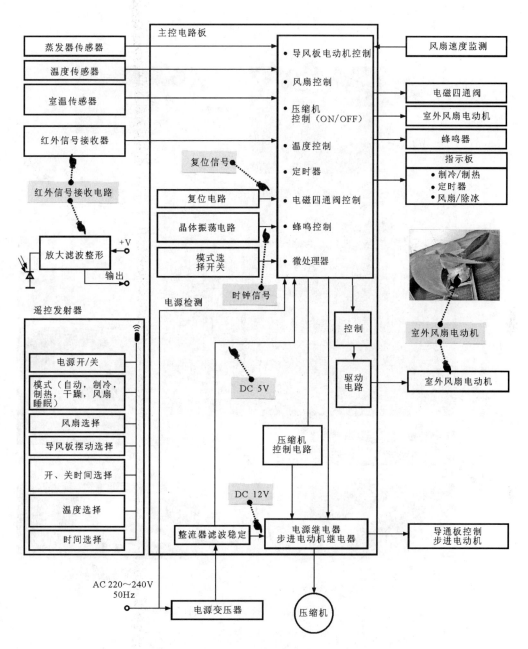

图1-62 典型空调器整机电路信号流程框图

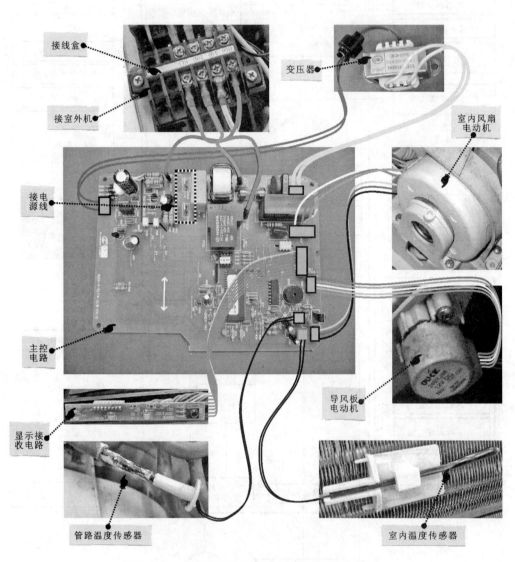

接线盒

变压器

接室外机

室内风扇电动机

接电源线

主控电路

导风板电动机

显示接收电路

管路温度传感器

室内温度传感器

图 1-63　变频空调器室内机电路各部件的连接图

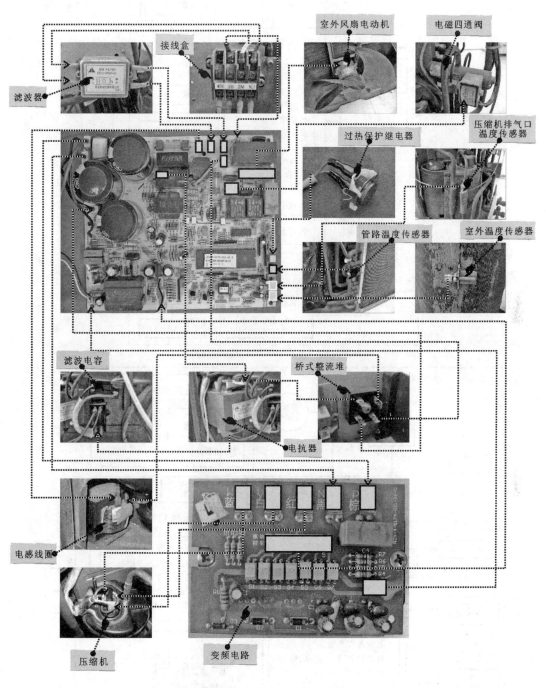

室外风扇电动机

电磁四通阀

接线盒

滤波器

压缩机排气口温度传感器

过热保护继电器

管路温度传感器

室外温度传感器

滤波电容

桥式整流堆

电抗器

电感线圈

压缩机

变频电路

图1-64　变频空调器室外机电路各部件的连接图

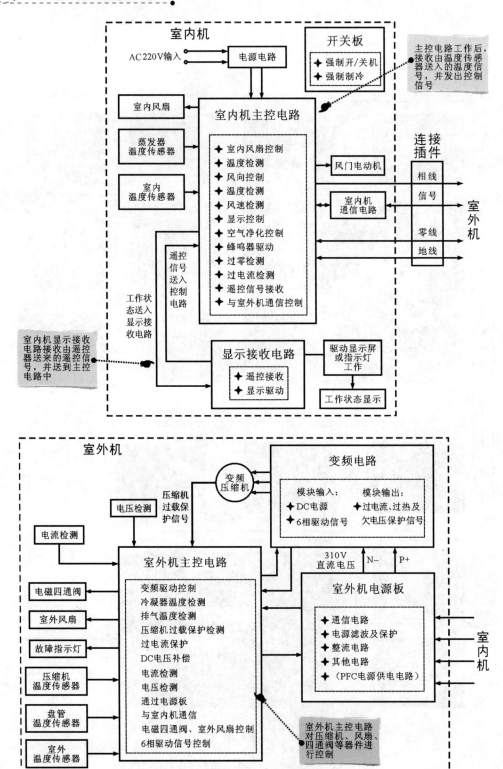

图 1-65　变频空调器的内部电路信号流程框图

掌握新型空调器制冷管路的操作技能

【任务安排】

　　今天，我们要实现的学习目标是"掌握新型空调器制冷管路的操作技能"。

　　上午的时间，我们主要是结合实际管路加工工具，了解并掌握新型空调器制冷管路的操作方面的基本知识。学习方式以"授课教学"为主。

　　下午的时间，我们将通过实际训练对上午所学的知识进行验证和巩固；同时强化动手操作能力，丰富实战经验。

上午

今天上午以学习为主，了解新型空调器制冷管路的操作技能知识。共划分成五课：

课程1　了解制冷管路切管、扩口的操作要点

课程2　了解制冷管路焊接的操作要点

课程3　了解制冷管路充氮的操作要点

课程4　了解制冷管路抽真空的操作要点

课程5　了解制冷管路充注制冷剂的操作要点

我们将用"图解"的形式，系统学习新型空调器的抽真空、充氮检漏、充注制冷剂、切管、扩口和焊接等专业基础知识。

课程1　了解制冷管路切管、扩口的操作要点

这节课主要学习有关管路的切割和扩口方面的知识，了解相关工具盒操作中应注意的要点，用以规范下午实训时的操作方法。

在对空调器制冷管路进行焊接、维修等操作时，常会使用切管器或扩管工具对管路进行

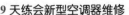

切割、扩口加工。下面先了解一下切管器和扩管组件的结构，如图 2-1 所示。

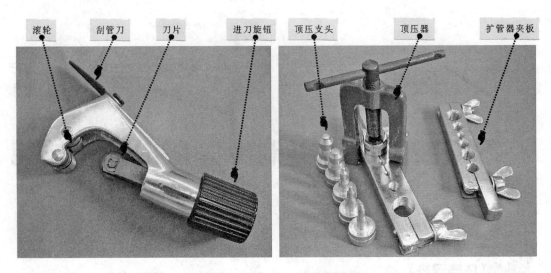

图 2-1　切管器和扩管组件的结构

【知道更多】

切管器有不同的规格，常用切管器的规格为 **3～20mm**。由于空调器制冷循环对管路的
要求很高，杂质、灰尘和金属碎屑都会造成
制冷系统堵塞，因此，对制冷铜管的切割要
使用专用的设备，才可以保证铜管的切割面
平整、光滑，且不会产生金属碎屑掉入管中
阻塞制冷循环系统。

切管器可以对管路进行切割，常用来对
管路的泄漏部位、选用的铜管等进行切割，
如图 2-2 所示。

扩管组件可以对不同管径的管口进行扩
口，特别是对管径相同的两根管路进行连接
时，需要先将其中一根管子的管口扩成杯形
口，才可将另一根管子插入扩好的管口中，
实现紧密对接，然后再进行焊接；而需要通
过纳子进行连接的两根同管径的管路，则需
要先将其中一根管子的管口扩成喇叭口才可
对接在一起，如图 2-3 所示。

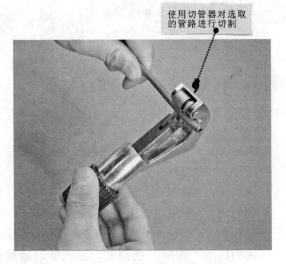

图 2-2　切管器的应用

使用切管器和扩管组件时，需要按照操作规范进行。图 2-4 所示为切管器和扩管组件的
操作要点。

使用扩管组件对管路进行扩口

扩成杯形口的管路适用于焊接操作中

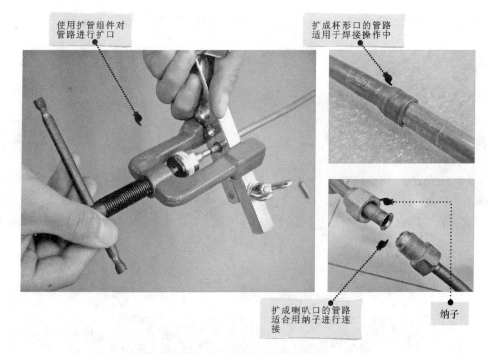

扩成喇叭口的管路适合用纳子进行连接

纳子

图 2-3　扩管组件的应用

使用切管器切割管路时，刀片要始终垂直于铜管，以保证切割面平整光滑

顶压支头一定要对准管口

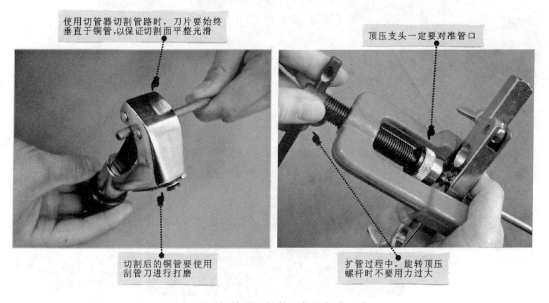

切割后的铜管要使用刮管刀进行打磨

扩管过程中，旋转顶压螺杆时不要用力过大

图 2-4　切管器和扩管组件的操作要点

 课程 2　了解制冷管路焊接的操作要点

　　这节课主要学习有关管路的焊接方面的知识，了解相关设备和在操作中应注意的要点，用以规范下午实训时的操作方法。

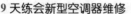

制冷管路的焊接、拆焊操作都是由气焊设备完成的，气焊设备的组成如图2-5所示。

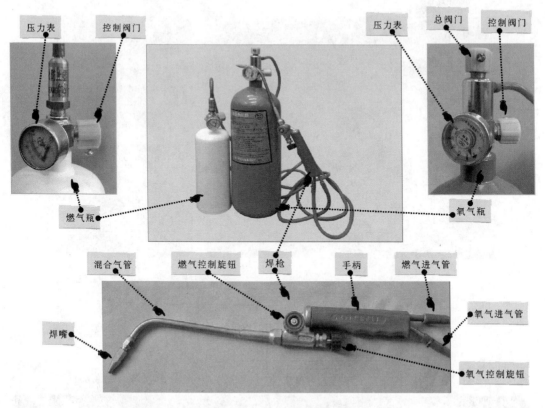

图2-5　气焊设备的组成

使用气焊设备时，要注意焊枪的点火、关火顺序，以及使用环境的安全性等问题。图2-6所示为制冷管路焊接的操作要点。

图2-6　制冷管路焊接的操作要点

【特别提示】

① 在使用氧气瓶和燃气瓶时，氧气连接管和燃气连接管要足够长，不能短于2m，并且连接管的多余部分不可以盘绕在身体周围。在使用时，为了防止气体的泄漏，要确保连接管

连接正确和良好。

② 在进行焊接前要检查是否有制冷剂泄漏，不能在有制冷剂泄漏的环境下进行焊接操作，因为当制冷剂遇到明火时会产生有毒气体，对人身安全造成损害。

③ 在进行焊接时，要注意不能将火焰对准氧气瓶或燃气瓶，同时易燃物品应远离火焰，以防止爆炸事故的发生。

 课程3 了解制冷管路充氮的操作要点

这节课主要学习有关管路的充氮方面的知识，了解相关设备在连接、操作中应注意的要点，用以规范下午实训时的操作方法和操作步骤。

充氮操作的作用就是向空调器管路中充入氮气，从而查找出泄漏或堵塞部位。充氮的设备主要包括盛有氮气的钢瓶、减压器、连接软管等。在进行充氮操作前，应了解并掌握相关充氮设备的连接关系，如图2-7所示。

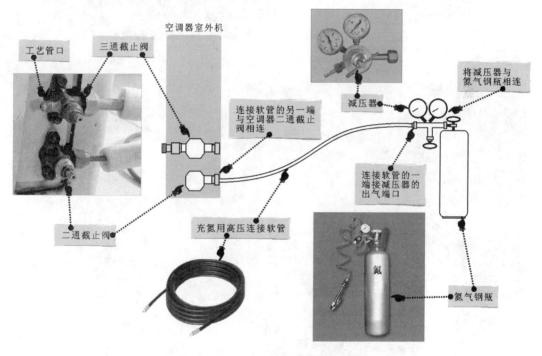

图2-7 空调器管路充氮设备连接关系

 【特别提示】

连接好充氮用的各种设备后，便可开始进行充氮操作了。值得注意的是，在充氮时由于氮气钢瓶中的压力过大，需要首先利用减压器调节好氮气钢瓶排气口的压力。注意，直接与减压器连接的连接软管，应使用充氮专用的高压连接软管。

课程 4 了解制冷管路抽真空的操作要点

这节课主要学习有关管路抽真空方面的知识，了解相关设备在连接、操作中应注意的要点，以规范下午实训时的操作方法。

抽真空的作用就是将空调器管路中的空气、水分抽出，确保充注制冷剂时管路系统环境的纯净。抽真空的设备主要包括真空泵、三通压力表阀、连接软管以及转接头等。

为了准确连接这些设备，我们先了解一下三通压力表阀和连接软管的基本结构和特点，如图 2-8 所示。

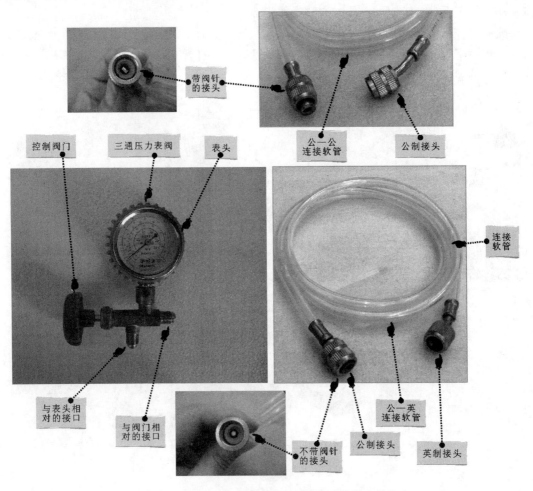

图 2-8 三通压力表阀和连接软管的基本结构和特点

空调器抽真空设备的连接关系如图 2-9 所示。

【特别提示】

连接好抽真空用的各种设备后，便可开始进行抽真空操作了。值得注意的是，当三通压

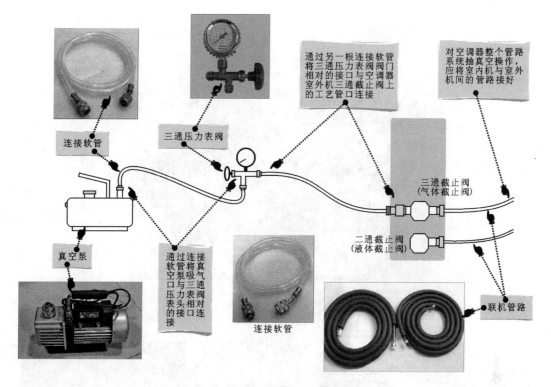

图 2-9　空调器抽真空设备的连接关系

力表阀中的压力表显示 **−0.1MPa** 时，才表明空调器抽真空完成。另外，抽真空完成后，需要先关闭三通压力表阀的阀门，再关闭真空泵，以防止空气进入空调器管路中。

课程 5　了解制冷管路充注制冷剂的操作要点

这节课主要学习有关管路充注制冷剂方面的知识，了解制冷剂的识别和相关设备在连接、操作中应注意的要点，用以规范下午实训时的操作方法。

充注制冷剂是空调器制冷管路检修中重要的维修技能之一。空调器管路检修完毕，都需要充注制冷剂，图 2-10 所示为盛放有空调器制冷剂的钢瓶。

【专家热线】

Q：请问一下专家，为什么空调器的制冷剂有那么多类型？它们有什么区别吗？

A：制冷设备从发明到普及，一直都在进行技术的改进，其中制冷剂的技术革新是很重要的一方面。制冷剂属于化学物质，早期的制冷剂由于使用材料与制造工艺的问题，制冷效果不是很理想，并且对人体和环境影响很严重。这就使制冷剂的设计人员不断地对制冷剂的替代品进行技术革新，而我国制冷设备的技术革新较为落后，这就造成了目前市面上制冷剂型号较多的原因。

不同制冷剂之间有如下区别：

制冷剂 **R22** 是空调器中使用率最高的制冷剂，许多老型号空调器都采用 **R22** 作为制冷

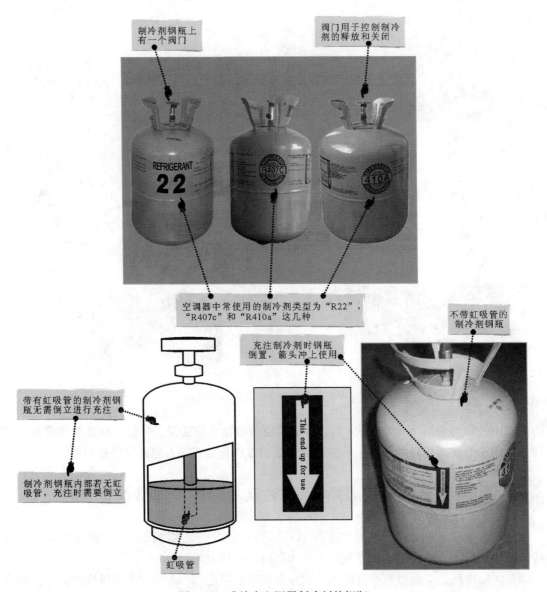

制冷剂钢瓶上有一个阀门

阀门用于控制制冷剂的释放和关闭

空调器中常使用的制冷剂类型为"R22"、"R407c"和"R410a"这几种

不带虹吸管的制冷剂钢瓶

带有虹吸管的制冷剂钢瓶无需倒立进行充注

充注制冷剂时钢瓶倒置,箭头冲上使用

制冷剂钢瓶内部若无虹吸管,充注时需要倒立

虹吸管

图 2-10 盛放有空调器制冷剂的钢瓶

剂。该制冷剂中含有氟利昂,对臭氧层破坏严重。

　　制冷剂 **R407c** 是一种不会破坏臭氧层的环保制冷剂,它与 **R22** 有着极为相近的特性和性能,应用于各种空调系统和非离心式制冷系统。**R407c** 可直接应用于原 **R22** 的制冷系统,不用重新设计系统,只需更换原系统的少量部件以及将原系统内的矿物冷冻油更换成能与 **R407c** 互溶的润滑油,就可直接充注,实现原设备的环保更换。

　　制冷剂 **R410a** 是一种新型环保制冷剂,不会破坏臭氧层,具有稳定、无毒、性能优越等特点,工作压力为普通采用 **R22** 制冷剂空调器的 **1.6** 倍左右,制冷(暖)效率高,可提高空调器工作性能。

　　充注制冷剂的量和类型一定要符合空调器的标称量,充入的量过多或过少都会对空调器的制冷效果产生影响。因此,在充注制冷剂前,可首先根据空调器上的铭牌标识,识别制冷剂的类型和标称量，如图 2-11 所示。

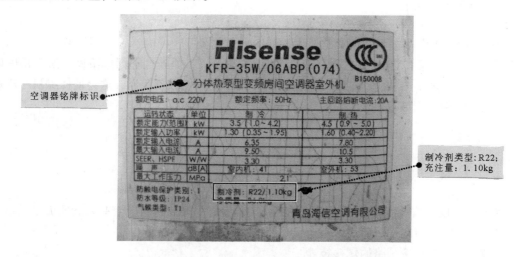

图 2-11　根据铭牌标识识别制冷剂的类型和标称量

　　充注制冷剂的设备主要包括盛有制冷剂的钢瓶、三通压力表阀和连接软管等，其作用就是向空调器管路系统中充注适量的制冷剂。在进行充注制冷剂操作前，应了解并掌握相关充注制冷剂设备的连接关系，如图 2-12 所示。

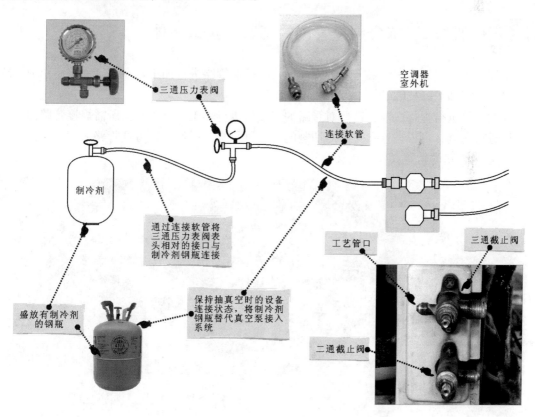

图 2-12　空调器管路充注制冷剂设备的连接关系

【专家热线】

Q：请问一下专家，电冰箱和空调器的制冷剂为什么不一样呢？它们不能通用吗？

A：由于电冰箱和空调器的工作环境、压缩机类型、工作条件等因素不同，所采用的制冷剂型号也不相同。一般空调器与电冰箱的制冷剂不能直接互换使用，这会使压缩机冷冻油变质，引起压缩机损坏。

下午

今天下午以操作训练为主，掌握新型空调器制冷管路的操作技能。共划分成五个训练：

训练1　练会制冷管路的切管、扩口技能

训练2　练会制冷管路的焊接技能

训练3　练会制冷管路的充氮检漏技能

训练4　练会制冷管路的抽真空技能

训练5　练会制冷管路的充注制冷剂技能

我们将借助实际样机和设备，完成对新型空调器制冷管路的一系列实训操作。

训练1　练会制冷管路的切管、扩口技能

本训练中，我们将实际操作切管器和扩管组件对管路进行加工。在亲自动手操作中，练习并掌握切管和扩口技能。

在对管路进行焊接之前，需要对管路的连接口进行加工，首先根据所需焊接管路的长度对管路进行切割，再根据连接方式对切割的管口进行扩口操作，以方便管路之间的连接。图2-13所示为管路的切割操作方法。

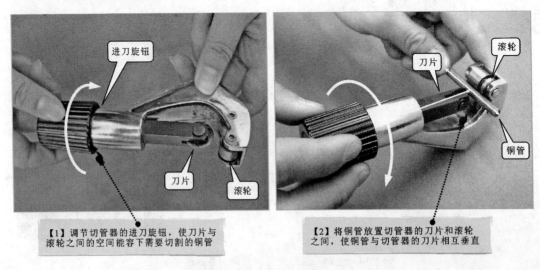

图2-13　管路的切割操作方法

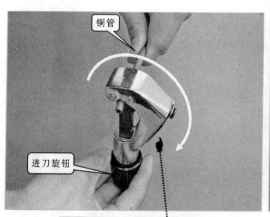

【3】手捏住铜管转动切管器，使其绕铜管顺时针方向旋转

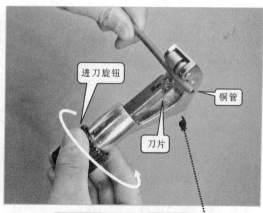

【4】调节切管器末端的进刀旋钮，保证铜管在切管器刀片和滚轮间受力均匀

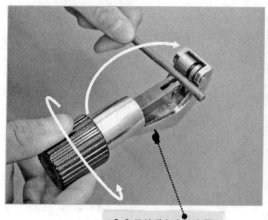

【5】继续重复上一步骤，直到铜管被切割开

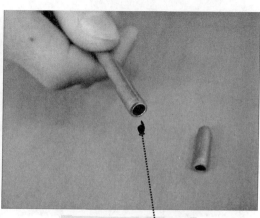

切割后的管路切口整齐平滑，适合进行管路焊接等操作

图2-13　管路的切割操作方法（续）

　　将铜管切割完成后，需要对管口进行扩管操作，以确保其可以与其他管路连接。扩管操作时，根据管路的不同需求，有杯形口和喇叭口两种扩管方式。

　　图2-14所示为杯形口管路的扩管操作方法。采用焊接方式连接两根管径相同的铜管前，需要将一根铜管的管口扩成杯形口，以便将另外一根铜管插入扩口中紧密连接。

　　图2-15所示为喇叭口管路的扩管操作方法。两根铜管（或其他材质管子）在使用纳子进行连接时，需先将铜管扩成喇叭口，以便纳子能够卡在管口处，与另外一根铜管上的纳子进行连接。

【特别提示】

　　在进行扩管操作时，要始终保持顶压支头与管口垂直，施力大小要适中，以免造成如图**2-16**所示的管口开裂、歪斜等现象。

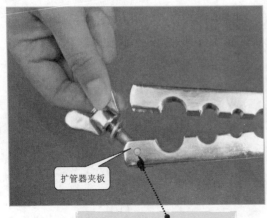

扩管器夹板

【1】打开扩管器夹板的紧固螺帽

不同的孔径

【2】根据需要扩口铜管的直径
选择合适的孔径，将铜管放入
到夹板中

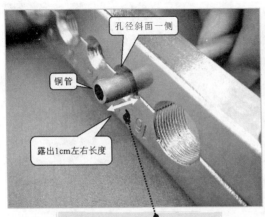

孔径斜面一侧

铜管

露出1cm左右长度

【3】将铜管放在孔径与管径相同的
孔中，使管口朝向孔径斜面一侧

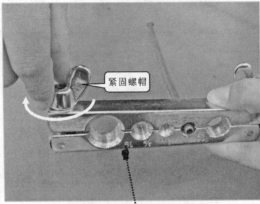

紧固螺帽

【4】将扩管器夹板的紧固螺帽拧紧，
使铜管固定在扩管器夹板的孔内

杯形口锥形

【5】根据需要扩口的铜管的直径
选择合适的杯形口锥形支头

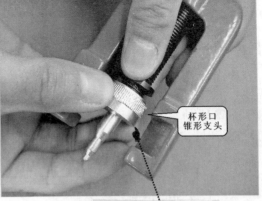

杯形口
锥形
支头

【6】将选好的杯形口锥形
支头装到顶压器上

图2-14　杯形口管路的扩管操作方法

68

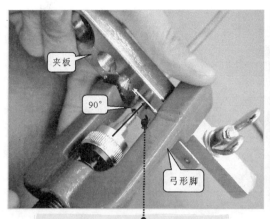

【7】将顶压器的锥形支头垂直顶压到铜管的管口上，使顶压器的弓形脚卡住扩口夹板

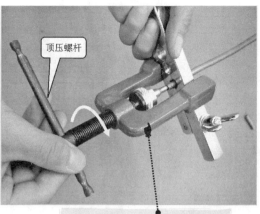

【8】沿顺时针方向旋转顶压器顶部的顶压螺杆。直至顶压器的锥形支头将铜管管口胀成杯形

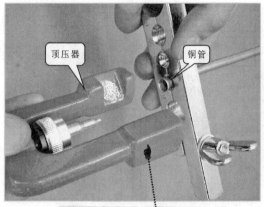

【9】将顶压器卸下，即可从扩管器夹板中取下扩压好的铜管

【10】查看杯形口大小是否符合要求、有无裂痕

图 2-14　杯形口管路的扩管操作方法（续）

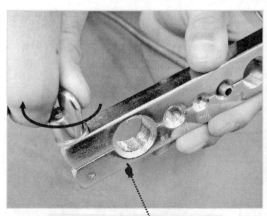

【1】打开扩管器夹板，将需要扩口的铜管放置在孔径与管径相同的扩管器夹板孔中

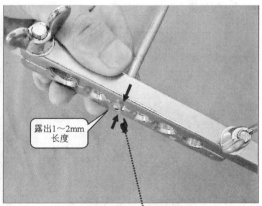

【2】铜管的管口朝向夹板有斜面一侧，并且管口露出1~2mm

图 2-15　喇叭口管路的扩管操作方法

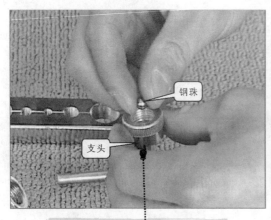

钢珠

支头

【3】将钢珠放到所选择的锥形支头中

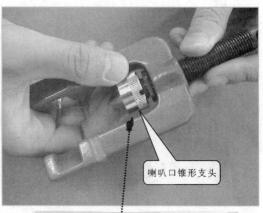

喇叭口锥形支头

【4】扩压喇叭口所使用的锥形支头没有规格之分，可以给任何直径的铜管扩压喇叭口

顶压器

【5】按照与扩压杯形口相同的方法，将顶压器的锥形支头压住管口，进行扩口操作

喇叭口

【6】待管口被扩压成喇叭形后，将顶压器取下即可看到扩压好的管路。查看喇叭口大小是否符合要求、有无裂痕

图 2-15　喇叭口管路的扩管操作方法（续）

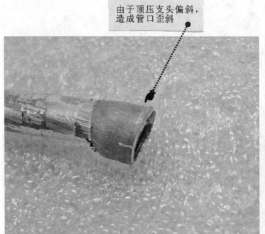

由于顶压支头偏斜，造成管口歪斜

由于施力过大或顶压支头尺寸与管口不匹配，造成管口出现开裂的现象

图 2-16　管口开裂、歪斜的现象

训练 2　练会制冷管路的焊接技能

本训练中，我们将实际操作气焊设备对管路进行焊接。在亲自动手操作中，练习并掌握焊接技能。

对于制冷管路的焊接与拆焊操作都要用到气焊设备，气焊设备的使用要求很严格，需要时刻遵循使用规范进行操作，以免发生意外。图 2-17 所示为气焊设备的使用方法。

【特别提示】

在进行焊接操作时，首先要确保对焊口处均匀加热，绝对不允许使焊枪的火焰对准铜管的某一部位进行长时间加热，否则会烧坏铜管。

另外，在焊接时，若发现待焊接管路的管口、管壁上有锈蚀现象，需要使用砂布对焊接部位附近 **1～2cm** 的范围进行打磨，直至焊接部位呈现铜本色，这样才有助于与管路连接部分很好的焊接，提高焊接质量。

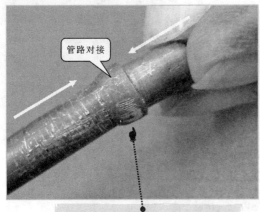

【1】将需要焊接的两根铜管插接在一起

【2】检查氧气瓶、燃气瓶和焊枪的连接情况

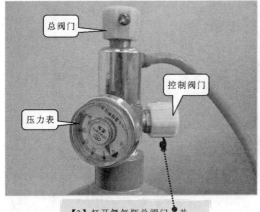

【3】打开氧气瓶总阀门，并通过控制阀门调整输出压力

【4】打开燃气瓶总阀门

图 2-17　气焊设备的使用方法

【5】先略微打开焊枪的燃气控制旋钮，使用打火机点火，点燃焊枪

【6】接着打开氧气控制旋钮。调节氧气和燃气的输出量，使焊枪火焰为中性火焰

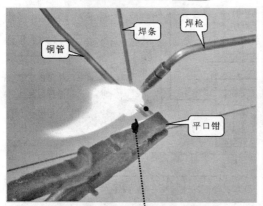

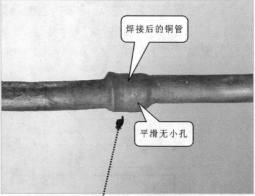

【7】把焊条放到焊口处，利用中性焰的高温将其熔化，待焊条熔化后均匀地包围在两根铜管的焊接处时即可将焊条取下

【8】焊接完毕后，检查焊接部位是否牢固、平滑，有无明显焊接不良的问题

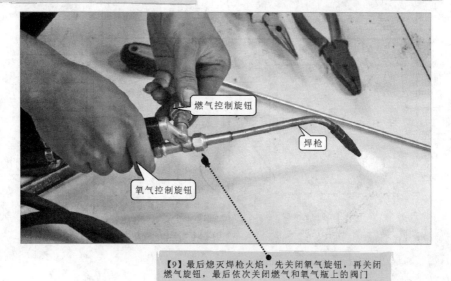

【9】最后熄灭焊枪火焰，先关闭氧气旋钮，再关闭燃气旋钮，最后依次关闭燃气和氧气瓶上的阀门

图 2-17　气焊设备的使用方法（续）

【专家热线】

Q：请问一下专家，为什么我在焊接管路时，总是出现杂质或是管路焊接不上的情况？

A：这应该是由于火焰调节不到位引起的。在焊接过程中，在调节火焰时，若氧气或燃气开得过大，不易出现中性火焰，反而成为不适合焊接的过氧焰或碳化焰，如图 **2-18** 所示。其中过氧焰温度高，火焰逐渐变成蓝色，焊接时容易产生氧化物；而碳化焰的温度较低，无法焊接管路。

中性焰外焰呈天蓝色，中焰呈亮蓝色，而焰心呈明亮的蓝色（燃气、氧气比例适中）

过氧焰心短而尖，内焰呈淡蓝色，外焰呈蓝色，火焰挺直，燃烧时发出急剧的"嘶嘶"声。（氧气过多，燃气少）

碳化焰外焰特别长而柔软，呈橘红色。（燃气过多，氧气少）

碳化焰不适合管路焊接

用过氧焰焊接管路容易产生氧化物

图 2-18　中性焰、过氧焰和碳化焰

 训练3　练会制冷管路的充氮检漏技能

本训练中，我们将实际操作氮气钢瓶等设备，对空调器的管路进行充氮检漏。在亲自动手操作中，练习并掌握充氮检漏技能。

对制冷管路进行维修或检查时，常会用氮气对制冷管路进行充氮检漏操作，确保管路密封性良好，为下一步进行抽真空、充注制冷剂操作做好准备。

由于氮气钢瓶中的氮气压力较大，使用时，必须在氮气钢瓶阀门口处接上减压器，并根据需要调节排气压力，使充氮压力符合操作要求，如图 2-19 所示（以下在几个相关图中用统一的序号表明充氮操作的完整顺序）。

连接设备时，先将充氮用高压软管的一端与减压器的出气端口连接，另一端与空调器室外机上的二通截止阀连接即可，如图 2-20 所示。

【1】将减压器进气口直接旋紧在氮气钢瓶的阀口上

减压器

氮气钢瓶

图 2-19 减压器与氮气钢瓶的连接方法

减压器   氮气钢瓶

高压连接软管

【2】用充氮专用的高压连接软管一端连接减压器的出气端口

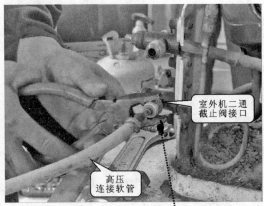

室外机二通截止阀接口

高压连接软管

【3】将高压连接软管的另一端连接到空调器室外机二通截止阀的接口（连接室内机联机管路的接口）上

图 2-20 空调器与氮气钢瓶的连接方法

　　充氮检漏各设备连接好后，按照规范要求的顺序打开各设备的开关或阀门，开始进行充氮操作，如图 2-21 所示。

【特别提示】

　　由于制冷剂在空调器管路系统中的静态压力最高在 1MPa 左右，而对于系统漏点较小的故障部位，直接检漏无法测出，因此多采用充氮气增加系统压力来检查。一般向空调器管路系统充入氮气压力为 1.5 ~ 2MPa 即可。

　　在上述操作步骤中，主要是对空调器室外机中的制冷管路进行充氮，若需要对整机制冷管路充氮检漏，可先用联机管路将室内机与室外机连接好后，通过三通截止阀上的工艺管口向空调器整个管路系统充氮气，其基本的操作方法与上述方法相同。值得注意的是，对整机管路进行充氮操作时，三通截止阀应处于关闭状态，二通截止阀应处于打开状态（关于三通截止阀和二通截止阀的结构及工作原理将在第 5 天中介绍）。

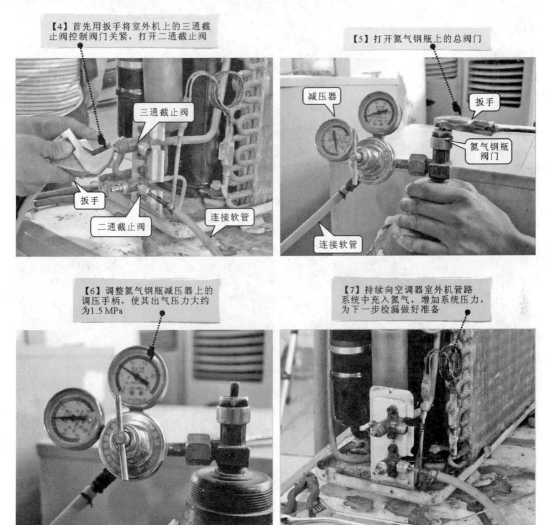

【4】首先用扳手将室外机上的三通截止阀控制阀门关紧，打开二通截止阀

三通截止阀

扳手

二通截止阀　连接软管

【5】打开氮气钢瓶上的总阀门

减压器　扳手

氮气钢瓶阀门

连接软管

【6】调整氮气钢瓶减压器上的调压手柄，使其出气压力大约为1.5 MPa

【7】持续向空调器室外机管路系统中充入氮气，增加系统压力，为下一步检漏做好准备

图 2-21　充氮操作方法

充氮一段时间后，空调器管路系统具备一定压力，接下来便可对管路的各个焊接接口部分进行检漏，如图 2-22 所示。

【专家热线】

Q：请问一下专家，空调器哪些部分容易出现泄漏？

A：根据维修经验，空调器中的管路焊接处、室内外机管路连接处等容易出现泄漏，常见的泄漏部位如图 2-23 所示。

【8】调制洗洁精水。将洗洁精与水成1:5的比例放置在容器中进行调制，直至洗洁精水有丰富的泡沫

倒入洗洁精

搅拌洗洁精水

【9】用海绵（或毛刷）蘸取泡沫，涂抹在压缩机吸气口、排气口焊接口处

蘸有泡沫的海绵

压缩机排气口

压缩机吸气口

【10】用海绵（或毛刷）蘸取泡沫，涂抹在干燥过滤器、单向阀、电磁四通阀各焊接口处

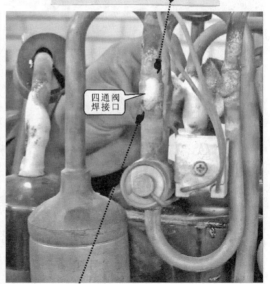

四通阀焊接口

【11】观察各涂有泡沫的接口处是否向外冒泡。若有冒泡现象说明检查部位有泄漏故障，没有冒泡说明检查部位正常

图 2-22　检漏的操作方法

这些部位主要如下：

①　制冷系统中有油迹的位置（空调器制冷剂 **R22** 能够与压缩机润滑油互溶，如果制冷剂泄漏，通常会将润滑油带出，因此，制冷系统中有油迹的部位就很有可能为泄漏点，应作为重点进行检查）；

②　联机管路与室外机的连接处；

③　联机管路与室内机的连接处；

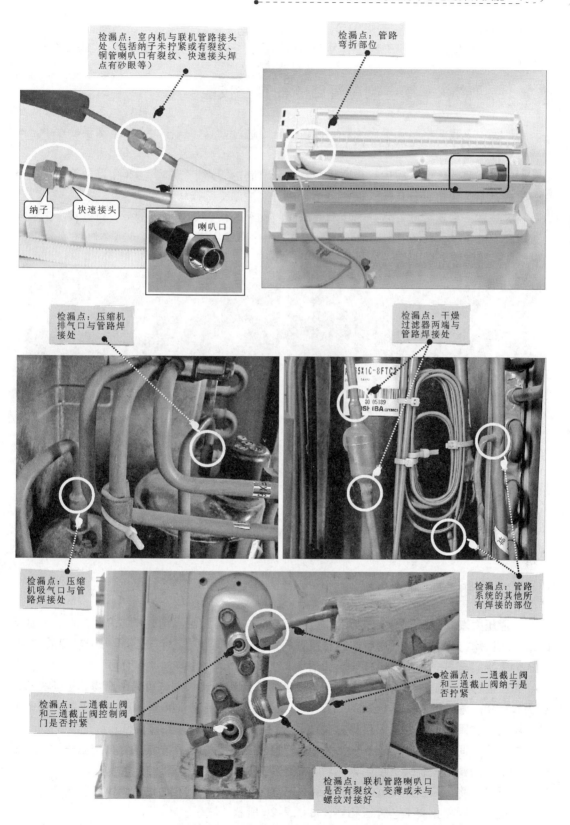

图 2-23　空调器管路中常见的泄漏部位

④ 压缩机吸气管、排气管焊接口、四通阀根部及连接管道焊接口、毛细管与干燥过滤器焊接口、毛细管与单向阀焊接口（冷暖型空调器）、干燥过滤器与系统管路焊接口等。

训练4 练会制冷管路的抽真空技能

本训练中，我们将实际操作抽真空设备对管路进行抽真空操作。在亲自动手操作中，练习并掌握抽真空技能。

对制冷管路的维修完成后，需要使用真空泵对制冷管路进行抽真空操作，使管路中的空气、水分排出，保持真空状态，以便接下来进行充注制冷剂操作。

首先选取一根连接软管将三通压力表阀阀门相对的接口与真空泵的吸气口连接。三通压力表阀与真空泵的连接方法如图 2-24 所示（图中序号使用方法与上一训练类似）。

【1】用一根连接软管一端（公制接口）与真空泵吸气口连接

【2】用连接软管的另一端与三通压力表阀表头相对的接口连接

图 2-24　三通压力表阀与真空泵的连接方法

【知道更多】

三通压力表阀由三通阀、压力表和控制阀门构成。当控制阀门处于打开状态时，三通阀的三个接口均打开，处于三通状态；当控制阀门处于关闭状态时，三通阀一个接口被关闭，但压力表接口与另一个接口仍打开，如图 2-25 所示。

为了能够在控制阀门关闭状态下，仍可使用三通压力表阀测试管路中压力，一般将三通压力表阀中能够被控制阀门控制的接口（即接口②）连接氮气钢瓶、真空泵或制冷剂钢瓶等，不受控制阀门控制的接口（即接口①）连接空调器压缩机的工艺管口。

注意：不同厂家生产的三通压力表阀阀门控制接口可能不同，在使用前应首先弄清楚三通压力表阀的阀门控制哪个接口，然后再根据上述原则进行连接。

接下来，将另一根连接软管的一端接在三通压力表阀阀门相对的接口上，将该连接软管的另一端与三通截止阀工艺管口相连，如图 2-26 所示。

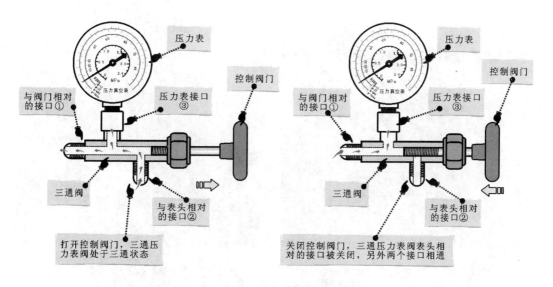

图 2-25　三通压力表阀接口的控制状态

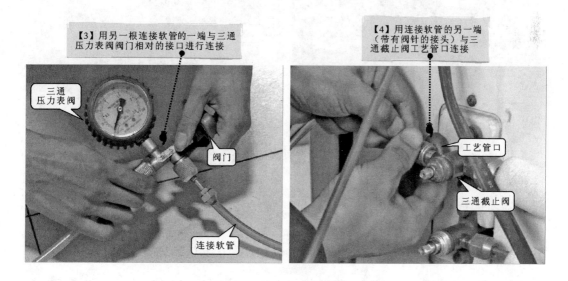

图 2-26　三通压力表阀与真空泵的连接方法

 【专家热线】

Q: 请问一下专家，为什么我的连接软管无法与空调器的工艺管口进行连接呢？

A: 空调器三通截止阀上的工艺管口有公制和英制两种，当与连接软管进行连接时，若无法与手头的连接软管直接连接，可用转接头（英制转公制转接头或公制转英制转接头）进行转接后，再进行连接，如图 2-27 所示。

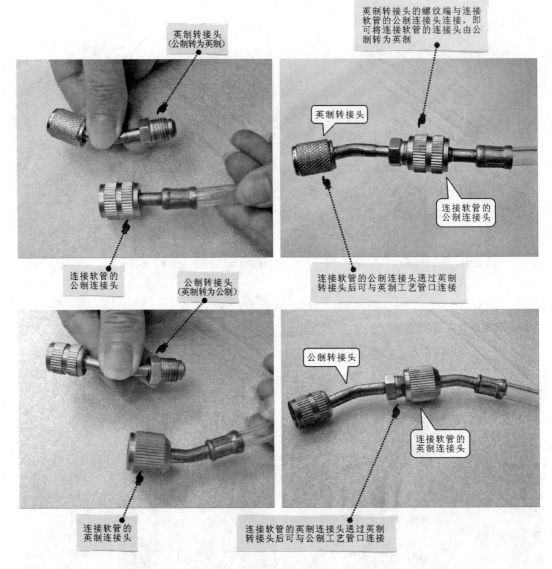

图 2-27　管路连接器通过转接头转接后再与连接软管进行连接

抽真空各设备连接完成后，需要根据操作规范按要求的顺序，依次打开各设备开关或阀门，然后开始对空调器管路系统进行抽真空操作，如图 2-28 所示。

【特别提示】

抽真空操作中，在开启真空泵电源前，应确保空调器整个管路系统是一个封闭的回路；二通截止阀、三通截止阀的控制阀门应打开，三通压力表阀也处于三通状态。

关闭真空泵电源时，要注意先关闭三通压力表，再关闭真空泵电源，否则可能会导致系统进入空气。

【专家热线】

Q： 请问一下专家，为什么有的空调器进行抽真空时，始终不能达到真空度要求？

【5】首先用活扳手将三通截止阀的控制阀门打开，使其处于三通状态

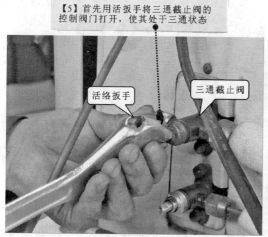

活络扳手　三通截止阀

【6】同样，将室外机上的二通截止阀打开，使其处于二通状态

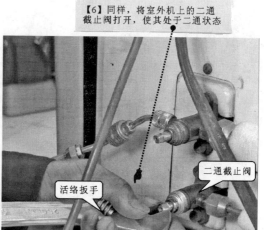

活络扳手　二通截止阀

【7】打开三通压力表阀的阀门，也使其处于三通状态

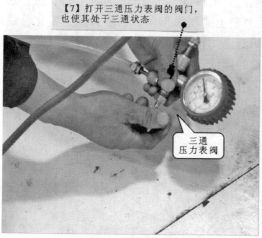

三通压力表阀

【8】按下真空泵电源开关，开始抽真空

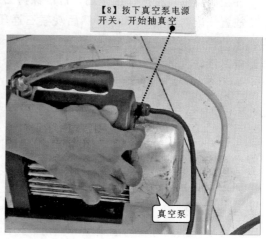

真空泵

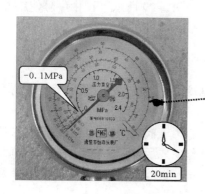

-0.1MPa

20min

【9】当真空泵抽真空运行约20min，或当三通压力表阀上压力表显示数值为-0.1MPa时，即达到抽真空要求

图2-28　抽真空操作

【10】抽真空完成后首先关闭三通压力表阀，然后再关闭真空泵电源

连接软管

真空泵

三通压力表阀

图 2-28　抽真空操作（续）

A：若一直无法将管路中的压力抽至 −0.1MPa，表明管路中存在泄漏点，应进行检漏修复。

在空调器抽真空操作结束后，可以保持三通压力表阀与工艺管口的连接状态，使空调器静止放置一段时间（2~5h），然后观察三通压力表上的压力指示，若压力发生变化，说明空调器的管路中存在轻微泄漏，应对管路进行检漏操作和处理。若压力未发生变化，说明空调器管路系统无泄漏，此时便可进行充注制冷剂的操作了。

 ## 训练 5　练会制冷管路的充注制冷剂技能

本训练中，我们将实际操作三通压力表阀、制冷剂钢瓶等设备，对管路进行充注制冷剂操作。在亲自动手操作中，练习并掌握充注制冷剂的技能。

对制冷管路的维修完成，并且也进行过充氮检漏、抽真空等操作后，就需要对空调器进行充注制冷剂操作，使空调器恢复到原始状态。

充注制冷剂的环境与抽真空环境相似，抽真空后一般直接充注制冷剂，因此只需将真空泵换成制冷剂钢瓶即可，充注制冷剂设备的连接如图 2-29 所示（图中序号使用方法同前）。

 【特别提示】

在空调器维修操作中，抽真空、重新充注制冷剂是完成管路部分检修后的必要的、连续性的操作环节。

因此，当上一训练介绍抽真空操作时，三通压力表阀阀门相对的接口已通过连接软管与空调器室外机三通截止阀上的工艺管口接好，操作完成后，只需将氮气钢瓶连同减压器取下即可，其他设备或部件仍保持连接。这样在下一个操作环节中，相同连接步骤无需再次连接，可有效减少重复性的操作步骤，提高维修效率。

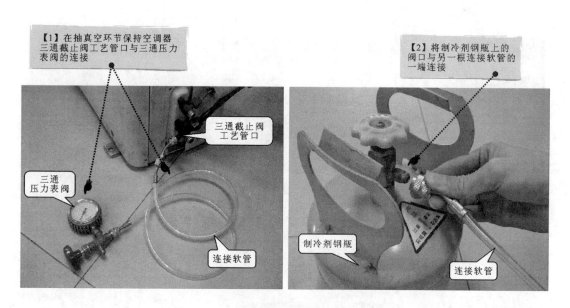

图 2-29　充注制冷剂设备的连接

充注制冷剂各设备连接完成后，需要根据操作规范按要求的顺序，依次打开各设备开关或阀门，然后开始对空调器管路系统充注制冷剂，其操作方法如图 2-30 所示。

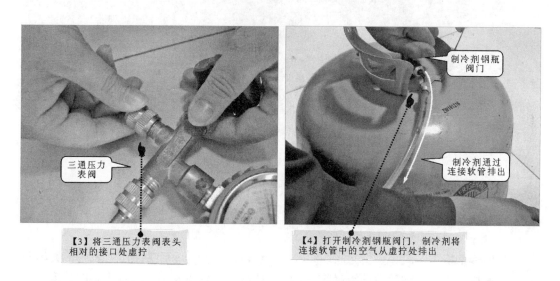

图 2-30　充注制冷剂的操作方法

【5】当连接软管虚拧处有轻微制冷剂流出时，表明空气已经排净

【6】将虚拧的连接软管拧紧，打开三通压力表阀，使其处于三通状态，开始充注制冷剂

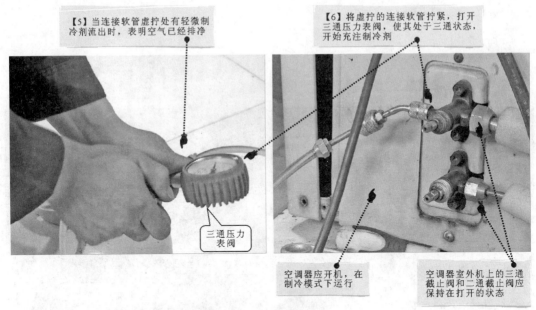

三通压力表阀

空调器应开机，在制冷模式下运行

空调器室外机上的三通截止阀和二通截止阀应保持在打开的状态

三通压力表阀

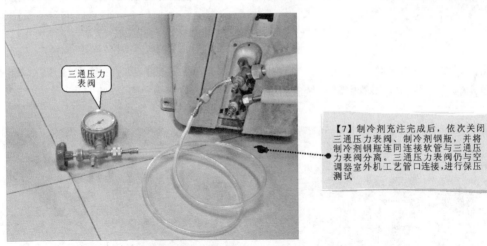

【7】制冷剂充注完成后，依次关闭三通压力表阀、制冷剂钢瓶，并将制冷剂钢瓶连同连接软管与三通压力表阀分离。三通压力表阀仍与空调器室外机工艺管口连接，进行保压测试

图 2-30 充注制冷剂的操作方法（续）

 【特别提示】

　　充注制冷剂操作一般分多次完成，即开始充注制冷剂约 **10s** 后关闭压力表阀、关闭制冷剂钢瓶，开机运转几分钟后，开始第二次充注；同样，充注 **10s** 左右后停止充注，运转几分钟后，开始第三次充注。一般可分为五次进行充注，充注时间一般在 **20min** 内，可同时观察压力表显示压力，判断制冷剂充注是否完成。

　　充注完成后，开机制冷一段时间（至少 **20min**）出现以下几种情况，表明制冷剂充注成功：

　　① 二通截止阀、三通截止阀均有结露现象；

② 三通截止阀温度冰凉，并且低于二通截止阀温度；

③ 蒸发器表面全部结露，温度较低且均匀；

④ 冷凝器从上至下，温度为热→温→接近室外温度；

⑤ 室内机出风口温度低于进风口温度 9 ~ 15℃；

⑥ 系统运行压力为 0.45MPa（夏季 0.4 ~ 0.5MPa 之间，冬季应不超过 0.3MPa）。

 【知道更多】

根据检修经验，将空调器在制冷和制热模式下，制冷剂少和制冷剂充注过量的一些基本表现归纳如下。

制冷模式下：

① 空调器室外机二通截止阀结露或结霜，三通截止阀是温的，蒸发器凉热分布不均，一半凉、一半温时，或室外机吹风不热时，多表明空调器缺少制冷剂。

② 空调器室外机二通截止阀常温，三通截止阀较凉；室外机吹风温度明显较热；室内机出风温度较高；制冷系统压力较高等。以上现象多为制冷剂充注过量。

制热模式下：

① 空调器蒸发器表面温度不均匀；冷凝器结霜不均匀；三通截止阀温度高，而二通截止阀接近常温（正常温度应较高，为重要判断部位）；室内机出风温度较低（正常出风口温度应高于入风口温度 15℃以上）；系统压力运行较低（正常制热模式下运行压力为 2Mpa 左右）等。以上现象多表明空调器缺少制冷剂。

② 空调器室外机二通截止阀常温，三通截止阀温度明显较高（烫手）；室内机出风口温度为温风；系统运行压力较高等。以上现象多为制冷剂充注过量。

掌握新型空调器安装、移机的方法

9天练会 第3天

【任务安排】

　　今天，我们要实现的学习目标是"掌握新型空调器安装、移机的方法"。

　　上午的时间，我们主要是结合实际样机，了解并掌握新型空调器室内机及室外机安装位置的选择等基本知识。学习方式以"授课教学"为主。

　　下午的时间，我们将通过实际训练对上午所学的知识进行验证和巩固；同时强化动手操作能力，丰富实战经验。

上午

今天上午以学习为主，掌握新型空调器安装和移机方面的知识。共划分成两课：

课程1　掌握新型空调器室内机安装位置的选择

课程2　掌握新型空调器室外机安装位置的选择

我们将用"图解"的形式，系统学习新型空调器室内机及室外机安装位置的选择等专业基础知识。

课程1　掌握新型空调器室内机安装位置的选择

　　鉴于整体式空调器已基本淡出市场，我们主要对分体式空调器的安装进行学习。

　　分体式空调器即室外机与室内机单独放置的空调器，常见的分体式空调器可分为壁挂式、柜式和吊顶式三种。壁挂式空调器和柜式空调器相比吊顶式空调器来说，使用更为广泛，所以这节课主要对这两种空调器室内机安装位置的选择进行讲解。

项目1　壁挂式空调器室内机安装位置的选择

分体壁挂式空调器在安装之前，应先分别对室内机、室外机进行检查，例如检查室内机、室外机是否有磨损、生锈现象，安装附件是否缺少，连接配管是否有凹陷、破损等情况。检查完毕后，再对分体壁挂式空调器进行安装。

壁挂式空调器室内机的安装高度要高于地面150cm以上。为了装卸方便以及室内空气流通的顺畅，室内机与上方天花板和左右两侧墙壁之间要留有5cm以上的空间，距离门窗应大于5cm，以免冷气损失过大，如图3-1所示。

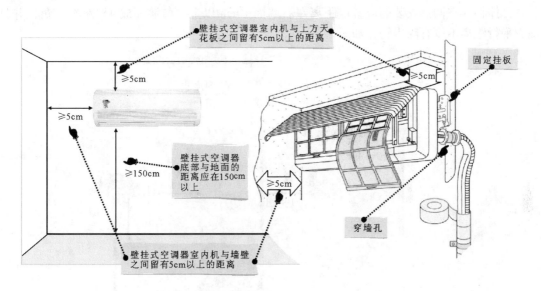

图3-1　分体壁挂式空调器室内机的安装位置

壁挂式空调器室内机与室外机之间的联机管路和线缆通过墙面上的穿墙孔穿出。对于穿墙孔的要求为：一般家用分体壁挂式空调器的穿墙孔直径为70mm，为了使排水管道通畅，穿墙孔的角度并非水平，而是由室内向室外向下倾斜，室内墙孔的高度应比室外墙孔高5～7mm。另外，为防止空调器制冷管路和线缆在墙体中受到磨损，在穿墙孔内插入套管，并将套管保护圈固定在套管上，套管伸出墙外的长度为15mm，将其余部分切除，并用石膏粉或者油灰将套管与墙面之间的缝隙封住。

【特别提示】

分体壁挂式空调器室内机安装的注意事项如下：

① 室内机应选择室内气流循环良好的位置，让室内可形成合理的空气对流；

② 尽量将室内机安装在房屋的中间区域，使冷风、热风能送到室内各个角落；

③ 进风口和送风口处不能有障碍物，否则会影响空调器的制冷效果；

④ 室内机安装的高度要高于目视距离，距地面障碍物0.6m以上；

⑤ 要注意避免阳光直射到机体上，并且附近不能有热源或者水蒸气；

⑥ 安装的位置要尽可能缩短与室外机之间的连接距离，并减少管路弯折次数，确保排水系统的畅通；

⑦ 要选择噪声小、干扰小的环境，尽量远离其他电气设备；

⑧ 确保安装墙体的牢固性，避免机器运行时产生振动。

项目2　柜式空调器室内机安装位置的选择

柜式空调器的室内机一般都直接安放在房间地面上，它外形稳重大方，而且清洁方便、易于移动。

分体柜式空调器安装的位置应距离左右墙面10cm以上、与墙面成45°左右夹角，并且前方平行距离不应有障碍物，如图3-2所示。

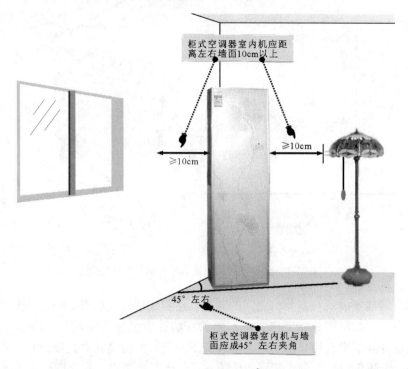

图3-2　分体柜式空调器室内机的安装位置

【特别提示】

分体柜式空调器室内机安装的注意事项如下：

① 柜式空调器功率很大，必须采用独立的供电线路，为了保证安全最好在供电端安装剩余电流电保护器。

② 安装室内机之前要考虑其机体和房间的高度，以免无法安装。安装时应使其进出的气流不受阻碍并能循环到室内各角落，还要避免室内机受到阳光直射。

③ 室内机安装位置应留有足够的检修和保养空间，便于以后的维修和保养。放置室内机的地面应平坦，不能有倾斜，机组背后一定要安装防倒板，并且室内机要尽可能靠近

电源。

④ 柜式空调器运行时噪声较大，因此应安装在不影响休息的地方。安装时尽量使室内机高于室外机，这有利于制冷剂和冷冻油的循环。

 ## 课程 2　掌握新型空调器室外机安装位置的选择

上节课学习了空调器室内机安装位置的选择，这节课我们来了解一下室外机安装位置的选择及注意事项。通过学习，全面掌握空调器安装位置的选择，用以规范实际操作环节中的方式、方法。

安装空调器室外机时要确保室外机稳固，不易受到外界损坏和干扰。室外机的周围要留有一定空间，这有利于排风、散热以及安装和维修。如果有条件，在确保与室内机保持最短距离的同时，尽可能避免阳光的照射和风吹雨淋。

室外机距离正前方的障碍物应在 70cm 以上，没有截止阀的一面与背面应留有 10cm 以上的空间，有截止阀的一侧应留出较大的空间，便于对制冷管路的检修，如图 3-3 所示。

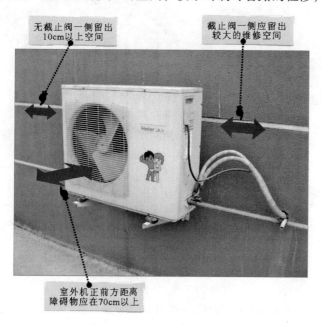

图 3-3　室外机的安装位置

 # 下午

今天下午以操作训练为主，练会新型空调器安装、移机方法。共划分成三个训练：

训练 1　练会新型空调器室内机的安装方法

训练 2　练会新型空调器室外机的安装方法

训练 3　练会新型空调器的移机方法

我们将借助实际样机和设备，完成对新型空调器的安装和移机等一系列实训操作。

训练1　练会新型空调器室内机的安装方法

上午我们学习了空调器安装位置的选择，下午我们来动手安装，通过实践来掌握空调器的安装方法。室内机与室外机的安装方法有所区别，我们分别进行练习。

项目1　壁挂式空调器室内机的安装方法

确定好壁挂式空调器室内机的安装位置后，就可以开始进行安装了。

1. 空调器室内机固定挂板的安装

壁挂式空调器室内机都是通过固定挂板进行固定的。安装室内机就先要学会安装固定挂板。图 3-4 所示为安装室内机的工具，主要有电钻、膨胀管和 A 型螺钉。

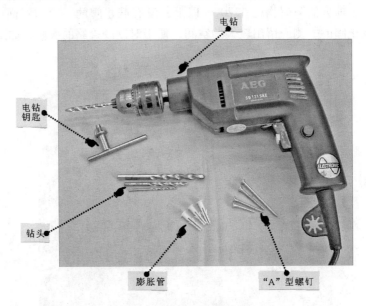

图 3-4　安装室内机的工具

安装固定挂板时，需要先确定室内机在墙面上的安装位置，并做好标记。然后将固定挂板放置在安装区域内，采用电钻打孔、螺钉固定等方式，将固定挂板安装在墙面的相应位置上。

图 3-5 所示为固定挂板的安装方法。

 【知道更多】

不同的壁挂式空调器室内机的固定挂板的形式也有所不同，比较常见的有整体式固定挂板和分体式固定挂板两种，如图 3-6 所示。虽然形式不同，但其安装方法基本相同。

2. 开凿穿墙孔

固定挂板安装完成后，便可在墙面上开凿穿墙孔。根据事先规划的安装方案，配合室内机的安装位置，确定好穿墙孔的位置，然后根据前述的操作规范便可进行实际操作了。图 3-7 所示为穿墙孔的钻孔示意图。

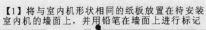

【1】将与室内机形状相同的纸板放置在待安装室内机的墙面上，并用铅笔在墙面上进行标记

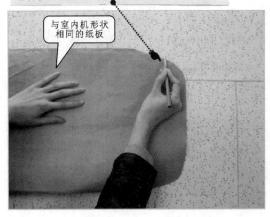

与室内机形状相同的纸板

【2】将固定挂板放置在安装区域内，并用铅笔在需要打孔的部位进行标记

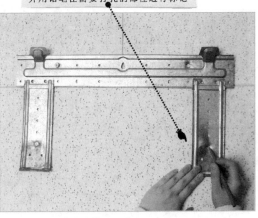

【3】使用电钻在标记位置垂直打孔，并用锤子将膨胀管敲入钻孔内

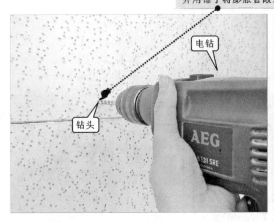

电钻

钻头

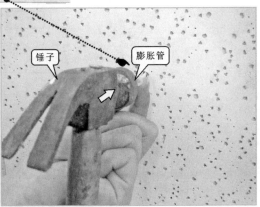

锤子

膨胀管

【4】将固定挂板固定孔与膨胀管对齐，并将固定螺钉拧入挂板固定孔及膨胀管孔内

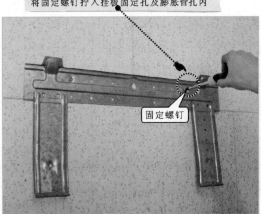

固定螺钉

【5】四个固定孔中全部拧入固定螺钉，固定挂板安装完成

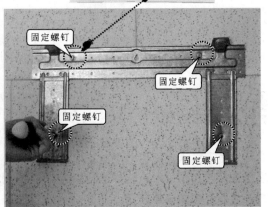

固定螺钉

固定螺钉

固定螺钉

固定螺钉

图 3-5　固定挂板的安装方法

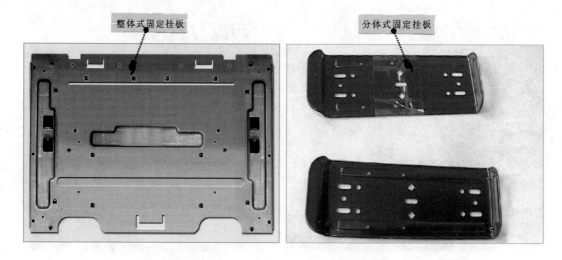

图 3-6　不同的固定挂板

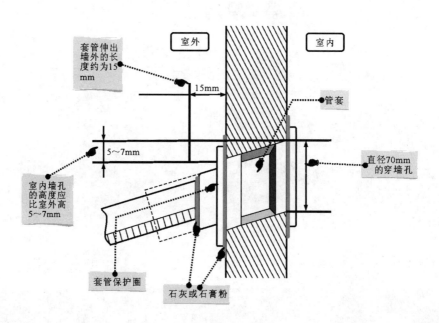

图 3-7　穿墙孔的钻孔示意图

【特别提示】

　　为便于排水，不仅要使穿墙孔本身向室外倾斜，而且要确保空调器室内机的安装位置要略高于穿墙孔，这样可使冷凝水从空调器排水口流出时有一个高度落差，从而使冷凝水顺利排出室外，如图 3-8 所示。此外，为了让冷凝水能顺利流出，室内机出水口一侧可以在不影响整体美观的前提下，略低一些。

　　3. 连接配管的连接

　　穿墙孔制作完毕后，将机器自带的连接配管与室内机制冷管路进行连接。图 3-9 所示为

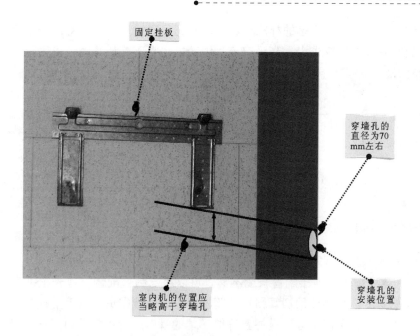

图 3-8 室内机安装位置应略高于穿墙孔

室内机制冷管路接口和连接配管。目前，许多空调器都随机附带两条 4～4.5m 长的连接配管。其中，相对较粗的是气管（一端与蒸发器出气口连接，另一端与室外机三通截止阀连接），相对较细的是液管（一端与蒸发器进气口连接，另一端与室外机二通截止阀连接），连接配管都包裹着隔热材料以防止热量损失。

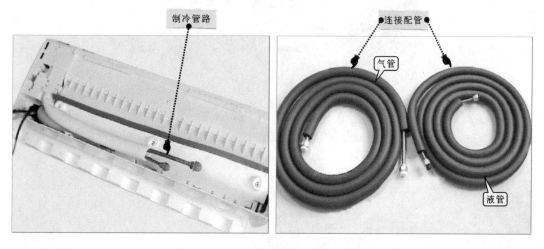

图 3-9 室内机制冷管路接口和连接配管

【知道更多】

如果没有特殊需要，空调器最好不延长连接配管的管路，如果连接管路超过标准长度，

则需要补充制冷剂。关于制冷剂的补充量，有的机组可通过产品说明书或维修手册了解，有的机组可通过简单公式计算求出。当没有产品说明书，也不能计算时，可通过表 3-1 所示的推荐值进行补充。

表 3-1　制冷剂补充量

空调器类型	单冷型空调器	热泵型空调器
补充制冷剂	5m 以下不补充； 5m 以上每米补充 30g	5m 以下不补充； 5m 以上每米补充 120g

【专家热线】

Q：请问一下专家，如果空调器所配备的配管长度不够，该怎么办呢？

A：若空调器所配备的连接配管长度不够，可以自己制作配管。首先根据安装连接距离确定连接配管的长度，然后使用切管器对铜管进行切割，取得适合长度的连接配管。接下来在铜管上套入纳子，并利用扩管工具将套好纳子端的管口进行扩喇叭口操作，最后，为铜管裹上隔热材料即可。图 3-10 所示为自制连接配管的接口图。

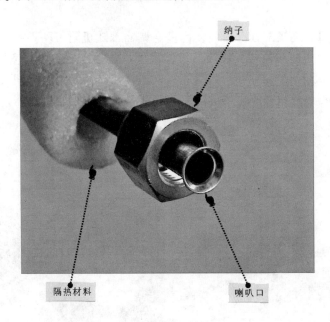

图 3-10　自制连接配管的接口图

制作空调器的配管时，需要注意以下几点：

① 制作配管所需要的铜管的尺寸和管壁厚度如表 3-2 所示。

表 3-2　铜管的尺寸和管壁厚度

制冷剂型号	公称尺寸 /in⊖	外径/mm	壁厚/mm	设计压力 /MPa	耐压压力 /MPa
R22	1/4	6.35±0.04	0.6±0.05	3.15	9.45
	3/8	9.52±0.05	0.7±0.06		
	1/2	12.70±0.05	0.8±0.06		
	5/8	15.88±0.06	10±0.08		
R410a	1/4	6.35±0.04	0.8±0.05	4.15	12.45
	3/8	9.52±0.05	0.8±0.06		
	1/2	12.70±0.05	0.8±0.06		
	5/8	15.88±0.06	10±0.08		

② 配管喇叭口的扩管尺寸和拉紧螺母的尺寸如表 3-3 所示。

表 3-3　喇叭口的扩管尺寸和拉紧螺母的尺寸

制冷剂型号	公称尺寸/in	外径/mm	喇叭口尺寸/mm	拉紧螺母尺寸 /mm
R22	1/4	6.35	9.0	17
	3/8	9.52	13.0	22
	1/2	12.70	16.2	24
	5/8	15.88	19.4	27
R410a	1/4	6.35	9.1	17
	3/8	9.52	13.2	22
	1/2	12.70	16.6	27
	5/8	15.88	19.7	29

③ 配管折弯的尺寸如表 3-4 所示。

表 3-4　配管折弯的尺寸

公称尺寸/in	外径/mm	正常半径/mm	最小半径/mm
1/4	6.35	>100	>30
3/8	9.52	>100	>30
1/2	12.70	>100	>30

将配管（或自制配管）与室内机的制冷管路进行连接，并使用扳手将纳子拧紧。配管的连接方法如图 3-11 所示。

【特别提示】

在配管连接、制作的过程中，要时刻遵循干燥、清洁和气密三大原则。

⊖　1in=0.0254m，后同。

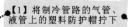
【1】将制冷管路的气管、液管上的塑料防护帽拧下

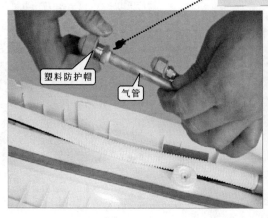

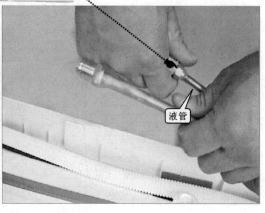

塑料防护帽

气管

液管

【2】将制冷管路液管的封闭塞拔出，并将液管与连接配管（细）进行连接

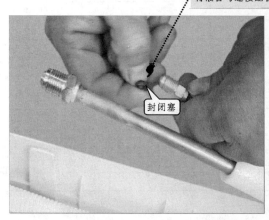

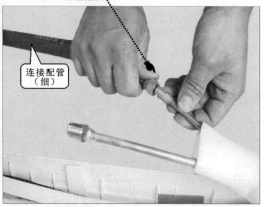

封闭塞

连接配管（细）

【3】将制冷管路气管的封闭塞拔出，并将气管与连接配管（粗）进行连接

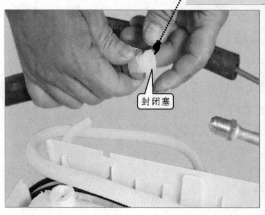

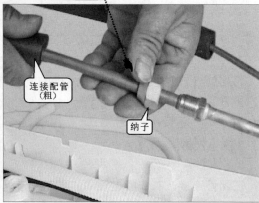

封闭塞

连接配管（粗）

纳子

图 3-11　配管的连接方法

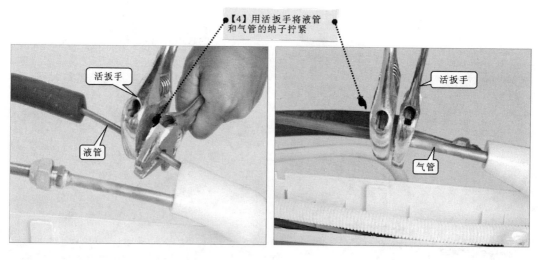

图 3-11　配管的连接方法（续）

① 干燥：操作过程中及时去除水分，确保管内干燥。若有少量的水分混入，会妨碍制冷剂循环，并且冷冻机油遇水会分解、促进老化，引起压缩机绝缘不良。

② 清洁：操作过程中，混入少量的脏污会使机器的运转产生故障。

③ 气密：要确保配管连接部的气密性，不能有制冷剂泄漏。

室内机排水管的长度通常很短，不足以延伸到室外。此时，应选用与排水管管径配套的水管作为延长管。连接排水管延长管的方法如图 3-12 所示。

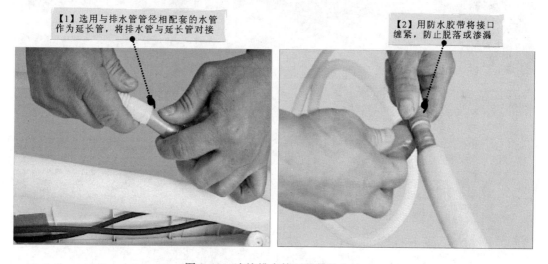

图 3-12　连接排水管延长管的方法

4. 管路的包裹

确保配管连接无误后，为连接管路的连接处包扎隔热层。之后，用包扎胶带将排水软管、连接线缆和连接配管缠绕包裹在一起。具体操作方法如图 3-13 所示。

【1】用预先套入的隔热层遮住室内机管路与配管的连接处，然后用防水胶带包扎隔热层

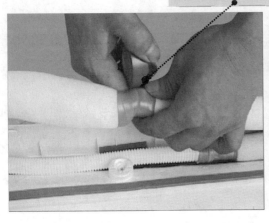 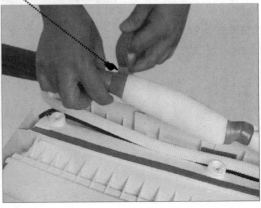

【2】使用包扎胶带将排水软管、连接线缆和配管包裹在一起，并将排水管的末端露出来

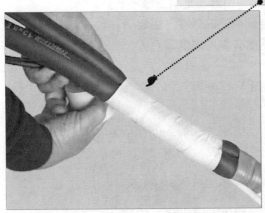

排水管末端

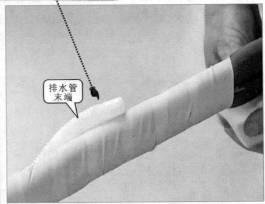

【3】根据室外机位置，将线缆的末端露出胶带外，将气管和液管的末端分别进行包裹

线缆的末端

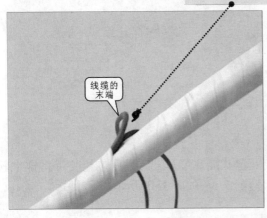 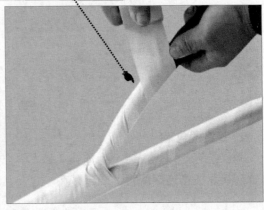

图 3-13　排水软管、连接线缆和连接配管缠绕包裹的具体操作方法

【特别提示】

　　制冷管路、连接线缆以及排水管使用维尼龙胶带进行包裹缠绕时，应注意它们的排放位置，如图3-14所示。两根制冷管路必须有单独的保温棉进行保温，连接线缆必须与排水管分隔，防止排水管损坏时连接线缆带电工作，从而导致空调器整体损坏。

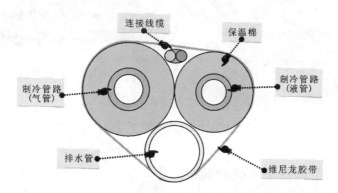

图3-14　注意制冷管路、连接线缆以及排水管包裹时的位置

5. 室内机的安装

　　制冷管路、排水管和连接线缆缠绕包裹完成后，根据空调器的安装位置与穿墙孔的位置确定空调器室内机的管路由哪一侧的配管孔伸出（在空调器室内机的左侧、右侧和下方共有四个配管孔），确定好位置以后，再进行安装。具体操作如图3-15所示。

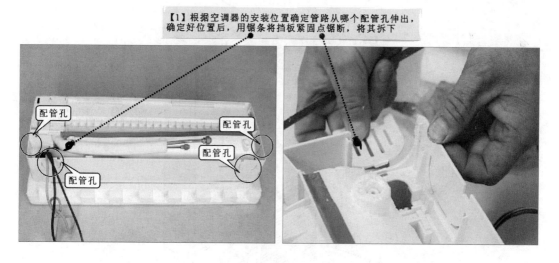

图3-15　壁挂式空调器室内机的安装操作

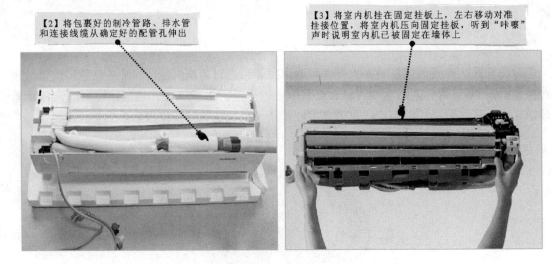

【2】将包裹好的制冷管路、排水管和连接线缆从确定好的配管孔伸出

【3】将室内机挂在固定挂板上，左右移动对准挂接位置，将室内机压向固定挂板，听到"咔嚓"声时说明室内机已被固定在墙体上

图 3-15　壁挂式空调器室内机的安装操作（续）

项目 2　柜式空调器室内机的安装方法

柜式空调器室内机放置在水平的地面上即可使用，也可将其固定在水平地面上。如图 3-16 所示，将柜式空调器固定在水平地面上时，先将柜式空调器室内机摆放到安装位置，将其底部入风口挡板打开，使用记号笔在需要固定螺孔处进行标记，然后使用电钻在地面上开孔，再将柜式空调器上的固定螺孔与地面上的孔对齐，使用固定螺钉将柜式空调器室内机固定在地面上即可。

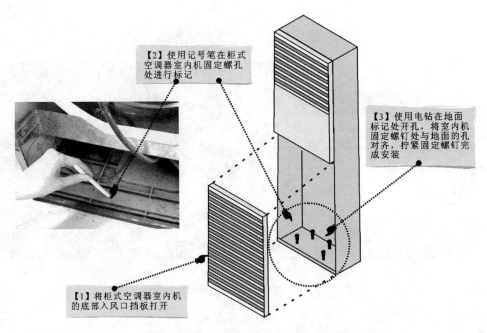

【2】使用记号笔在柜式空调器室内机固定螺孔处进行标记

【3】使用电钻在地面标记处开孔，将室内机固定螺钉处与地面的孔对齐，拧紧固定螺钉完成安装

【1】将柜式空调器室内机的底部入风口挡板打开

图 3-16　柜式空调器室内机的固定方法

柜式空调器室内机的安装，同样需要将内部的气管、液管以及排水管与配管进行连接，并使用维尼龙胶带将连接好的气管、液管、排水管以及连接线缆进行缠绕，如图 3-17 所示。具体的缠绕方法与壁挂式空调器室内机制冷管路、排水管以及连接线缆的缠绕方法相同。

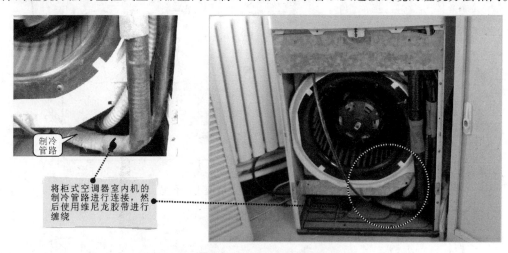

图 3-17　柜式空调器管路的处理方法

所有准备工作就绪后，接下来就可将缠绕包裹好的管路由穿墙孔伸出墙外，伸出墙外后将穿墙孔与管路的缝隙处用密封胶泥封严，分体柜式空调器室内机就安装完成了。

 ## 训练 2　练会新型空调器室外机的安装方法

上个训练中练习了空调器室内机的安装方法，此训练中我们进行室外机的安装，通过实际动手操作，全面掌握空调器的安装方法。

空调器室外机的固定方式主要有底座固定和角钢支撑架固定两种。

项目 1　空调器室外机在底座上的固定方法

将空调器室外机固定在底座上时，底座的高度应为 15～30cm，室外机前端 120cm 距离内不应有障碍物，后端距墙面的距离应当不小于 20cm，且左右两端 30cm 的范围内也不应有障碍物，如图 3-18 所示。这样可以保证室外机周围空气的正常循环。通常情况下，底座可以使用木质材料，也可使用混凝土浇筑底座。

图 3-19 所示为空调器室外机在水泥底座上的安装方法。根据空调器室外机地脚的位置，在混凝土底座上的固定孔处放入钩状螺栓，使用水泥进行浇筑，将螺栓固定在底座上，然后将空调器室外机的地脚对准螺栓孔放置在混凝土底座上，再使用扳手拧紧螺母进行固定。

项目 2　空调器室外机在角钢支撑架上的固定方法

当空调器室外机因环境因素无法安装在固定底座上时，可以使用角钢支撑架对其进行固定，图 3-20 所示为角钢支撑架的实物外形。

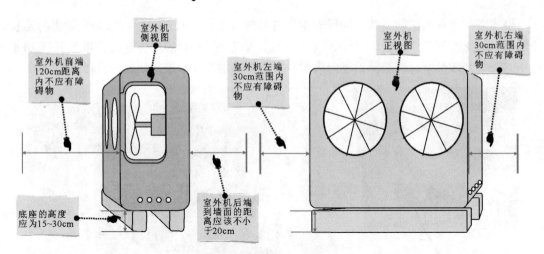

室外机侧视图

室外机前端120cm距离内不应有障碍物

室外机左端30cm范围内不应有障碍物

室外机正视图

室外机右端30cm范围内不应有障碍物

底座的高度应为15~30cm

室外机后端到墙面的距离应该不小于20cm

图 3-18　空调器室外机固定在底座上的位置要求

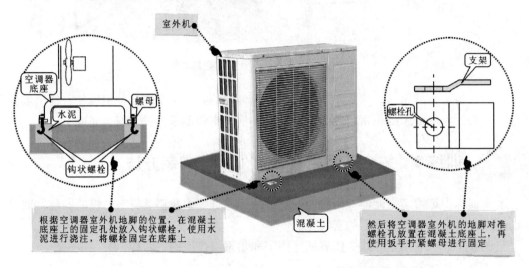

室外机

空调器底座

水泥

螺母

钩状螺栓

支架

螺栓孔

混凝土

根据空调器室外机地脚的位置，在混凝土底座上的固定孔处放入钩状螺栓，使用水泥进行浇注，将螺栓固定在底座上

然后将空调器室外机的地脚对准螺栓孔放置在混凝土底座上，再使用扳手拧紧螺母进行固定

图 3-19　空调器室外机在水泥底座上的安装方法

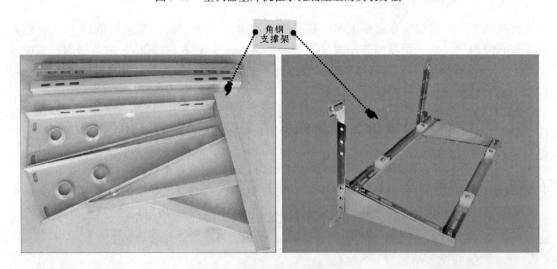

角钢支撑架

图 3-20　角钢支撑架的实物外形

安装室外机前，应先对角钢支撑架进行安装。首先选择合适的位置，以保证空调器的正常通风。具体的安装方法与壁挂式空调器室内机固定挂板的安装方法基本相同。

如图 3-21 所示，首先在室外的墙壁上确定空调器室外机安装的位置，根据角钢支撑架上的孔在墙面上进行标记，再使用电钻在墙面上开孔，将角钢支撑架通过螺栓螺母固定在墙面上，然后将空调器室外机放置于角钢支撑架上，使空调器室外机底座上的螺孔与角钢支撑架上的螺孔对齐，并使用螺栓进行固定。

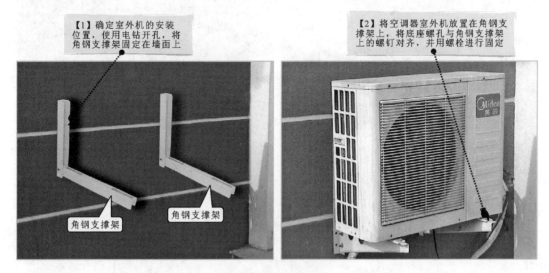

图 3-21　安装角钢支撑架并对空调器室外机进行固定

项目 3　空调器室外机管路的连接方法

空调器室外机固定完成后，应将室内送出的管路与空调器室外机上的管路接口（三通截止阀和二通截止阀）进行连接（三通截止阀、二通截止阀与室内外机管路的位置关系，可参见图 1-22、图 1-23）。

连接时应先对室内送出液管（细管）的连接管口使用瓶装氮气进行清洁，然后将室内送出液管（细管）与室外机二通截止阀（液体截止阀）进行连接，并使用扳手拧紧纳子，完成固定。

液管连接完成后，对室内送出气管（粗管）的连接管口进行氮气清洁，然后将室内送出的气管（粗管）与室外机三通截止阀（气体截止阀）进行连接。室外机管路连接的方法如图 3-22 所示。

图 3-23 所示为空调器室外机管路连接后的效果图，当管路连接完成后，应继续对空调器的电气线缆进行连接。

项目 4　空调器室外机电气线缆的连接方法

空调器室外机管路部分连接完成后，就需要对其电气线缆进行连接了。空调器室外机与室内机之间的信号连接是有极性和顺序的。连接时，应参照空调器室外机外壳上电气接线图上的标注顺序，将室内机送出的线缆进行连接，如图 3-24 所示。

【1】连接管路时，应先对室内送出的液管的连接管口用瓶装氮气进行清洁，然后将液管与室外机二通截止阀进行连接

【3】使用扳手将连接处的拉紧螺母拧紧，完成室内机送出管路与室外机管路之间的连接

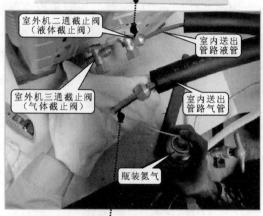

室外机二通截止阀
（液体截止阀）

室内送出
管路液管

室外机三通截止阀
（气体截止阀）

室内送出
管路气管

瓶装氮气

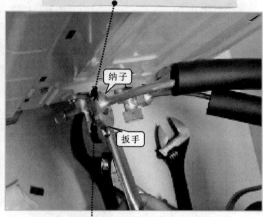

纳子

扳手

【2】液管连接完成后，对室内送出的气管的连接管口用瓶装氮气进行清洁，然后将气管与室外机三通截止阀进行连接

仔细检查，确保连接正确，将拉紧螺帽拧紧

图 3-22　室外机管路连接的方法

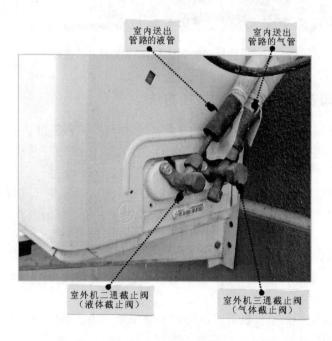

室内送出
管路的液管

室内送出
管路的气管

室外机二通截止阀
（液体截止阀）

室外机三通截止阀
（气体截止阀）

图 3-23　空调器室外机管路连接后的效果图

在对空调器室外机电气线缆进行连接时，先将空调器室外机接线盒的保护盖取下。然后根据空调器外壳上的电气接线图，将电气线缆连接到室外机接线盒对应的端子上，拧紧固定螺钉，使用压线板将连接线缆压紧，并使用固定螺钉将压线板固定，最后把保护盖盖上。具体操作方法如图 3-25 所示。

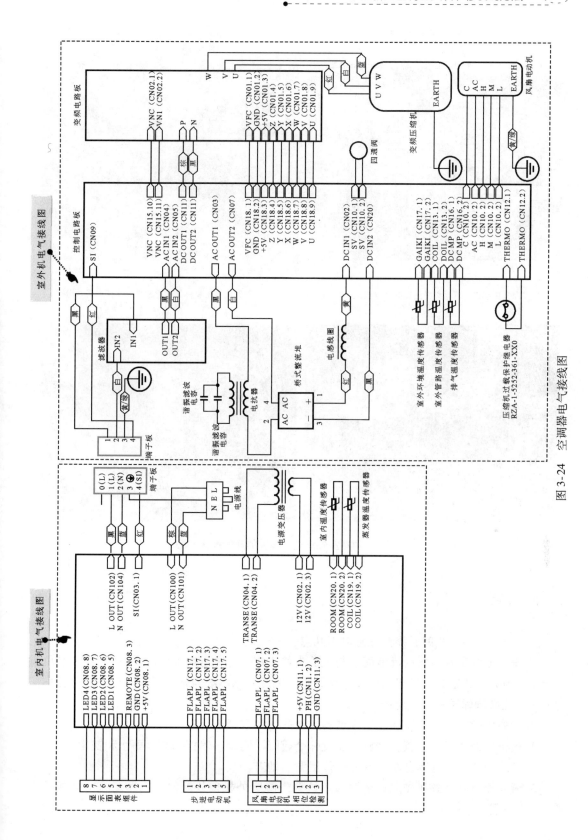

图 3-24　空调器电气接线图

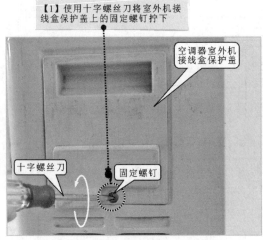

【1】使用十字螺丝刀将室外机接线盒保护盖上的固定螺钉拧下

空调器室外机接线盒保护盖

十字螺丝刀

固定螺钉

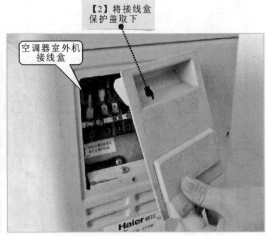

【2】将接线盒保护盖取下

空调器室外机接线盒

Haier

【3】按照标识，将连接线缆接到接线盒相应的端子上，拧紧固定螺钉

接线盒

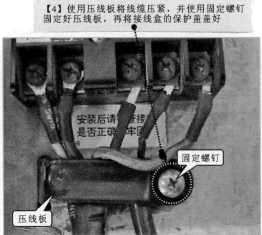

【4】使用压线板将线缆压紧，并使用固定螺钉固定好压线板，再将接线盒的保护盖盖好

安装后请检查连接是否正确、牢固

固定螺钉

压线板

图 3-25　空调器室外机电气线缆的连接操作方法

 【特别提示】

安装空调器室外机时，需要注意以下几点：

① 安装位置最好不要接近地面（与地面保持 1m 以上的距离为宜）。室外机的安装位置不能影响他人，如室外机排出的风和排水管排出的冷凝水不要给他人带来不便，室外机发出的噪声不应影响邻居的生活起居。

② 室外机较重，应安装在建筑物结实的地方，如混凝土台座上。

③ 由于室外机露天放置，因此应设置一个遮阳防雨罩，遮挡阳光、雨水和灰尘。

④ 安装位置要避开有易燃、易爆气体泄漏的地方。

⑤ 避开能直吹室外机排风口的强风，这会影响室外机向外散热，应尽量将室外机的排风口与风向呈 90°放置。

训练3 练会新型空调器的移机方法

当空调器因安装位置不合适等因素需要移机，这就要求我们不仅要会安装空调器，还要掌握移机的方法。通过此次训练，我们要掌握空调器的移机方法。

空调器在移机之前，需要确保空调器没有故障，避免移机后带来麻烦，然后再对空调器进行移机。空调器的移机操作，主要分为回收制冷剂、拆卸机组和重新安装。

项目1 空调器制冷剂的回收

进行移机之前，需要将制冷管路中的制冷剂回收到室外机管路中。将空调器设置成制冷状态，并使其运行 5～10min，然后关闭二通截止阀。1min 后（二通截止阀表面可能结霜），关闭三通截止阀，并关机断开电源，如图 3-26 所示。此时制冷剂就被封闭在室外机冷凝器、压缩机和连接管路中了，即完成制冷剂的回收。

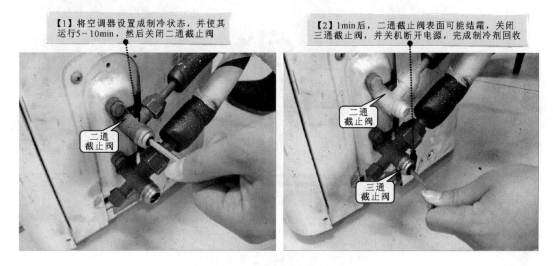

图 3-26　制冷剂的回收方法

【特别提示】

回收制冷剂时，若使用复合压力表辅助进行操作时，其他操作与前面相同，只需将三通截止阀的工艺管口与表阀的高压表进行连接。关闭二通截止阀后，观察压力表指针，当指针回到"0"位置时，表示制冷剂已回收到空调器室外机中，这时便可关闭三通截止阀并断开空调器电源。

一般 5m 的制冷管路回收 48s 即可收净，回收制冷剂时间过长，压缩机负荷增大，其声音会变得沉闷，空气容易从低压气体截止阀连接处进入。另外要注意的是：某些空调器截止阀质量较差，只有当阀门完全打开或完全关闭时才不会漏气。回收制冷剂时，关闭低压气体截止阀动作要迅速，阀门不可停留在半开半闭状态，否则会有空气进入制冷系统。

【知道更多】

在操作时应注意截止阀是否漏气。在回收制冷剂时，若看到低压液体管结露，则说明截止阀有漏气的故障，此时应停止回收制冷剂，及时采取补漏措施。具体做法是将铜管的一端扩成喇叭口，并套上纳子，将另一端封口焊好。此时再回收制冷剂，待制冷剂回收干净后，迅速停机，并将制好的密封堵套接严密即可。

项目2 空调器机组的拆卸

回收完制冷剂后，应先将室内机和室外机相连的连接配管及供电线缆断开，如图3-27所示，然后再分别拆卸室内机和室外机。

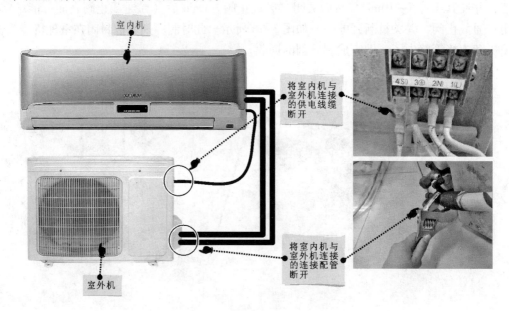

图 3-27 断开连接配管及供电线缆

项目3 空调器机组的重装和排气

重新安装空调器室内机和室外机之前，需要检查制冷管路、线缆和排水管是否变形、断裂。检查无问题后，便可重新安装空调器。

将室内机与室外机安装到指定位置，将制冷管路、线缆和排水管从穿墙孔中穿出，连接好线缆。然后排除室内管路的空气。具体操作如图3-28所示。

【专家热线】

Q：请问一下专家，排气时间为什么是 30s 呢？

A：这里所说的排气时间 30s 只是一个参考值，实际操作时还要用手去感觉喷出的气体是否变凉，来掌握适当的排气时间。掌握好排气时间对空调器的使用来说非常重要，因为排气时间过长，制冷系统内的制冷剂就会过量流失，从而影响空调器的制冷效果；而排气时间过短，室内机及管路中的空气还没有排净，也会影响空调器的制冷效果。

空调器的安装过程中，还要对空调器的管路部分进行检漏。比较简便的方法是使用肥皂水对管路进行检漏，具体操作如图 3-29 所示。

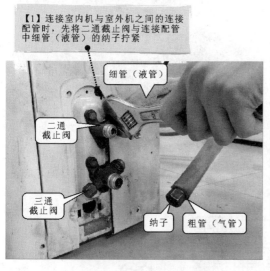

【1】连接室内机与室外机之间的连接配管时，先将二通截止阀与连接配管中细管（液管）的纳子拧紧

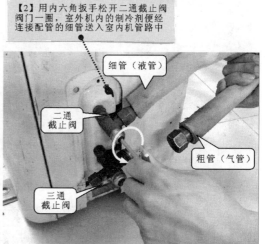

【2】用内六角扳手松开二通截止阀阀门一圈，室外机内的制冷剂便经连接配管的细管送入室内机管路中

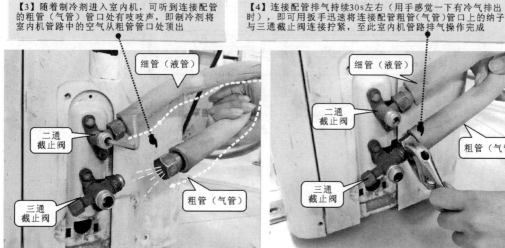

【3】随着制冷剂进入室内机，可听到连接配管的粗管（气管）管口处有吱吱声，即制冷剂将室内机管路中的空气从粗管管口处顶出

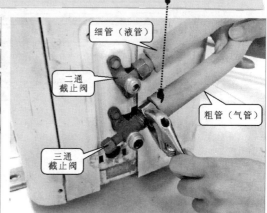

【4】连接配管排气持续30s左右（用手感觉一下有冷气排出时），即可用扳手迅速将连接配管粗管（气管）管口上的纳子与三通截止阀连接拧紧，至此室内机管路排气操作完成

图 3-28　安装和排气操作

若发现制冷剂有泄漏现象，应及时将泄漏部位进行处理。若因制冷剂泄漏导致空调器中制冷剂过少，就需要重新充注制冷剂，这一步骤包括对泄漏部位进行处理、充氮清洁检漏、抽真空、重新充注制冷剂等一系列操作，具体操作方法参照第 2 天中的介绍，这里不再重复。

排水实验也是空调器重装完毕后的一个重要检查项目。具体操作方法如图 3-30 所示。先卸下室内机外壳，将水倒入排水槽中，观察水是否能顺畅地从排水槽顺着排水软管流向室外。如果水能畅通地流出，室内机也无水渗出，说明排水系统良好。如果水从室内机溢出，那么就要检查排水管路是否有堵塞以及空调器室内机安装是否水平。

使用肥皂水对管路进行检漏

肥皂水的浓度要合适，检漏时要耐心、仔细

将肥皂水分别涂抹在可能发生泄漏的室内机、室外机的两个接口和二通截止阀和三通截止阀的阀芯处

观察2min，如有气泡产生，说明有泄漏

搅拌肥皂水

涂抹肥皂水

图 3-29　检漏操作

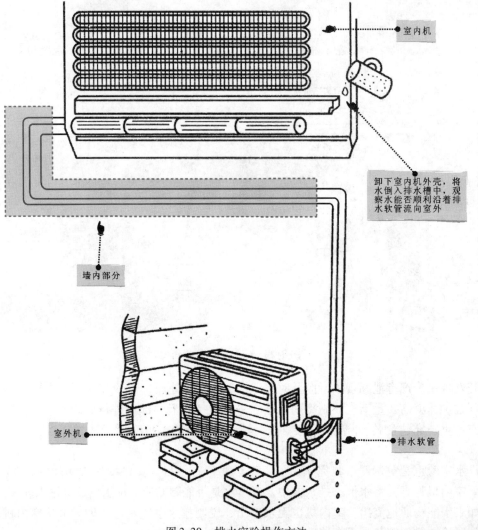

室内机

卸下室内机外壳，将水倒入排水槽中，观察水能否顺利沿着排水软管流向室外

墙内部分

室外机

排水软管

图 3-30　排水实验操作方法

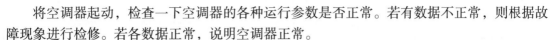

将空调器起动，检查一下空调器的各种运行参数是否正常。若有数据不正常，则根据故障现象进行检修。若各数据正常，说明空调器正常。

【特别提示】

变频空调器移机过程中要注意以下几点：

① 移机过程中，不要损坏室内机与室外机，尤其是制冷管路和连接线缆。

② 移机完成后，一定要进行检漏操作，避免重装的空调器发生故障。

③ 机器重新安装好后，需要开机试运行，检测变频空调器的运行压力、绝缘电阻值、制冷温差和制热温差等数据，保证重新安装后的空调器能够正常使用。

掌握新型空调器的故障判别方法

【任务安排】

今天，我们要实现的学习目标是"掌握新型空调器的故障判别方法"。

上午的时间，我们主要是结合实际样机，了解并掌握新型空调器的检修思路、故障特点以及故障检修流程等基本知识。学习方式以"授课教学"为主。

下午的时间，我们将通过实际训练对上午所学的知识进行验证和巩固；同时强化动手操作能力，丰富实战经验。

上午

今天上午以学习为主，了解新型空调器故障判别的准备知识。共划分成三课：

课程1 了解新型空调器的基本检修思路

课程2 了解新型空调器的故障特点

课程3 了解新型空调器的故障检修流程

我们将用"图解"的形式，系统学习新型空调器的基本检修思路、故障特点以及故障检修流程等专业基础知识。

 ## 课程1 了解新型空调器的基本检修思路

引起空调器故障的原因很多，在对空调器进行检修时，维修人员除了要掌握空调器的一些理论知识、逻辑分析方法、维修操作技能，并积累检修经验外，还应遵循一定的检修原则，以便快速地找到维修空调器的入手点。

维修人员在维修空调器时，应该首先询问用户的使用情况，空调器出现故障的情况、发生时间以及出现故障的过程，有什么异常的症状，有无不良使用情况等。对过程有一定的了解后，再进行检修。

接下来应对空调器的室内机、室外机通过直观排查，直接查看外壳是否有明显的损坏、管路连接是否紧密以及有无明显的裂痕、导风板的运作是否良好等，如图4-1所示。

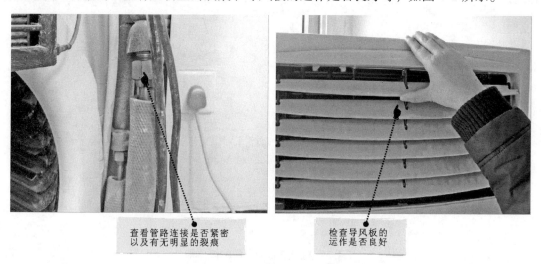

查看管路连接是否紧密以及有无明显的裂痕

检查导风板的运作是否良好

图4-1　空调器的直观排查

若直观排查无法判断出故障范围，则应在分析判断基础上，对空调器进行通电检查，查看空调器的压缩机及其他部件的运行情况，同时注意观察空调器的指示灯或显示屏有无明确的故障代码，如图4-2所示。若有，可通过故障代码查找故障点；若无，则需观察空调器的运行情况来判断故障范围。

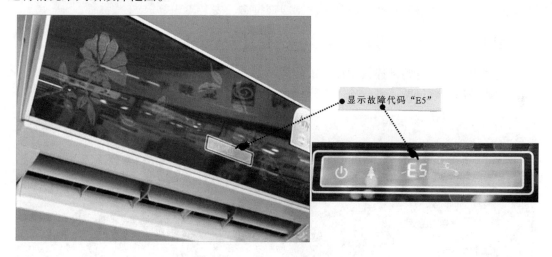

显示故障代码"E5"

图4-2　空调器显示的故障代码

在对空调器进一步检修的过程中，一般先检查空调器的电源线连接是否正常、电源供电是否正常。由于空调器属于大功率电器，其工作电压应采用单独供电，以满足其用电需求。确认供电正常后，再检测空调器的其他负载的供电情况，依次排除故障。

在对空调器的电源部分进行检修时，应本着先强电后弱电的检修原则，首先检测空调器

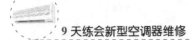

强电 220V 工作部件的供电是否正常，强电工作部件检测后，再检测空调器弱电部分的直流低压器件，如图 4-3 所示。

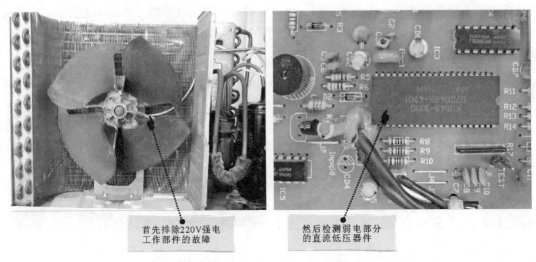

首先排除220V强电工作部件的故障

然后检测弱电部分的直流低压器件

图 4-3　先强电后弱电的检修原则

 ## 课程 2　了解新型空调器的故障特点

空调器中常见的故障有：开机运行即保护性停机、开机无反应、控制失灵、制冷/制热效果差、不制冷、不制热、噪声大等。引起空调器出现这些故障的原因有空调器本身电路或管路出现故障、空调器制冷剂泄漏、充注制冷剂过多、安装不当等。

项目 1　制冷管路的故障特点

空调器中的制冷管路是连接制冷系统的关键部件，若其损坏，可能会使制冷剂泄漏，从而造成空调器制冷效果差、不制冷、不停机、管路结霜等故障，如图 4-4 所示。

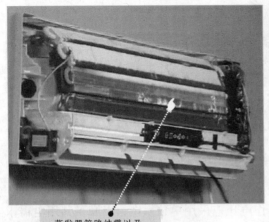

蒸发器管路结霜以及制冷效果差或不制冷

管路有结霜或有损坏等情况

图 4-4　制冷管路的故障特点

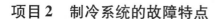

项目2　制冷系统的故障特点

制冷系统主要由压缩机、风扇组件、闸阀组件等构成，是空调器中最主要的制冷部件。若该部分部件损坏，可能造成空调器不制冷、制冷效果差、压缩机不起动、压缩机不停机、空调器振动或噪声大等故障，如图4-5所示。

图4-5　制冷系统的故障特点

项目3　电路系统的故障特点

空调器中的电路系统也是空调器中十分关键的组成部分，电路系统中任何一个部分工作异常，都可能导致空调器不工作或工作异常的故障。

根据电路功能，通常将空调器的电路系统划分为四个部分，即电源电路、主控电路、显示及遥控电路、变频电路，下面分别介绍每个电路部分的故障特点。

1. 电源电路的故障特点

空调器的电源电路主要用来为空调器提供工作电压。若电源电路中有元器件损坏，则可能造成空调器开机无反应、开机保护等故障，如图4-6所示。

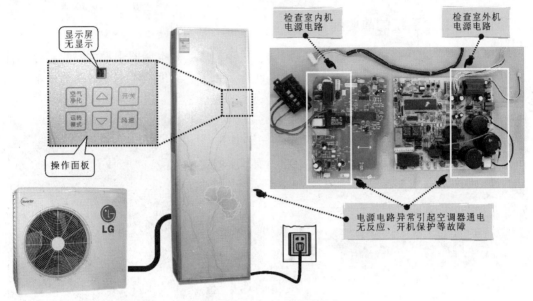

图 4-6　电源电路的故障特点

2. 主控电路的故障特点

空调器的主控电路主要用来为空调器的功能部分提供控制信号，对压缩机的起动继电器、驱动电动机、信号接收电路、主电源等部分进行控制。当主控电路出现故障时，可能造成空调器不能开机、控制失灵、制冷/制热功能切换不正常等故障，如图 4-7 所示。

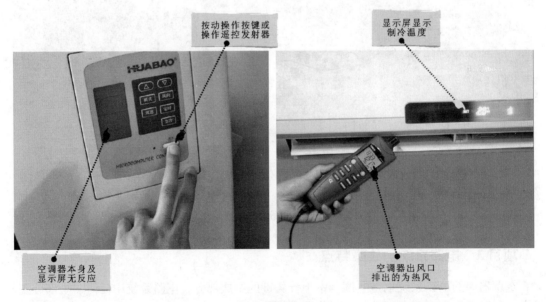

图 4-7　主控电路的故障特点

3. 显示及遥控电路的故障特点

显示及遥控电路分为遥控发射、遥控接收和显示等部分。当空调器出现无法使用遥控发射器进行控制或控制不正常的故障时，则应对遥控发送电路和遥控接收电路进行检修，如图 4-8 所示。

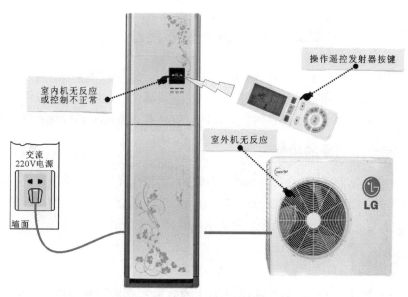

操作遥控发射器按键

室内机无反应
或控制不正常

交流
220V电源

墙面

室外机无反应

LG

图 4-8　遥控电路的故障特点

【特别提示】

有些空调器的面板上还设有操作电路，该电路主要是在遥控电路失灵后，使用操作按键对空调器进行控制的。若出现按键不灵或无法使用的故障时，也可能是操作电路损坏。

4. 变频电路的故障特点

变频电路是变频空调器中特有的电路，主要是将电源电路送来的直流电压变为驱动信号，去驱动变频压缩机工作。变频电路通常是由逆变器（功率模块）或 IGBT 管等组成的。若变频电路损坏，可能造成空调器室外机其他部件可工作，但压缩机不运转、压缩机不停转、温度忽高忽低等故障，如图 4-9 所示。

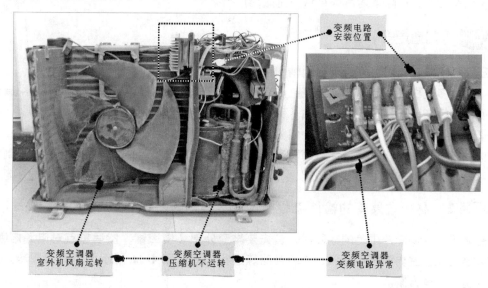

变频电路
安装位置

变频空调器
室外机风扇运转

变频空调器
压缩机不运转

变频空调器
变频电路异常

图 4-9　变频电路的故障特点

课程 3 了解新型空调器的故障检修流程

空调器长期处于工作状态，出现故障的频率很高，引起空调器故障的原因有很多种，在检修时应根据故障表现按照正确的流程进行检修。空调器在拆装和检测过程中，都应严格按照检修流程进行，并保证空调器部件的完好，同时应注意拆装人员和检测人员的人身安全。

项目 1 完全不制冷的检修流程

空调器出现完全不制冷的故障时，首先要确定室内机出风口是否有风送出，然后排除外部电源供电的因素，最后再重点对制冷管路、室内温度传感器、起动电容、压缩机等进行检查。图 4-10 所示为空调器完全不制冷故障的基本检修方案。

【专家热线】

Q：请问一下专家，如何证实空调器出现冰堵故障？冰堵和脏堵的相同和不同之处在哪里？

A：空调器出现冰堵故障会导致空调器一会儿制冷一会儿不制冷的故障。刚开始时一切正常，但持续一段时间后，堵塞处开始结霜，蒸发器温度下降，水分在毛细管狭窄处聚集，逐渐将管孔堵死，然后蒸发器处出现融霜，也听不到气流声，吸气压力呈真空状态。需要注意的是，这种现象是间断的，时好时坏。为了及早判断是否出现冰堵，可用热水对堵塞处加热，使堵塞处的冰体融化，片刻后，如听到突然喷出的气流声，吸气压力也随之上升，即可证实是冰堵。

脏堵与冰堵的表现有相同之处，即吸气压力高，排气温度低，从蒸发器中听不到气流声。不同之处在于，脏堵时经敲击堵塞处（一般为毛细管和干燥过滤器接口处），有时可通过一些制冷剂，导致一些变化，而对加热无反应，用热毛巾敷时也不能听到制冷剂流动声，且并无周期变化，排除冰堵后即可认为是脏堵所致。

【知道更多】

压缩机的机械故障主要表现在抱轴和卡缸两方面：

抱轴大多是由于润滑油不足而引起的，润滑系统油路堵塞或供油中断、润滑油中有污物杂质而使黏性增大等，都会导致抱轴。另外，镀铜现象也会造成抱轴。

卡缸是指活塞与气缸之间的配合间隙由于过小或热胀关系而卡死。

抱轴与卡缸的判断方法：在空调器通电后，压缩机不起动运转，但是细听时可听到轻微的"嗡嗡"声，过热保护继电器几秒后动作，触头断开。如此反复动作，压缩机也不起动。

项目 2 制冷效果差的检修流程

空调器出现制冷效果差的故障时，首先要排查外部环境因素，然后重点对电源熔断器、室内风扇组件、室内温度传感器、制冷管路等进行检查。图 4-11 所示为空调器制冷效果差故障的基本检修方案。

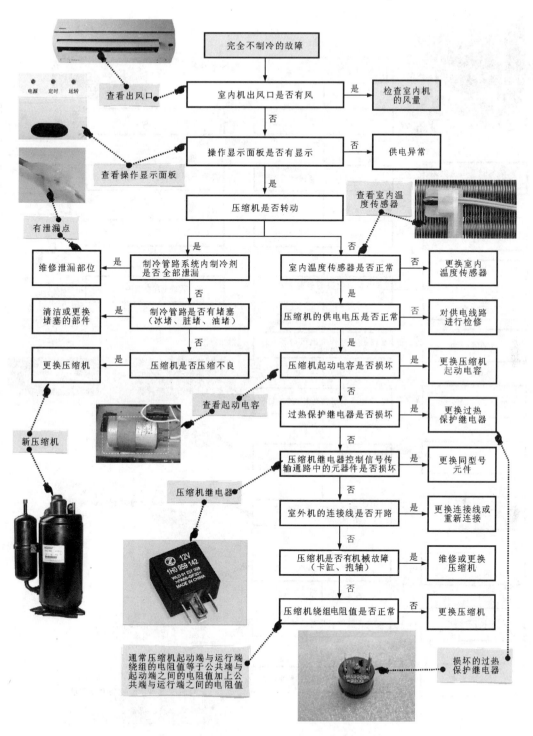

图 4-10　空调器完全不制冷故障的基本检修方案

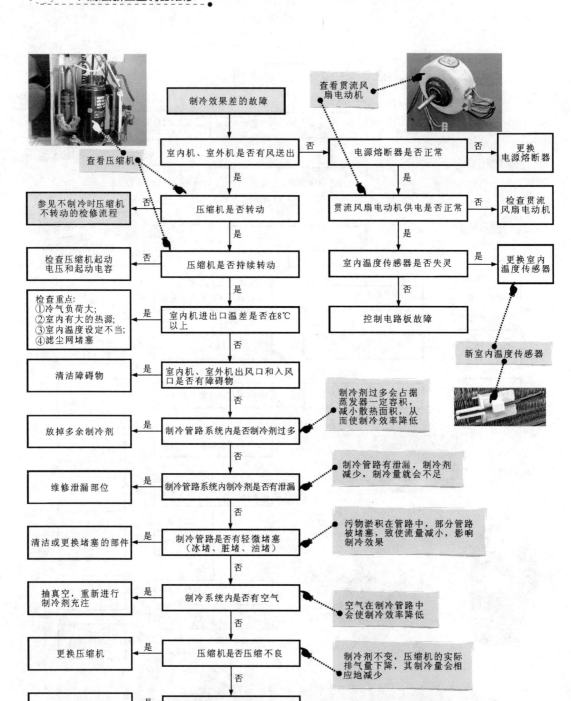

查看贯流风扇电动机

制冷效果差的故障

查看压缩机

室内机、室外机是否有风送出 —否→ 电源熔断器是否正常 —否→ 更换电源熔断器

是↓ 是↓

参见不制冷时压缩机不转动的检修流程 ←否— 压缩机是否转动 贯流风扇电动机供电是否正常 —否→ 检查贯流风扇电动机

是↓ 是↓

检查压缩机起动电压和起动电容 ←否— 压缩机是否持续转动 室内温度传感器是否失灵 —是→ 更换室内温度传感器

是↓ 否↓

检查重点:
①冷气负荷大;
②室内有大的热源;
③室内温度设定不当;
④滤尘网堵塞 ←是— 室内机进出口温差是否在8℃以上 控制电路板故障

否↓

新室内温度传感器

清洁障碍物 ←是— 室内机、室外机出风口和入风口是否有障碍物

否↓

放掉多余制冷剂 ←是— 制冷管路系统内是否制冷剂过多 ···· 制冷剂过多会占据蒸发器一定容积,减小散热面积,从而使制冷效率降低

否↓

维修泄漏部位 ←是— 制冷管路系统内制冷剂是否有泄漏 ···· 制冷管路有泄漏,制冷剂减少,制冷量就会不足

否↓

清洁或更换堵塞的部件 ←是— 制冷管路是否有轻微堵塞(冰堵、脏堵、油堵) ···· 污物淤积在管路中,部分管路被堵塞,致使流量减小,影响制冷效果

否↓

抽真空,重新进行制冷剂充注 ←是— 制冷系统内是否有空气 ···· 空气在制冷管路中会使制冷效率降低

否↓

更换压缩机 ←是— 压缩机是否压缩不良 ···· 制冷剂不变,压缩机的实际排气量下降,其制冷量会相应地减少

否↓

冲洗蒸发器 ←是— 蒸发器管路中是否有冷冻机油 ···· 长时间的使用令蒸发器内残留的冷冻机油较多时,会影响传热效果,出现制冷效果差的现象

图 4-11 空调器制冷效果差故障的基本检修方案

【知道更多】

制冷管路中制冷剂存在泄漏的主要表现为吸、排气压力低而排气温度高，排气管路烫手，在毛细管出口处能听到比平时要大的断续的"吱吱"气流声，停机后系统内的平衡压力一般低于相同环境温度所对应的饱和压力。

制冷管路中制冷剂充注过多的主要表现为压缩机的吸、排气压力普遍高于正常压力值，冷凝器温度较高，压缩机电流增大，压缩机吸气管挂霜。

制冷管路中有空气的主要表现为吸、排气压力升高（不高于额定值），压缩机出口至冷凝器进口处的温度明显升高，气体喷发声断续且明显增大。

制冷管路中有轻微堵塞的主要表现为排气压力偏低，排气温度下降，被堵塞部位的温度比正常温度低。

项目 3　完全不制热的检修流程

空调器出现完全不制热的故障时，首先应检查室内机出风口是否有风送出，然后排除外部电源供电的因素，确定四通阀是否可以正常换向，若上述检查正常则可按照完全不制冷的检修流程进行检修。图 4-12 所示为空调器完全不制热故障的基本检修方案。

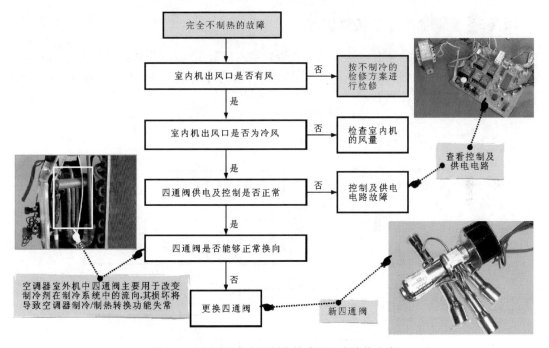

图 4-12　空调器完全不制热故障的基本检修方案

项目 4　制热效果差的检修流程

空调器出现制热效果差的故障时，应先检查室内机出风口是否有风，然后重点对四通阀、单向阀等进行检查，若均正常，便可按照制冷效果差的检修方案进行检查。图 4-13 所示为空调器制热效果差故障的基本检修方案。

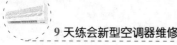

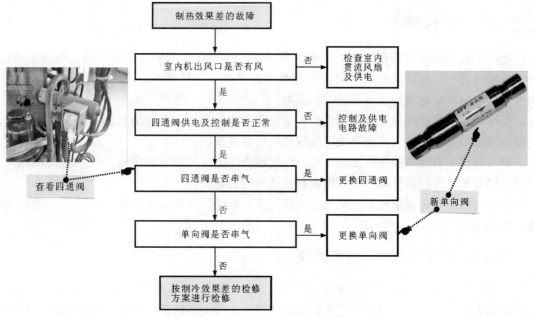

图 4-13　空调器制热效果差故障的基本检修方案

项目5　空调器漏水的检修流程

空调器出现漏水的故障时，应先确定是否为室内机漏水。若室内机漏水，应首先检查室内机的固定是否不平，然后对室内机排水管、接水盘进行检修，排除故障。图 4-14 所示为空调器漏水故障的基本检修方案。

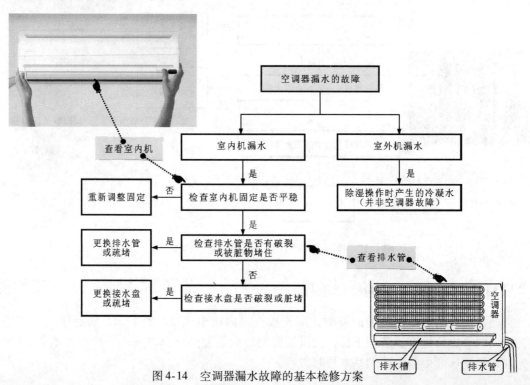

图 4-14　空调器漏水故障的基本检修方案

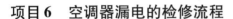

项目6　空调器漏电的检修流程

空调器出现漏电的故障时，应重点对外壳接地、电气绝缘情况以及电容器是否漏电进行检修。图4-15所示为空调器漏电故障的基本检修方案。

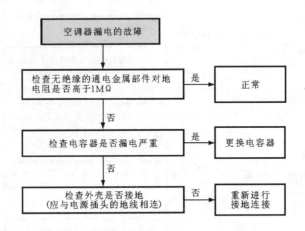

图4-15　空调器漏电故障的基本检修方案

【专家热线】

Q：请问一下专家，空调器出现漏电现象时应该怎么办呢？

A：空调器出现漏电的情况时，应检查空调器中无绝缘的通电金属部件对地电阻是否高于1MΩ。如果通电金属部件的对地电阻高于1MΩ，则空调器可安全使用；如果通电金属部件的对地电阻低于1MΩ，则需检查空调器电气线路每一段的绝缘电阻是否正常。如果电气线路的某段不正常，找出漏电部件，使用同型号的元器件更换即可；如果电气线路的绝缘电路都正常，则漏电可能是由静电充电引起的，并非空调器本身故障，可将空调器外壳接地，以排除漏电故障。

项目7　振动及噪声过大的检修流程

空调器出现振动及噪声过大的故障时，应先查看空调器的机架是否固定牢固，然后再重点对空调器外壳的固定螺钉、内部的风扇以及压缩机等进行检查，从而查找到发生故障的部位。图4-16所示为空调器振动及噪声过大故障的基本检修方案。

项目8　压缩机不停机的检修流程

空调器出现压缩机不停机的故障时，应在排除温度设置不当的因素后，重点对温度传感器、制冷管路以及风扇等进行检查，从而查找出引起压缩机不停机的故障原因。图4-17所示为空调器压缩机不停机故障的基本检修方案。

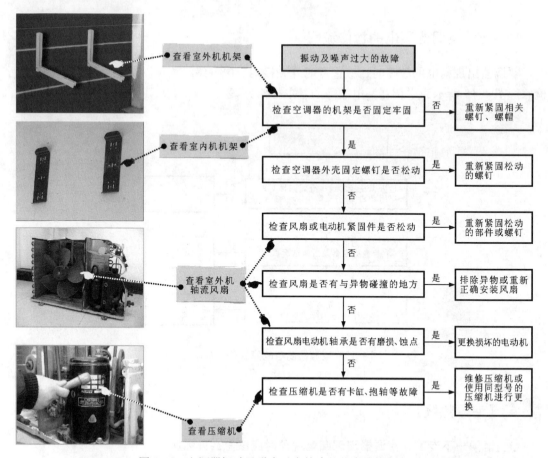

图 4-16　空调器振动及噪声过大故障的基本检修方案

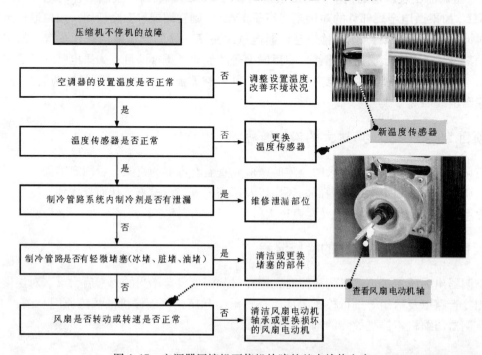

图 4-17　空调器压缩机不停机故障的基本检修方案

下午

今天下午以操作训练为主，练会新型空调器的故障判别。共划分成两个训练：

训练1 练会直接检查法判别新型空调器的故障

训练2 练会测试法判别新型空调器的故障

我们将借助实际样机，完成对新型空调器故障判别的一系列实训操作。

训练1 练会直接检查法判别新型空调器的故障

将空调器放置于工作环境中进行测试，是空调器维修过程中至关重要的环节，它可帮助维修人员快速、准确地判断空调器的故障范围或故障部件。

项目1 观察法判别空调器故障

空调器维修高手非常善于从空调器的工作状态中查找故障线索，因此，在检修中，可首先对具有明显特征的部位进行仔细观察，通过外观状态和特点，查找出重要的故障线索。

1. 观察空调器的整体外观及主要部位是否正常

空调器出现故障后，不可盲目进行拆卸或代换操作，应首先使用观察法检查空调器的整体外观及主要部位是否正常，有无明显磕碰或损坏的地方。采用观察法判断空调器的整体外观及主要部位有无异常如图4-18所示。

注意室内机显示屏上指示灯的状态及显示指示，观察指示灯亮/灭/闪烁的情况以及有无故障代码。如果存在，则可以根据维修手册，按照故障代码指示的故障类型和故障部位查找故障存在的原因。

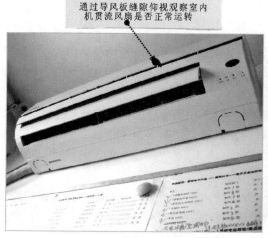

图4-18 采用观察法判断空调器的整体外观及主要部位有无异常

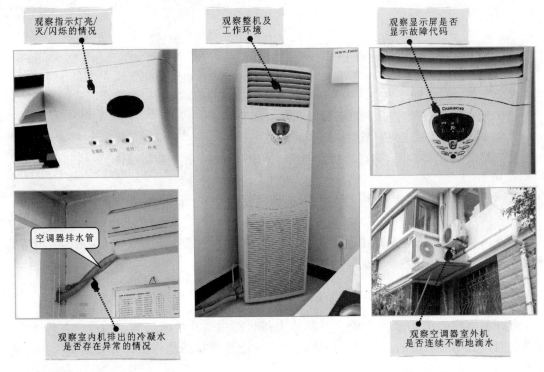

图 4-18　采用观察法判断空调器的整体外观及主要部位有无异常（续）

2. 观察空调器主要特征部件有无异常

空调器管路系统中，有些部件在工作时的外部特征能够很明显地体现空调器的工作状态，如压缩机吸气管口和排气管口的焊接处、干燥过滤器两端以及工艺管封口的焊接处等。若压缩机吸气管口和排气管口的焊接处、干燥过滤器两端以及工艺管封口的焊接处表面有泄漏或明显结霜现象，就表明空调器管路系统存在脏堵、冰堵或油堵故障。

因此，检修空调器时，仔细观察类似毛细管、干燥过滤器等具有明显特征的部件的外观，对快速辨别故障十分必要。通过观察法判断压缩机吸气管口和排气管口、干燥过滤器以及工艺管外观，如图 4-19 所示。

3. 观察空调器管路焊接点有无明显油渍

空调器管路系统中部件之间多采用焊接方式，焊接部位较容易出现泄漏，因此检修空调器时，还应仔细观察各个焊接点处有无油渍泄漏（压缩机的冷冻机油），这对判断管路系统是否存在泄漏点有很大帮助。

采用观察法判断空调器管路焊接点有无泄漏时，可用一张干净的白纸在管路中的焊接部位进行擦拭，若白纸上有明显油渍，则说明该处存在泄漏，如图 4-20 所示。

项目 2　倾听法判别空调器故障

倾听法是指通过听觉来获取空调器故障线索的方法，主要用于对空调器箱体工作时能够发出声响的部件的直观判断，如压缩机的运转声、管路中的气流声等。通常，如空调器处在正常制冷情况下，由于制冷剂在制冷管道中流动，因此会有气流声或水流声发出；压缩机在运行的情况下，如果听不到水流声，则说明管路中有堵塞的现象。

观察压缩机排气管口的焊接处表面有无明显结霜或泄漏现象

观察工艺管的封口处表面有无明显结霜或泄漏现象

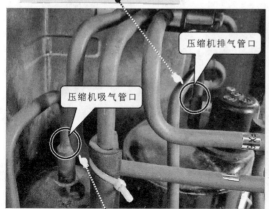

压缩机排气管口

压缩机吸气管口

干燥过滤器两端

工艺管口

观察压缩机吸气管口的焊接处表面有无明显结霜或泄漏现象

观察干燥过滤器两端的焊接处表面有无明显结霜或泄漏现象

图4-19 通过观察法判断压缩机吸气管口和排气管口、干燥过滤器以及工艺管外观

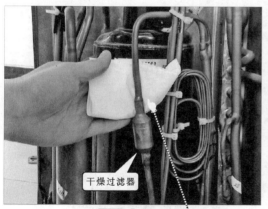
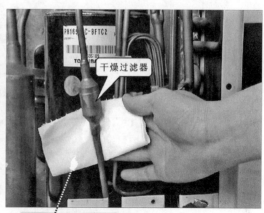

干燥过滤器

干燥过滤器

检查干燥过滤器与毛细管焊接口处有无油渍

检查干燥过滤器与冷凝器焊接口处有无油渍

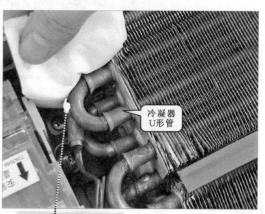

空调器工艺管口

冷凝器U形管

检查空调器工艺管口处有无油渍

检查冷凝器U形管的焊接处有无油渍

图4-20 借助白纸观察管路焊接点有无油渍

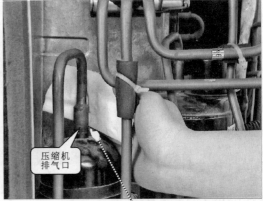

压缩机
吸气口

压缩机
排气口

检查压缩机吸气口与
管路焊接处有无油渍

检查压缩机排气口与
管路焊接处有无油渍

图 4-20　借助白纸观察管路焊接点有无油渍（续）

空调器维修时可通过倾听法直接判断的几种故障现象，如图 4-21 所示。

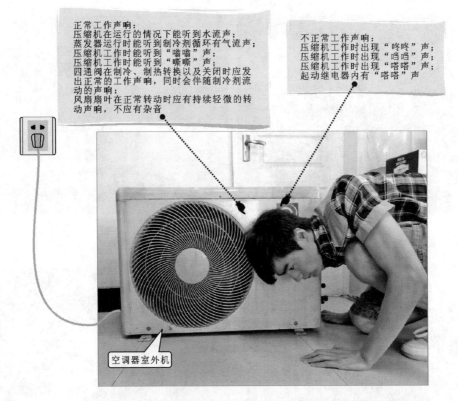

正常工作声响：
压缩机在运行的情况下能听到水流声；
蒸发器运行时能听到制冷剂循环有气流声；
压缩机工作时能听到"嗡嗡"声；
压缩机工作时能听到"嘶嘶"声；
四通阀在制冷、制热转换以及关闭时应发
出正常的工作声响，同时会伴随制冷剂流
动的声响；
风扇扇叶在正常转动时应有持续轻微的转
动声响，不应有杂音

不正常工作声响：
压缩机工作时出现"咚咚"声；
压缩机工作时出现"咝咝"声；
压缩机工作时出现"嗒嗒"声；
起动继电器内有"嗒嗒"声

空调器室外机

图 4-21　空调器维修时可通过倾听法直接判断的几种故障现象

【专家热线】

Q：请问一下专家，根据图 4-21，如何判断空调器压缩器等正常与异常呢？异常现象又是由哪个部件出现问题引起的呢？

A：判断时可参考以下要点。

① 压缩机在正常工作的情况下应有比较小的"嗡嗡"声，该声音持续且均匀。

若听不到压缩机的工作声响，则表明压缩机损坏或其供电电路存在问题。

若听到强烈的"嗡嗡"声，则说明压缩机已经通电，但没有起动，这有可能是压缩机卡缸或者抱轴所致。

若听到"咚咚"声，则表明有大量的制冷剂湿蒸气或冷冻机油进入气缸。

若听到"啪啪"的声响，类似有异物撞击压缩机，通常可能是内部运动部件出现松动。

若听到压缩机内有异常的金属撞击声，比如掉簧脱落撞击外壳的声音，此时要马上切断电源。

若听到"嗒嗒"声，这通常是由于压缩机起动电路保护器时通时断造成的。电压低或者保护器有故障时，就会出现这种现象。

② 在空调器风扇运转的过程中，应更多地听到风扇转动时产生的风声以及驱动电动机工作时所发出的持续轻微的声响。

若风扇转动时存在杂音，多属风扇扇叶安装不良。

若风扇转动的范围内存在异物，则扇叶与异物相碰撞时就会发出撞击声，这时就需要对风扇的安装情况和周围环境进行检查。

③ 当冷暖空调器出现只制冷不制热和只制热不制冷的情况时，就需要倾听一下四通阀是否动作。通常空调器处于制热状态时，在关闭空调器的瞬间，应该能够听到制冷剂的回流声。如果通断电时四通阀都不动作，则表明四通阀有故障。

④ 在空调器正常制冷的情况下，由于制冷剂要在制冷管道中流动，因此仔细倾听时会发现有气流声或水流声发出。

在压缩机运行的情况下，若听不到水流声，就说明管路中有堵塞现象。

在压缩机运行的情况下，仔细倾听蒸发器内的气流声，若有类似流水的"嘶嘶"声，则是蒸发器内制冷剂循环的正常气流声。

如果没有流水声，则说明制冷剂已经渗漏。如果蒸发器内既没有流水声也没有气流声，就说明过滤器或毛细管存在堵塞现象。

项目 3　触摸法判别空调器故障

触摸法是指通过接触空调器某部位感受其温度的方法来判断故障。一般在通过触摸法查找空调器故障时，可将空调器在通电 20～30min 之后断电关机，这时制冷系统中各部位的温度都会明显变化，所以通过用手感觉各部位的温度，可以有效地判断出故障线索。

根据维修经验，空调器在通电运行 20～30min 之后，温度应有明显变化的部位或部件主要包括压缩机、干燥过滤器、冷凝器、蒸发器等，通过感受这些部件温度的变化情况，很容易查找和判断出空调器的故障范围。

1. 通过触摸法感知压缩机的温度

空调器在运行的状态时，可用手触摸压缩机的表面温度，判断压缩机的运行情况。在压缩机运转的过程中，用手触摸压缩机不同的位置，感觉到的温度也各有不同。正常情况下，压缩机不同部位的温度情况如图 4-22 所示。

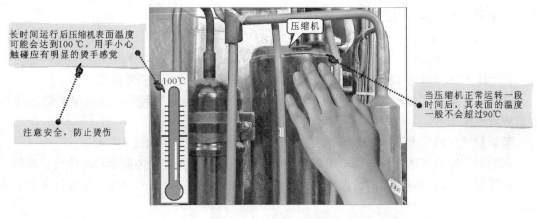

长时间运行后压缩机表面温度可能会达到100℃，用手小心触碰应有明显的烫手感觉

注意安全，防止烫伤

压缩机

当压缩机正常运转一段时间后，其表面的温度一般不会超过90℃

正常制冷时，吸气管的温度较低，用手触摸吸气管，感觉其表面温度应该有冰凉的感觉

压缩机从吸气口处到排气口处温度逐渐变化，触摸时应有明显温差

正常制冷时，排气管的温度较高，用手触摸排气管，感觉温度较高，大约为60℃，有明显的温热感

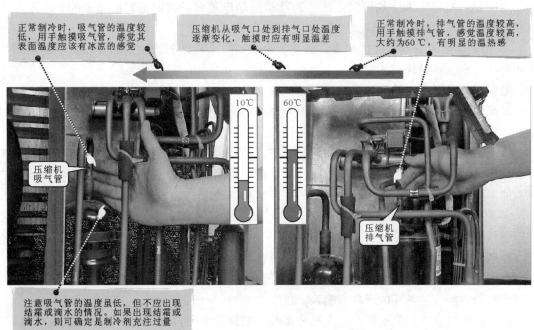

压缩机吸气管

压缩机排气管

注意吸气管的温度虽低，但不应出现结霜或滴水的情况。如果出现结霜或滴水，则可确定是制冷剂充注过量

图 4-22　压缩机不同部位的温度情况

【特别提示】

　　用手感知压缩机表面温度时，触摸时动作要迅速，以免造成烫伤。如果压缩机的温度过低，则说明压缩机工作不正常。回气管温度虽然较低，但不应出现结霜或滴水的情况，否则说明制冷剂充注过量。

　　2. 通过触摸法感知干燥过滤器的温度

　　干燥过滤器的温度能够在很大程度上体现空调器管路系统的工作状态，因此，用触摸法感知干燥过滤器温度，在维修空调器时十分常见。用触摸法感知干燥过滤器的温度，如图4-23 所示。

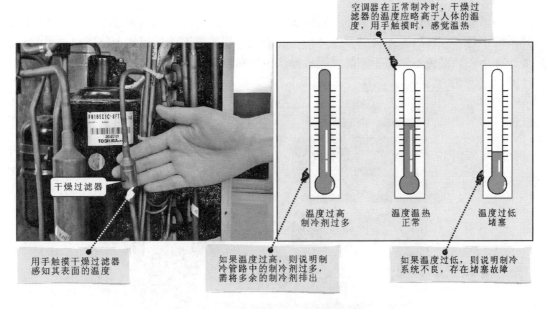

空调器在正常制冷时，干燥过滤器的温度应略高于人体的温度，用手触摸时，感觉温热

干燥过滤器

用手触摸干燥过滤器感知其表面的温度

如果温度过高，则说明制冷管路中的制冷剂过多，需将多余的制冷剂排出

温度过高
制冷剂过多

温度温热
正常

温度过低
堵塞

如果温度过低，则说明制冷系统不良，存在堵塞故障

图 4-23　用触摸法感知干燥过滤器的温度

3. 通过触摸法感知冷凝器的温度

空调器中的冷凝器在工作中也具有明显的温度变化特征，通过感知冷凝器不同部位的温度变化，对判断空调器管路系统的工作状态也十分有帮助。用触摸法感知冷凝器的温度如图 4-24 所示。

正常制冷时，冷凝器入口处的温度较高

冷凝器从入口处到出口处温度逐渐降低，触摸时应有明显的温差

正常制冷时，冷凝器出口处的温度较低

冷凝器入口处

冷凝器出口处

图 4-24　用触摸法感知冷凝器的温度

冷凝器的温度应是从入口处到出口处逐渐递减的，如果冷凝器入口处和出口处的温度没有明显的变化或冷凝器根本就不散发热量，则说明制冷系统的制冷剂有泄漏现象，或者压缩机不工作等。若冷凝器散发热量数分钟后又冷却下来，说明干燥过滤器、毛细管有堵塞故障。

4. 通过触摸法感知蒸发器的温度

蒸发器的温度直接影响空调器的制冷效果，因而感知蒸发器上结霜情况，对判断空调器管路系统中是否存在故障十分必要。值得注意的是，蒸发器表面的翅片十分锋利，用手触摸时要十分小心，以免不慎将手割破。用触摸法感知蒸发器上结霜情况如图 4-25 所示。

空调器室内机蒸发器

温度较低正常

用手触摸蒸发器感知其表面的温度

空调器在正常制冷时，蒸发器的温度较低，用手触摸时，有冰凉的感觉

图 4-25　用触摸法感知蒸发器上结霜情况

【知道更多】

当通过触摸法查找到温度过高或过低的器件时，应进一步对该元器件进行检测，判断内部是否有短路的现象或供电电流是否过大，而对于没有温升或温度变化的元器件来说，可能是该元器件没有工作，需要对该元器件的工作条件进行检测，逐一进行排查，并对损坏的元器件进行更换，最终排除空调器的故障。

5. 通过触摸法感知空调器室内机的温度

空调器刚开始制冷或制热时，可用手触摸室内机出风口和吸风口的表面温度，判断室内机的制冷或制热情况。用触摸法感知空调器室内机出风口和吸风口的温度情况，如图 4-26 所示。

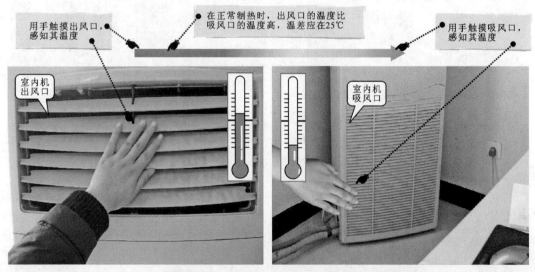

用手触摸出风口，感知其温度

在正常制热时，出风口的温度比吸风口的温度高，温差应在25℃

用手触摸吸风口，感知其温度

室内机出风口

室内机吸风口

图 4-26　用触摸法感知空调器室内机出风口和吸风口的温度情况

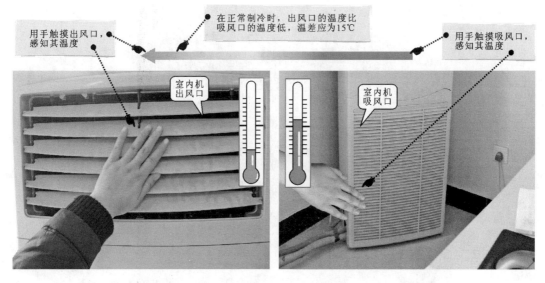

用手触摸出风口，感知其温度

在正常制冷时，出风口的温度比吸风口的温度低，温差应为15℃

用手触摸吸风口，感知其温度

室内机出风口

室内机吸风口

图4-26 用触摸法感知空调器室内机出风口和吸风口的温度情况（续）

训练2 练会测试法判别新型空调器的故障

故障判断对于空调器检修是非常重要的。除上面谈及的三种方法之外，常用的空调器故障判别方法还有测试法，即使用压力表、万用表、示波器以及电子温度计等进行测试判别。

项目1 保压测试法判别空调器故障

保压测试法是空调器管路维修过程中常采用的一种判断方法，它是指通过压力表测试管路系统中压力的大小来判断管路系统是否存在泄漏故障的方法，也可称为保压检漏法。

保压测试法一般应用于空调器管路系统被打开（某部分管路或部件被切开或取下），然后维修完成进行充氮检漏或对管路重新充注制冷剂后，所采用的一种测试方法。

空调器的保压测试法如图4-27所示。

保压测试法是检修空调器管路系统的有效手段。通过对管路系统压力的测试，能够对系统中制冷剂的状态有准确的了解，从而为检修空调器提供有效、准确的判断依据。

项目2 万用表测试法判别空调器故障

万用表测试法是空调器电路部分或电气部件维修中使用较多的一种方法，该方法主要是指对空调器电路部分或电气部件阻值、电压作检测，然后将实测值与标准值进行比较，从而锁定空调器电路或电气部件出现故障的范围，然后再对该范围的元器件进行检测，最终确定故障点。

例如，利用万用表测量空调器电源电路中的 +300V 直流电压，就可以方便地判断出交流输入及整流滤波电路是否正常，若不正常，可顺着测试点线路中的元器件逐一进行查找，最终确立故障点。利用万用表检测空调器电源电路的 +300V 直流电压的方法如图4-28所示。

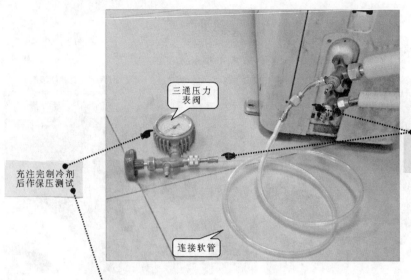

三通压力
表阀

应确保连接软管与三通
压力表阀连接处、与管
路连接器连接处无泄漏

充注完制冷剂
后作保压测试

连接软管

0.45MPa

0.45MPa

正常情况下，空调器运行
20min后，运行压力应维持
在0.45MPa，最高不超过
0.5MPa。（夏季制冷模式下）

若压力较低，则说明
制冷剂不足（多为管
路中存在泄漏点）

若制冷系统运行压力较高，
多为制冷剂充注过量

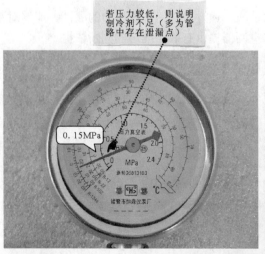

0.15MPa

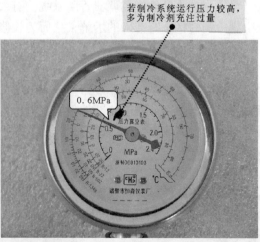

0.6MPa

图 4-27 空调器的保压测试法

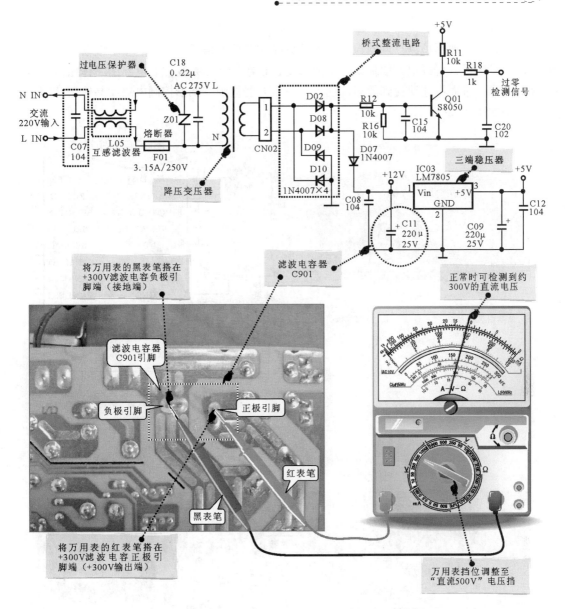

图 4-28　利用万用表检测空调器电源电路的 + 300V 直流电压的方法

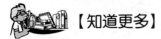【知道更多】

　　通电状态下检测空调器电路板部分的电压值或电流值时，必须注意人身安全和设备安全。一般空调器都采用 220V 供电电源，电源板上的交流输入部分带有交流高压，因此在维修时要注意安全操作。

项目 3　示波器测试法判别空调器故障

　　示波器测试法是空调器电路部分检修中最准确的一种检测方法，该方法主要是通过示波器直接观察有关电路的信号波形，并与正常波形相比较，以此分析和判断空调器电路部分出现故障的部位。

例如，用示波器检测空调器控制电路部分晶体振荡的信号，通过观察示波器显示屏上显示出的信号波形，可以很方便地识别出波形是否正常，从而判断控制电路的晶体振荡信号是否满足需求，进而迅速地找到故障部位。利用示波器检测空调器控制电路中晶体振荡信号波形的方法如图 4-29 所示。

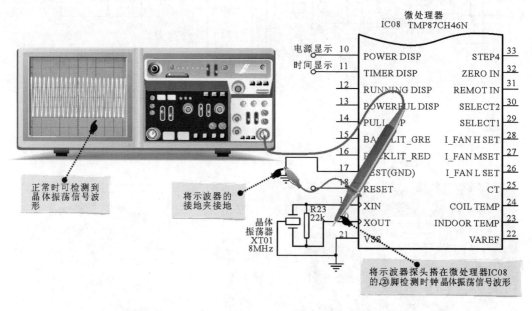

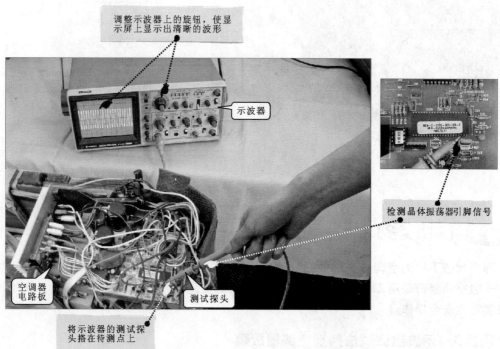

图 4-29　利用示波器检测空调器控制电路中晶振信号波形的方法

项目4　电子温度计测试法判别空调器故障

电子温度计测试法是空调器出现制冷/制热效果差故障时进行判断的测试方法，该方法主要是指空调器运行30min后，在距离空调器出风口10cm的距离，分别测量环境温度和出风口温度，然后将温差值与标准值进行比较，从而锁定空调器制冷效果差的故障因素。

利用电子温度计测量空调器出风口和进风口的温度，就可以方便地判断出环境温度和出口风的温差，若测量时，环境温度与出风口的温差很小，说明空调器制冷效果差。而制热环境温度与出风口温差应小于16℃。利用电子温度计测量空调器出风口和进风口的温度差的方法如图4-30所示。

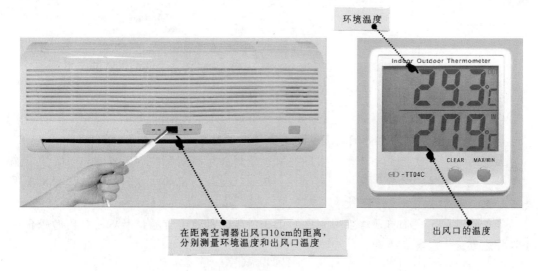

环境温度

Indoor Outdoor Thermometer

CLEAR　MAX/MIN

-TT04C

在距离空调器出风口10cm的距离，分别测量环境温度和出风口温度

出风口的温度

图4-30　利用电子温度计测量空调器出风口和进风口的温度差的方法

练会新型空调器中制冷系统的检修技能

【任务安排】

今天，我们要实现的学习目标是"练会新型空调器中制冷系统的检修技能"。

上午的时间，我们主要是结合实际样机，了解并掌握新型空调器中室内机贯流风扇组件、导风板组件、室外机轴流风扇组件、压缩机组件、闸阀组件的结构及工作原理等基本知识。学习方式以"授课教学"为主。

下午的时间，我们将通过实际训练对上午所学的知识进行验证和巩固；同时强化动手操作能力，丰富实战经验。

 上午

今天上午以学习为主，了解新型空调器中制冷系统的检修技能知识。共划分成六课：

课程1　了解室内机贯流风扇组件的结构及工作原理

课程2　了解室内机导风板组件的结构及工作原理

课程3　了解室外机轴流风扇组件的结构及工作原理

课程4　了解压缩机组件的结构及工作原理

课程5　了解闸阀组件的结构及工作原理

课程6　了解节流及过滤组件的结构及工作原理

我们将用"图解"的形式，系统学习新型空调器中制冷系统的结构、工作原理等专业基础知识。

 课程1　了解室内机贯流风扇组件的结构及工作原理

本节课主要对空调器室内机贯流风扇组件的结构及工作原理进行学习，为学员接下来练习贯流风扇组件的检修代换做好铺垫。

贯流风扇组件主要用于实现室内空气的强制循环对流，加速热交换。该组件通常安装在空调器室内机的内部。

项目1　室内机贯流风扇组件的结构

在不同类型的空调器中，贯流风扇组件的结构和工作原理略有差别。下面分别以分体壁挂式空调器室内机中的贯流风扇组件和分体柜式空调器室内机的贯流风扇组件为例进行介绍。

分体壁挂式空调器室内机的贯流风扇组件，通常安装在蒸发器下方，横卧在室内机中，如图5-1所示。

无论是普通分体壁挂式空调器还是变频分体壁挂式空调器，其室内机的结构都基本相同，相应贯流风扇组件的结构也基本相同，它们大都采用贯流风扇实现室内空气的强制循环对流，来达到制冷、制热的目的。

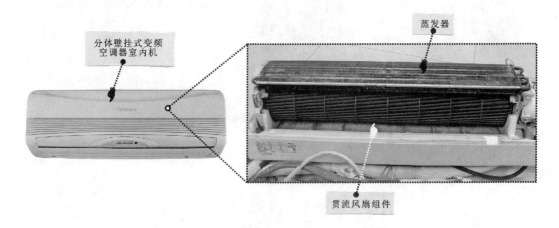

图5-1　分体壁挂式变频空调器室内机贯流风扇组件的安装位置

分体柜式空调器的室内机风扇组件，通常安装在室内机下部，在其前面安装有高效过滤网，将过滤网取下后即可找到室内机贯流风扇组件，如图5-2所示。

分体柜式空调器要求制冷速度快，因此其室内机采用的是大功率离心风扇，离心风扇的送风风压很大，但其噪声也相对较高。

1. 分体壁挂式室内机贯流风扇组件的结构

分体壁挂式空调器室内机的贯流风扇组件，主要是由贯流扇叶和贯流风扇驱动电动机等构成的，如图5-3所示。

（1）贯流风扇扇叶

图5-4所示为分体壁挂式空调器室内机的贯流风扇扇叶。贯流风扇的扇叶为细长的离心叶片，具有结构紧凑、叶轮直径小及长度大、风量大、风压低、转速低、噪声小的特点。

图 5-2　分体柜式空调器室内机贯流风扇组件的安装位置

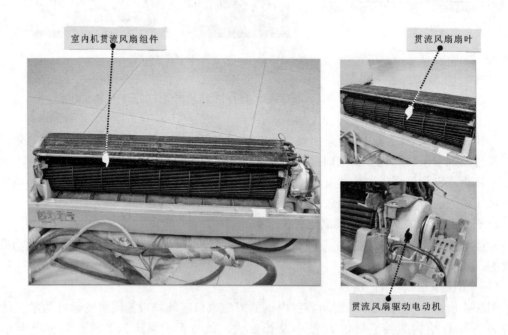

图 5-3　分体壁挂式室内机贯流风扇组件的构成

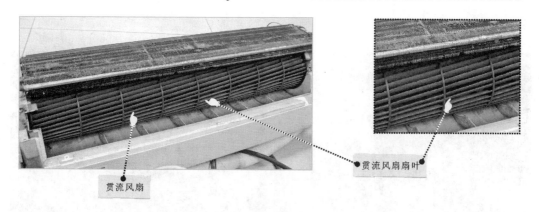

图 5-4　分体壁挂式空调器室内机的贯流风扇扇叶

【特别提示】

贯流风扇的扇叶组制成圆柱形，其风向与转轴垂直，吹出的风受导风板的控制，均匀可控。这种扇叶被称为贯流形，因而被称为贯流风扇。

靠近风扇驱动电动机的部位，通常缺少一根扇叶，该设计主要是为了形成"孔洞"，便于通过该"孔洞"装卸紧固螺钉，如图 5-5 所示。

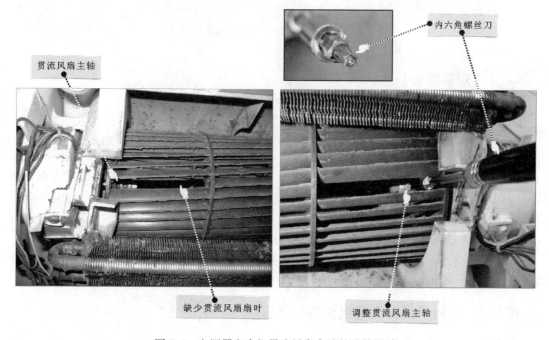

图 5-5　空调器室内机贯流风扇扇叶的独特设计

（2）贯流风扇驱动电动机

图 5-6 所示为贯流风扇组件中的驱动电动机部分，它位于空调器室内机的一端。贯流风扇驱动电动机多采用直流电动机，通过主轴直接与贯流风扇扇叶相连，用于带动贯流风扇扇

叶转动。

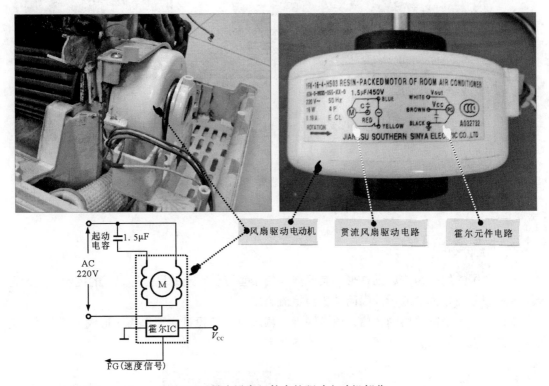

风扇驱动电动机   贯流风扇驱动电路   霍尔元件电路

图 5-6   贯流风扇组件中的驱动电动机部分

 【知道更多】

在贯流风扇驱动电动机的内部，安装有霍尔元件，用来检测电动机转速，检测到的转速信号送入微处理器中，以便室内主控电路可准确地控制风扇电动机的转速。

分体壁挂式变频空调器的室内风扇组件中，除了机械部件外，还包括贯流风扇驱动电动机的驱动电路和风速检测电路，如图 5-7 所示。室内机微处理器通过控制固态继电器（光控双向晶闸管）的导通/截止，来控制贯流风扇驱动电动机的运转。贯流风扇驱动电动机反馈的风速检测信号会通过风速检测电路送入微处理器中。

2. 分体柜式空调器室内机贯流风扇组件的结构

分体柜式空调器室内机风扇组件主要是由离心风扇扇叶、离心风扇驱动电动机和驱动电路板等构成的，如图 5-8 所示。

项目 2   室内机贯流风扇组件的工作原理

图 5-9 所示为分体壁挂式空调器室内风扇组件的工作原理。空调器室内机电动机通电运转后，带动贯流风扇转动，室内空气会强制对流。此时，室内空气从室内机的进风口进入，经过蒸发器降温、除湿后，在风扇带动下，从室内机的出风口沿导风板排出。导风板驱动电动机控制导风板的角度（关于导风板组件将在下节课介绍）。

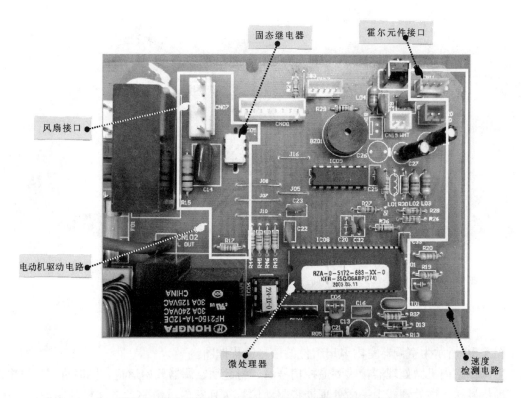

固态继电器

霍尔元件接口

风扇接口

电动机驱动电路

微处理器

速度检测电路

图 5-7　贯流风扇驱动电动机的驱动电路和风速检测电路

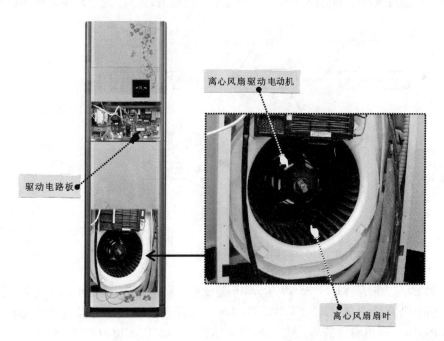

离心风扇驱动电动机

驱动电路板

离心风扇扇叶

图 5-8　分体柜式空调器室内机风扇组件

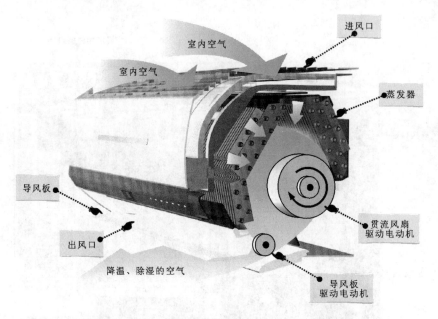

图 5-9　分体壁挂式空调器室内风扇组件的工作原理

图 5-10 所示为空调器室内风扇组件的信号流程框图。

空调器室内机微处理器接收到遥控信号后，将起动空调器开始运行，同时过零检测电路将基准信号送入微处理器中→微处理器将驱动信号送到室内风扇驱动电动机的驱动电路中，由驱动电路控制贯流风扇运转→风扇驱动电动机运转后，霍尔元件将检测的反馈信号（风速检测信号）通过风速检测电路送到微处理器中，由微处理器控制并调整风扇的转速。

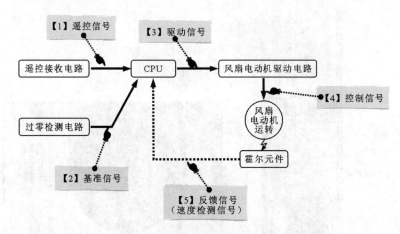

图 5-10　空调器室内风扇组件的信号流程框图

图 5-11 所示为海信 KFR—35GW/06ABP 型变频空调器室内机风扇驱动电路。从图中可以看出，室内机微处理器 IC08（TMP87PH46N）的⑥脚向固态继电器（光控双向晶闸管）IC05（TLP3616）送出驱动信号，送入 IC05 的③脚，控制固态继电器 IC05 导通，从而接通室内风扇驱动电动机的供电，使风扇运转。风扇运转后，霍尔元件开始检测风速，经由接口 CN11 将风速检测信号送入微处理器 IC08 的⑦脚，使微处理器及时对风扇驱动电动机的转速

进行精确控制。

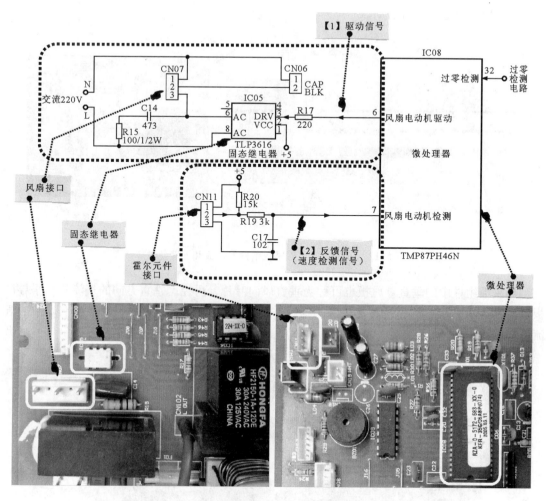

图 5-11　海信 KFR—35GW/06ABP 型变频空调器室内机风扇驱动电路

课程 2　了解室内机导风板组件的结构及工作原理

本节课主要是对空调器导风板组件的结构及工作原理进行学习，为学员接下来练习导风板组件的检修代换做好铺垫。

导风板组件主要用于控制室内机气流的方向，以满足用户需求，该组件通常安装在室内机的出风口处，也就是室内机的下方。

项目1　导风板组件的结构

在不同类型的空调器中，导风板组件的结构和工作原理略有差别。下面分别以分体壁挂式空调器室内机中的导风板组件和分体柜式空调器室内机的导风板组件为例进行介绍。

1. 分体壁挂式导风板组件的结构

在分体壁挂式空调器中，室内导风板组件主要包括水平导风板、垂直导风板及导风板驱动电动机，如图 5-12 所示。水平导风板和垂直导风板位于室内机出风口处，在导风板驱动电动机作用下上下、左右摆动。

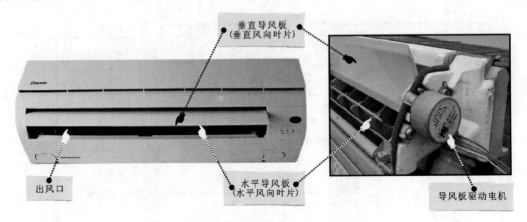

图 5-12　分体壁挂式导风板组件的构成和安装位置

导风板组件中的垂直导风板也可称为垂直风向叶片，可控制垂直方向的气流；水平导风板也可称为水平风向叶片，通常是由两组或三组叶片构成，是专门用来控制水平方向的气流，如图 5-13 所示。

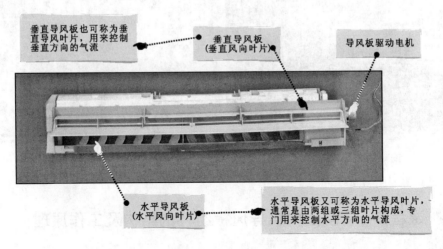

图 5-13　导风板

2. 分体柜式导风板组件的结构

在分体柜式空调器室内机中，导风板组件通常位于上部，如图 5-14 所示。其中垂直导风板安装在外壳上，而水平导风板则安装在内部机架上，位于蒸发器的上面，由驱动电动机驱动。

项目 2　导风板组件的工作原理

在不同类型的空调器中，导风板组件的工作原理基本相同，因此这里以分体壁挂式空调器为例进行讲解。

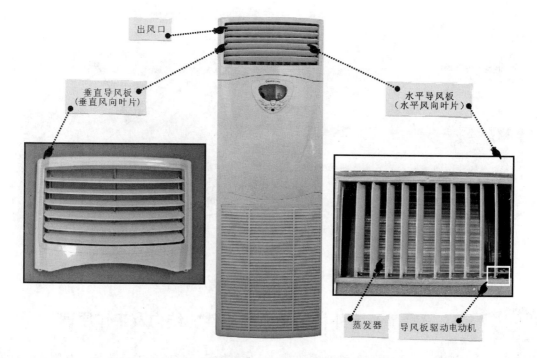

图 5-14　分体柜式导风板组件的安装位置

　　空调器工作时，垂直导风板便会在电动机的驱动下垂直摆动，从而实现垂直风向的调节，如图 5-15 所示。

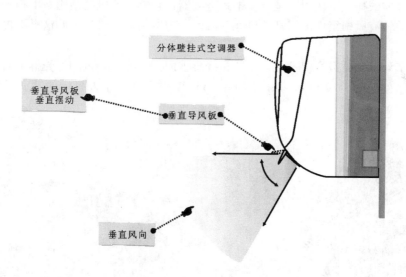

图 5-15　垂直导风板（垂直风向叶片）的调节方式

　　与此同时，可以通过调节各组水平叶片的角度，实现水平风向的调节，如图 5-16 所示。

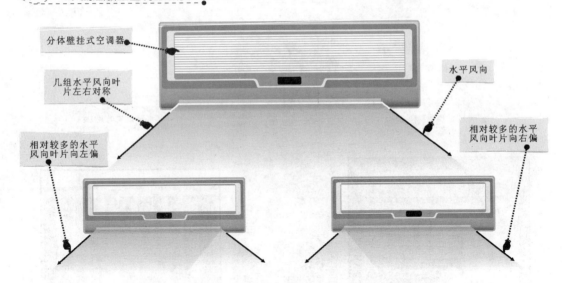

图 5-16 水平导风板（水平风向叶片）的调节方式

 课程 3 了解室外机轴流风扇组件的结构及工作原理

本节课主要是对空调器室外机轴流风扇组件的结构及工作原理进行学习，为学员接下来练习室外机轴流风扇组件的检修代换做好铺垫。

项目 1 轴流风扇组件的结构

无论是分体壁挂式空调器还是分体柜式空调器，它们室外机的结构基本相同，也都采用相同或相似的轴流风扇组件加速室外机空气流动，为冷凝器散热。因此这里不再区分空调器类型进行介绍。

空调器室外机轴流风扇组件通常安装在冷凝器内侧，将室外机的外壳拆下后，就可以看到轴流风扇组件。图 5-17 所示为海信 KFR—35GW 型空调器室外机中的轴流风扇组件。可

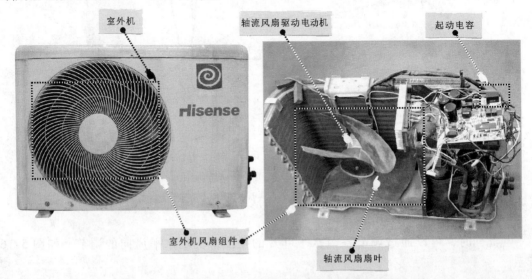

图 5-17 海信 KFR—35GW 型空调器室外机中的轴流风扇组件

以看到，轴流风扇组件主要是由轴流风扇驱动电动机、轴流风扇扇叶和轴流风扇起动电容组成，其主要作用是确保室外机内部热交换部件（冷凝器）良好的散热。

1. 轴流风扇驱动电动机

图5-18所示为空调器室外机轴流风扇组件中的轴流风扇驱动电动机，主要用于带动轴流式风扇扇叶旋转。

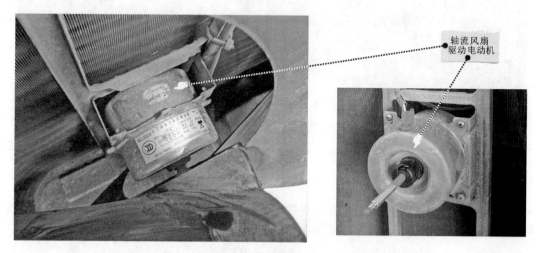

图5-18　空调器室外机轴流风扇组件中的轴流风扇驱动电动机

【知道更多】

轴流风扇驱动电动机有两个绕组，即起动绕组和运行绕组。这两个绕组在空间位置上相位相差90°。在起动绕组中串联了一个容量较大的交流电容器，当运行绕组和起动绕组中通过单相交流电时，由于电容器的作用，起动绕组中的电流在相位上比运行绕组中的电流超前90°，先期达到最大值。这样在时间和空间上有相同的两个脉冲磁场，使定子在转子之间的气隙中产生了一个旋转磁场。在旋转磁场的作用下，电动机转子中产生感应电流，该电流和旋转磁场相互作用而产生电磁场转矩，使电动机旋转起来。电动机正常运转之后，电容早已充满电，使通过起动绕组的电流减小到微乎其微。这时只有运行绕组工作，在转子的惯性作用下使电动机不停地旋转。

2. 轴流风扇扇叶

图5-19所示为空调器室外机轴流风扇组件中的轴流风扇扇叶，其制成螺旋桨形，对轴向气流产生很大的推力，将冷凝器散发的热量吹向机外，加速冷凝器的冷却。

【知道更多】

轴流风扇扇叶多采用铝材压制或ABS工程塑料注塑而成。它形状像螺旋桨，主要是用来加速空气流动，对冷凝器进行散热；轴流风扇驱动电动机多采用单相异步电动机，用于带动轴流风扇转动加速冷凝器散热；轴流风扇起动电容用于起动轴流风扇驱动电动机工作。

当空调器供电电路接通后，轴流风扇组件中的轴流风扇驱动电动机通过轴流风扇起动电容而起动工作，同时带动组件中的轴流风扇转动。

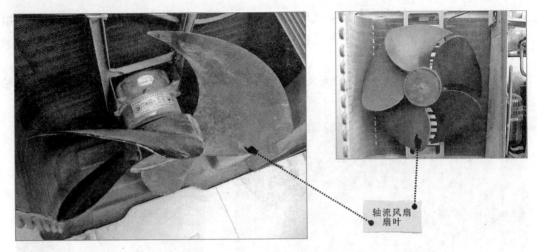

轴流风扇
扇叶

图 5-19　空调器室外机轴流风扇组件中的轴流风扇扇叶

3. 轴流风扇起动电容

轴流风扇起动电容一般安装在室外机的电路板上，用于起动轴流风扇驱动电路工作，也是轴流风扇组件中的重要部件，如图 5-20 所示。

不同类型的空调器室外机
中的轴流风扇起动电容

图 5-20　轴流风扇组件中的起动电容

项目 2　轴流风扇组件的工作原理

图 5-21 所示为室外风扇组件的工作原理。空调器工作时，轴流风扇驱动电动机在轴流风扇起动电容的控制下运转，从而带动轴流风扇扇叶旋转，将空调器中的热气尽快排出，确保空调器制冷管路热交换过程的顺利进行。

图 5-22 所示为室外机轴流风扇组件的信号流程框图。空调器起动后，室内机微处理器通过通信电路向室外机微处理器发出起动信号→室外机微处理器接收到起动信号后，向反相器发出驱动信号→反相器控制继电器工作→继电器导通后，接通室外机轴流风扇驱动电动机的供电电压→室外机轴流风扇驱动电动机起动工作，带动轴流风扇扇叶转动。

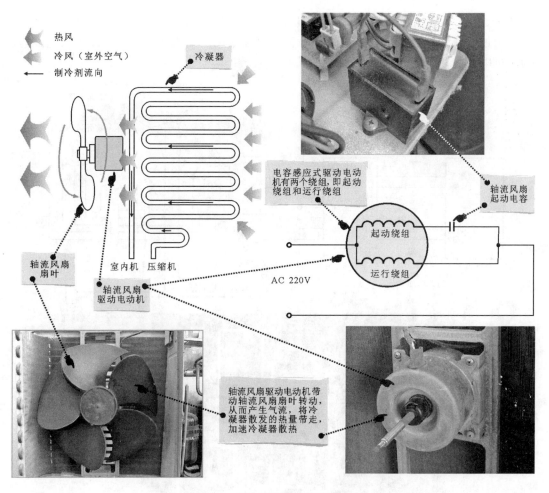

图 5-21　室外风扇组件的工作原理

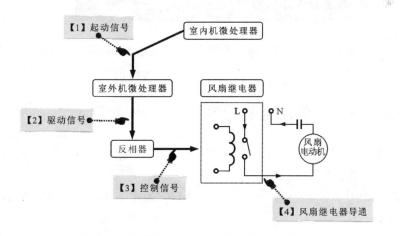

图 5-22　室外机轴流风扇组件的信号流程框图

图 5-23 所示为海信 KFR—35GW/06ABP 型变频空调器室外机轴流风扇电动机的驱动电路。从图中可以看出，室外机微处理器 U02 向反相器 U01（ULN2003A）输送驱动信号，该

信号从①、⑥脚送入反相器中。反相器接收驱动信号后，控制继电器 RY01 和 RY02 导通或截止。通过控制继电器的导通/截止，从而控制风扇电动机的供电电压，并经起动电容为起动绕组供电，使轴流风扇驱动电动机运转。

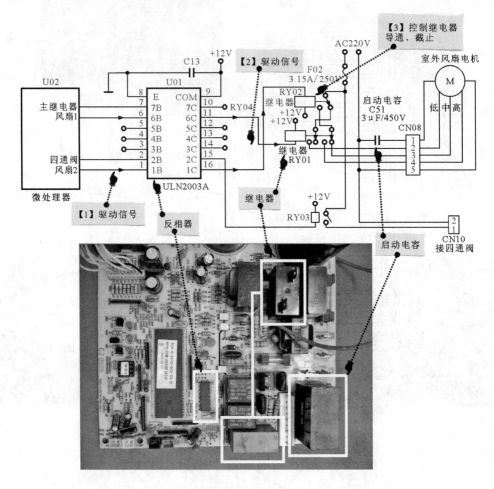

图 5-23 海信 KFR—35GW/06ABP 型变频空调器室外机轴流风扇电动机的驱动电路

 课程 4 了解压缩机组件的结构及工作原理

本节课主要是对空调器压缩机组件的结构及工作原理进行学习，为接下来练习压缩机组件的检修代换做好铺垫。

压缩机组件是用于对制冷剂进行压缩，使之在管路中循环并完成热交换的动力部件，是空调器中关键的组成部件。

项目 1 压缩机组件的结构

空调器中的压缩机通常安装在室外机中，如图 5-24 所示。该组件主要包括压缩机、起动电容器、过热保护继电器等部分。

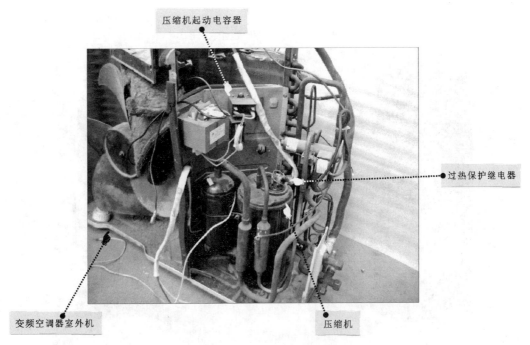

图 5-24　压缩机组件的安装位置

1. 压缩机的结构

空调器中的压缩机可以分为涡旋式压缩机、直流变速双转子压缩机以及旋转活塞式压缩机。其中涡旋式压缩机与直流变速双转子压缩机多用于变频空调器中，受变频电路的控制；而旋转活塞式压缩机主要用于定频空调器中，受继电器的控制。

（1）涡旋式压缩机

涡旋式压缩机主要是由涡旋盘、吸气口、排气口、电动机以及偏心轴等组成，且内部采用的电动机多为直流无刷电动机，如图 5-25 所示。

涡旋式压缩机内部的电动机绕组在下部，而气缸在上部。动涡旋盘与定涡旋盘的安装角度为 180°，定涡旋盘与动涡旋盘之间形成了气缸的工作容积。当两个涡旋盘相对运动时，密闭空间产生移动，容积发生变化。当空间缩小时，气体受到压缩，由排气口排出。图 5-26 所示为涡旋式压缩机的内部结构图及其主体部件分解图。

定涡旋盘固定在支架上，动涡旋盘由偏心轴驱动，基于轴心运动。图 5-27 所示为涡旋盘的实物外形。

（2）直流变速双转子压缩机

直流变速双转子压缩机主要是针对环保制冷剂 R410A 所设计的，其内部电动机也多为直流无刷电动机。该类压缩机中，机械部分设计在压缩机机壳的底部，而直流无刷电动机则安装在上部，通过直流无刷电动机对压缩机的气缸进行驱动，如图 5-28 所示。

从图中可以看到，直流变速双转子压缩机是由两个气缸组成，此种结构不仅能够平衡两个偏心滚筒旋转所产生的偏心力，使压缩机运行更平稳，还使气缸和滚筒之间的作用力降至最低，从而减小压缩机内部的机械磨损。

与压缩机进行连接的气液分离器主要用于将制冷管中送入的制冷剂进行气液分离，将气体送入压缩机中，将分离的液体进行储存。图 5-29 所示为气液分离器的实物外形及内部结构。

a）涡旋式压缩机实物外形　　　　　　　b）涡旋式压缩机内部结构

图 5-25　涡旋式压缩机的组成

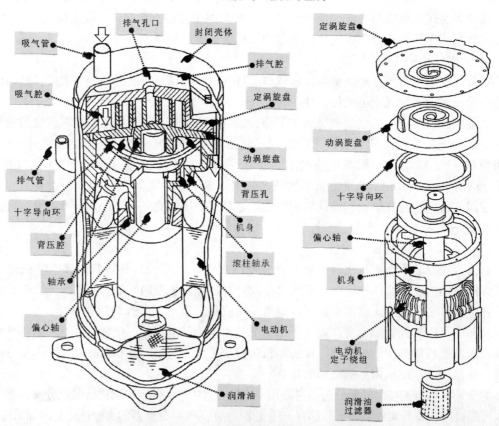

图 5-26　涡旋式压缩机的内部结构图及主体部件分解图

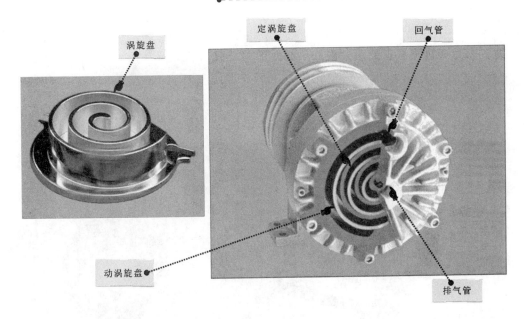

定涡旋盘　回气管

涡旋盘

动涡旋盘　排气管

图 5-27　涡旋盘的实物外形

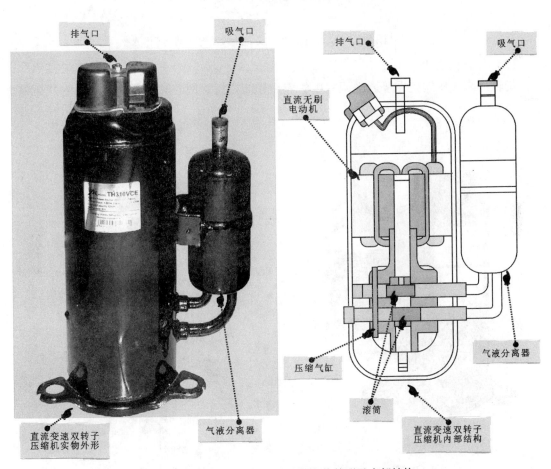

排气口　吸气口

排气口　吸气口

直流无刷
电动机

气液分离器

压缩气缸

滚筒

直流变速双转子
压缩机实物外形

气液分离器

直流变速双转子
压缩机内部结构

图 5-28　直流变速双转子压缩机实物外形及内部结构

155

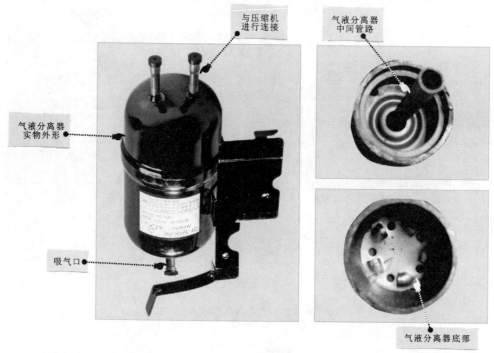

与压缩机进行连接

气液分离器中间管路

气液分离器实物外形

吸气口

气液分离器底部

图 5-29　气液分离器的实物外形及内部结构

（3）旋转活塞式压缩机

旋转活塞式压缩机在普通空调器中的应用较为广泛。图5-30所示为旋转活塞式压缩机

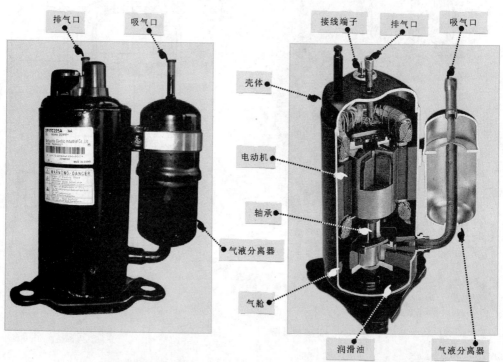

排气口　吸气口

接线端子　排气口　吸气口

壳体

电动机

轴承

气液分离器

气舱

润滑油　气液分离器

a）旋转活塞式压缩机实物外形　　　b）旋转活塞式压缩机内部结构

图 5-30　旋转活塞式压缩机的实物外形及内部结构

的实物外形及内部结构。旋转活塞式压缩机主要是由壳体、接线端子、气液分离器组件、排气口和吸气口等组成。在该旋转活塞式压缩机内部设有一个气舱，在气舱底部设有润滑油舱，用于承载压缩机的润滑油。

旋转活塞式压缩机根据内部转子个数的不同，又可以分为单转子旋转活塞式压缩机和双转子活塞式压缩机。

图 5-31 所示为双转子旋转活塞式压缩机内部结构。该类压缩机采用双气缸结构，在两个气缸之间有一个隔热板，使两个气缸相互成 180°角。两个气缸中气体的吸气、压缩和排气构成 180°相位差。

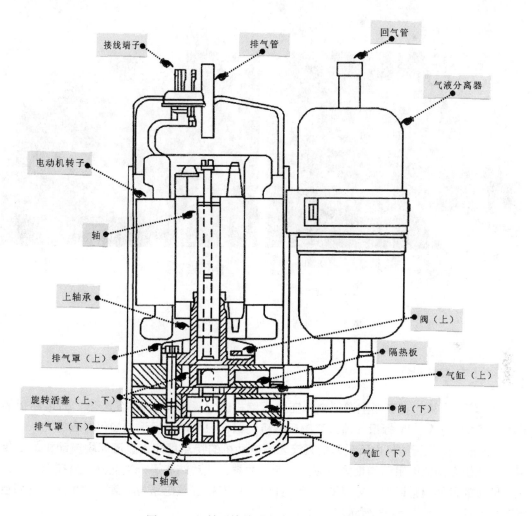

图 5-31　双转子旋转活塞式压缩机内部结构

双转子（双气缸）旋转活塞式压缩机的制冷量大于单转子（单气缸）式的压缩机，其气缸的尺寸比单气缸的大，而运转中的负荷扭矩和振幅显著减小，有利于旋转活塞式压缩机性能的提高。

【专家热线】

Q： 请问专家，在空调器压缩机连接端通常采用 C、R、S 标识，C、R、S 分别代表什么意思？

A： C、R、S 表示压缩机的绕组端，具体标识如图 5-32 所示。其中 C 表示公共端，R 表示运行端，S 表示起动端。

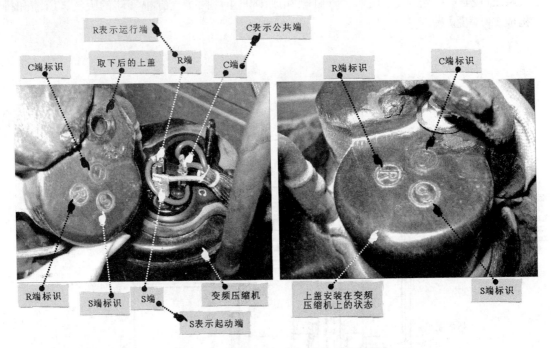

图 5-32　变频压缩机绕组端的 CRS 标识

【专家热线】

Q： 请问专家，在变频空调器中，变频压缩机通常采用 C、R、S 表示，而电路板的驱动部分采用 U、V、W 标识，那么变频压缩机绕组标识与电路标识是如何对应的呢？

A： 根据变频压缩机内所采用的直流无刷电动机的特点可知，直流无刷电动机的三相绕组中各绕组之间的电阻值均相同，因此，无公共端、起动端和运行端之分。而在电路中，变频压缩机的各绕组常以 U、V、W 表示，此时，可根据变频电路与变频压缩机的连线颜色进行对应和区分，如图 5-33 所示。

2. 过热保护继电器的结构

图 5-34 所示为过热保护继电器实物外形及内部结构。过热保护继电器外部有两个接线端子，用于连接信号线缆；底部有感温面，用于感应温度变化；在内部设有静触点和金属片，在金属片上设有动触点。在常温下两个接线端子之间是导通的，当出现过热的情况时两接线端子之间断开。

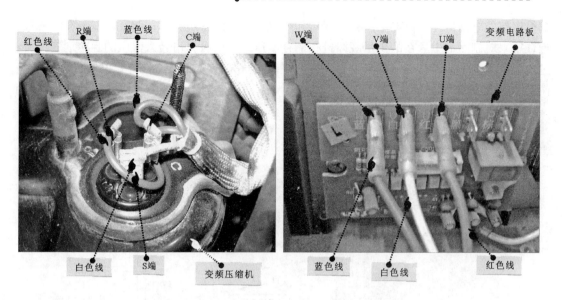

图 5-33　变频压缩机绕组标识与电路标识之间的对应关系

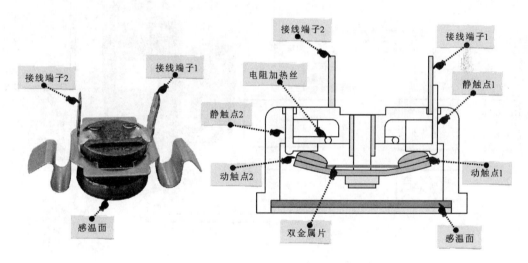

图 5-34　过热保护继电器实物外形及内部结构

【知道更多】

　　在有些过热保护继电器上还设有调节螺钉，可用于微调该过热保护继电器实现保护的极限温度，如图 5-35 所示。

项目 2　压缩机组件的工作原理

　　空调器压缩机组件的工作及控制原理如图 5-36 所示。压缩机的外部可看到接线端子、吸气口、排气口和储液罐。接线端子用来插接供电线缆，为压

图 5-35　设有调节螺钉的过热保护继电器

缩机内部的电动机提供供电电压；吸气口和排气口与管路系统相连；储液罐安装在吸气口附近，用来对制冷剂中存在的少量液体进行储存。压缩机的吸气口吸入低压的制冷剂气体，经过压缩机压缩后，经排气口排出高温高压的制冷剂气体，压缩机两侧的管路形成高低压差，使制冷剂形成循环。

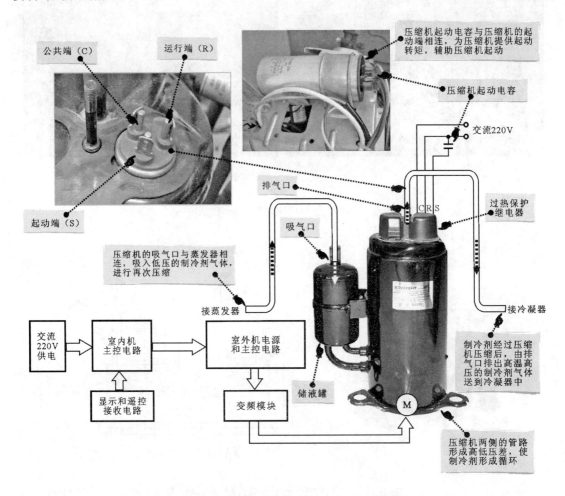

图 5-36　空调器压缩机组件的工作及控制原理

　　压缩机起动电容固定在压缩机上方支架上，与压缩机的起动端相连。当压缩机得电后，供电电流分两路分别送到起动端和运行端，用来使单相交流电动机两个绕组中的电流产生相位差，以产生旋转磁场，使单相交流电动机旋转。

　　由图可知，空调器由交流 220V 市电为室内机进行供电，当起动空调器后，由室内机主控电路为室外机电源和主控电路进行供电，室外机电源和主控电路为变频模块提供供电电压和控制信号，由变频模块将控制信号和电源电压送至变频压缩机上，变频压缩机开始进行工作，由吸气口吸入制冷剂，经过压缩机对制冷剂进行压缩，由排气口排出，送入热交换系统中，进行热交换循环。

【知道更多】

　　变频压缩机是变频空调器区别于普通空调器的重要标志之一。变频压缩机大都采用直流无刷电动机，变频压缩机电动机采用变频方式进行驱动。此种电动机的定子线圈制成三组（三相方式），由电路驱动按顺序为定子线圈供电，使之形成旋转磁场。转子是由永磁体构成的，这样在起动和驱动时，驱动电流必须与转子磁极保持一定的相位关系，因而在电动机中必须设有转子磁极位置的检测装置（霍尔元件）。直流无刷电动机的结构如图 5-37 所示。

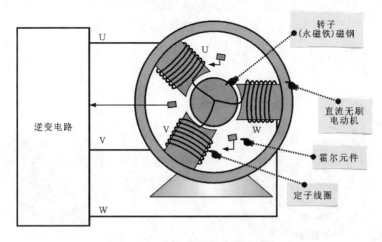

图 5-37　直流无刷电动机的结构

　　图 5-38 所示为变频压缩机中直流无刷电动机的变频驱动方式。该类电动机需要专门的控制电路，即逆变器（功率模块），它可以将直流电源逆变成驱动电动机旋转的交流电，从而驱动电动机旋转并实现对转速的控制。直流无刷电动机的定子线圈被制成三组，由驱动电路按顺序为定子线圈供电，使之形成旋转磁场。在直流无刷电动机的定子上装有霍尔元件，

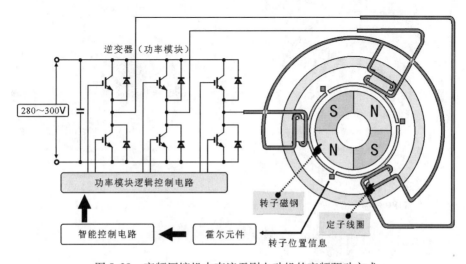

图 5-38　变频压缩机中直流无刷电动机的变频驱动方式

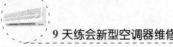

用以检测转子磁极的旋转位置，为驱动电路提供参考信号，将该信号送入智能控制电路中，与提供给定子线圈的电流相位保持一定关系，再由逆变器（功率模块）中的六个 IGBT 管进行控制，按特定的规律和频率转换，实现电动机速度的控制，具体变频驱动的过程将在第 7 天的学习中进行详细介绍。

1. 压缩机的工作原理

（1）涡旋式压缩机的工作原理

图 5-39 所示为涡旋式压缩机的工作原理。涡旋式压缩机的工作主要是由定涡旋盘与动涡旋盘实现，定涡旋盘作为定轴不动，动涡旋盘围绕定涡旋盘进行旋转运动，对压缩机吸入的气体进行压缩，使气体受到挤压。当动涡旋盘与定涡旋盘相啮合时，将使内部的空间不断缩小，并且使气体压力不断增大，最后气体通过涡旋盘中心的排气管排出。

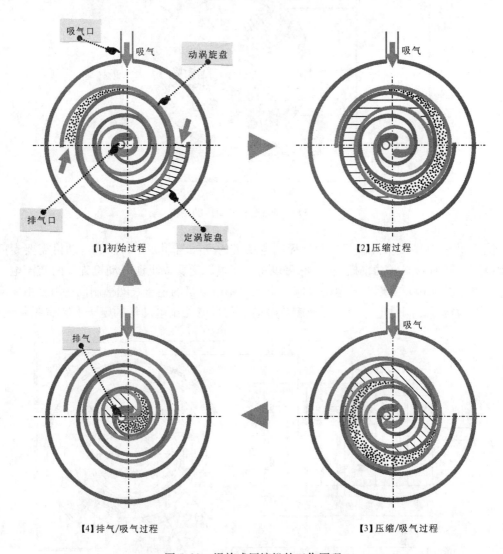

图 5-39　涡旋式压缩机的工作原理

（2）旋转活塞式压缩机的工作原理

旋转活塞式压缩机采用电动机直接与偏心轴相连进行驱动，当电动机旋转时，带动偏心轴旋转，实现滚动转子沿着气缸内壁转动，进行吸气、压缩、排气的循环动作，从而使制冷剂受到压缩，使之在制冷管路系统中循环运动，达到制冷效果。图 5-40 所示为旋转活塞式压缩机的顶部剖视图，可以看到滚动转子将气缸内部划分为压缩室和吸入室两个部分。

当压缩机内的电动机旋转时，偏心轴也随之旋转，同时带动滚动转子沿着气缸的内壁转动，如图 5-41 所示。转动的同时，从回气管中不断地有气体涌进吸入室，滚动转子顺时针转时吸气室的容积不断增大，相应的导致压缩室的容积不断减小，从而对压缩室内的气体进行压缩，使其内部的压力不断升高，当压缩室内的压力大于排气管内的压力时，排气阀被打开，压缩后的气体通过排气管不断排出。随着偏心轴的不断旋转，气体不断地被吸入和排出，从而实现压缩机循环运行。

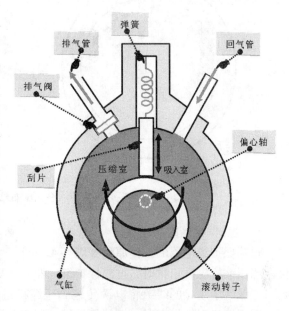

图 5-40　旋转活塞式压缩机的顶部剖视图

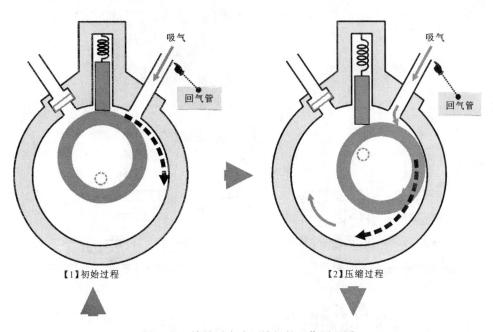

图 5-41　旋转活塞式压缩机的工作原理图

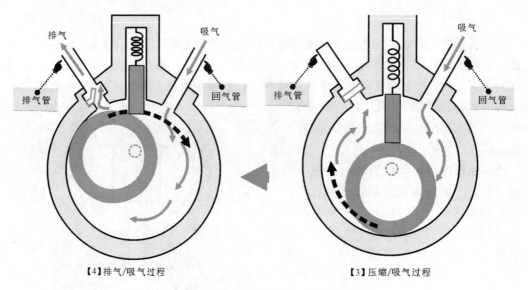

【4】排气/吸气过程　　　【3】压缩/吸气过程

图5-41　旋转活塞式压缩机的工作原理图（续）

2. 过热保护器的工作原理

过热保护继电器的工作原理如图5-42所示，过热保护继电器主要用于检测压缩机的温度。当压缩机温度正常时，过热保护继电器双金属片上的动触点与内部的静触点进行接触，通过接线端子连接的线缆将电源传输到压缩机绕组上，空调器控制电路控制压缩机正常运转；当压缩机温度过高时，过热保护继电器双金属片上动触点与内部的静触点分离，断开供电电源，空调器控制电路控制压缩机停止运转，防止压缩机内部因温度过高而损坏。

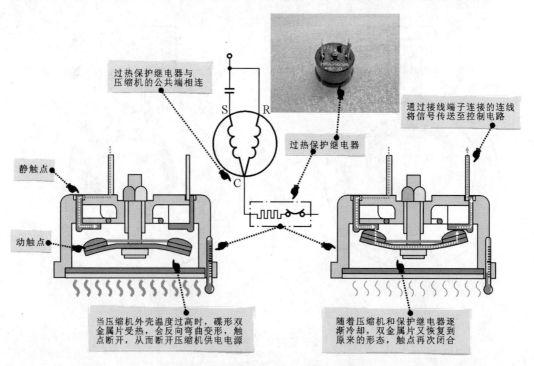

图5-42　过热保护继电器的工作原理

课程 5　了解闸阀组件的结构及工作原理

本节课主要是对空调器闸阀组件的结构及工作原理进行学习，为学员接下来练习闸阀组件的检修代换做好铺垫。

空调器的闸阀组件主要用来控制制冷剂的流向，并对制冷剂的流量进行控制，平衡制冷系统的内部压力。在对闸阀组件进行检修代换之前，首先要了解闸阀组件的结构以及工作原理。

项目 1　闸阀组件的结构

在空调器的室外机中，在其制冷管路部分大多安装有电磁四通阀、截止阀、单向阀等闸阀组件（单冷式空调器中一般没有电磁四通阀），其安装位置如图 5-43 所示。

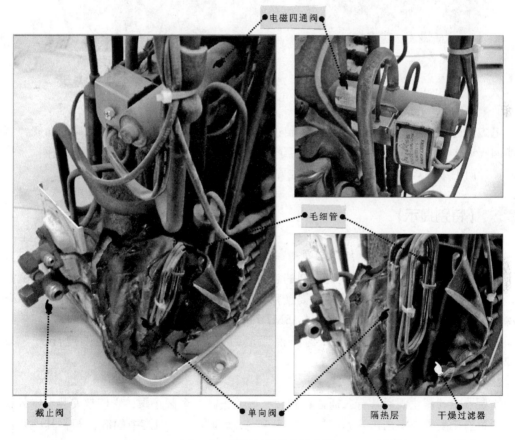

图 5-43　闸阀组件的安装位置

电磁四通阀安装在室外管路的上部，它有四根管口与制冷管路相连。

截止阀是空调器室外机与室内机实现关联的关键部件，用于与连接配管连接后，与室内机管路部分建立关联。

单向阀与毛细管相连，用于限制制冷剂的流向，通常有隔热层保护。

1. 电磁四通阀

电磁四通阀是冷暖型空调器中不可缺少的器件，它可以根据工作模式改变制冷剂的流动方向，从而改变空调器的工作状态，实现制冷或制热工作状态的转换。图 5-44 所示为典型空调器中电磁四通阀的安装位置及实物外形。

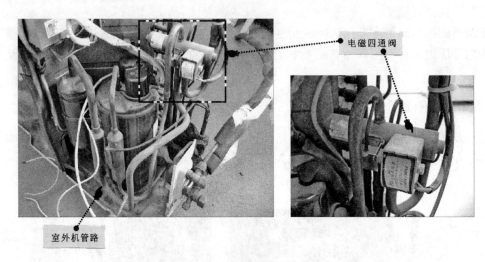

电磁四通阀

室外机管路

图 5-44　典型空调器中电磁四通阀的安装位置及实物外形

电磁四通阀从结构上看可分为电磁导向阀和四通换向阀两部分，通过电磁导向阀控制四通换向阀动作，如图 5-45 所示。从图中可以看出，电磁导向阀主要由四通阀线圈、弹簧、阀芯、导向毛细管等构成。四通换向阀主要由滑块、活塞和连接管路构成。

 【特别提示】

电磁四通阀在采用不同制冷剂的空调器中，其型号规格也会不同，这主要是由于管路压力不同造成的。例如，采用 R22 制冷剂的空调器中，要使用耐压值为 2.9MPa 的电磁四通阀；采用 R407c 制冷剂的空调器中，要使用耐压值为 3.3MPa 的电磁四通阀；采用 R410a 制冷剂的空调器中，要使用耐压值为 4.15MPa 的电磁四通阀。

通常，电磁四通阀可正常工作的环境温度为 − 20 ～ + 55℃，制冷剂温度为 − 20 ～ +120℃，环境相对湿度应小于 95%。

2. 截止阀

空调器中的截止阀通常有二通截止阀和三通截止阀两个截止阀，它们都安装在室外机侧面，通过连接配管与室内机管路相连。图 5-46 所示为典型空调器中的截止阀，其中管径较细的是二通截止阀，管径较粗并带有工艺管口的是三通截止阀。

二通截止阀和三通截止阀是室外机和室内机之间管路实现关联的主要部件。由于制冷剂通过二通截止阀时呈液体状态，并且压力较低，所以二通截止阀的管路较细，也称为液体阀；制冷剂在通过三通截止阀时呈现低压、气体状态，所以三通截止阀的管路较粗，也称为气体阀，如图 5-47 所示。

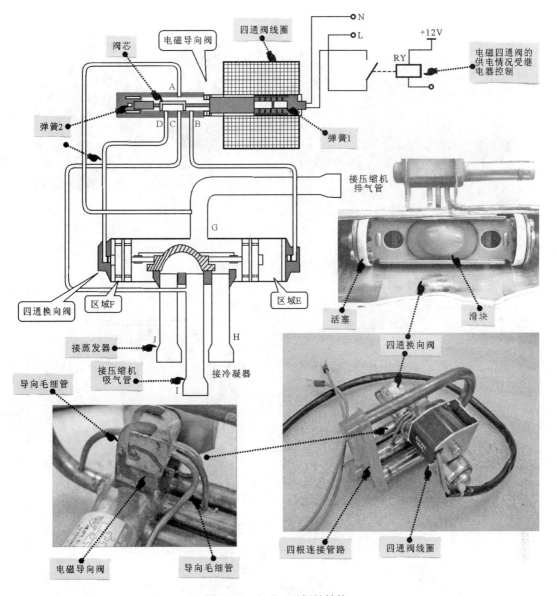

图 5-45　电磁四通阀的结构

　　不同品牌或型号的空调器中，两只截止阀的位置关系可能不同：有些空调器中二通截止阀在上部，三通截止阀在下部；而有些空调器中恰好相反，三通截止阀在上部，二通截止阀在下部。不过由于三通截止阀上设有工艺管口，区分和识别比较简单，如图 5-48 所示。通过三通截止阀的工艺管口，可对空调器进行抽真空、充注制冷剂等检修操作。

　　(1) 二通截止阀

　　二通截止阀的内部结构如图 5-49 所示。从图中可以看出，二通截止阀由阀帽、压紧螺钉、密封圈、阀杆、阀孔座以及两根连接管口构成。通过调整压紧螺钉的位置，便可以调节截止阀内部制冷剂的流量。

　　(2) 三通截止阀

　　三通截止阀的内部结构如图 5-50 所示。三通截止阀与二通截止阀内部结构基本一样，

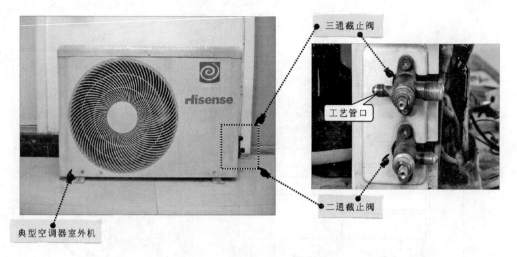

图 5-46　典型空调器中的截止阀

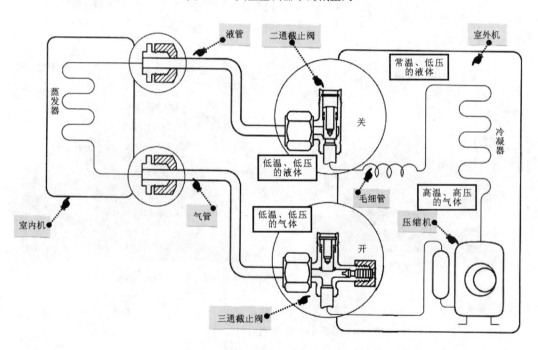

图 5-47　二通截止阀和三通截止阀的特点

也是通过调整压紧螺钉的位置，调节制冷剂的流量。三通截止阀上的工艺管口内部通常带有一个气门销，需要连接特定的英制转接头，才可以使工艺管口处于打开状态。

（3）单向阀

单向阀通常与毛细管直接连接，在其表面有方向标识，如图 5-51 所示。单向阀在单冷型空调器停机时，可防止制冷剂回流，平衡制冷系统内部压力，便于空调器再次起动。

在冷暖型空调器中，单向阀通常与副毛细管并联后再串接在主毛细管上，用来进一步降低制冷剂的压力和温度，增加蒸发器与室内的温差，以便更好地吸热。

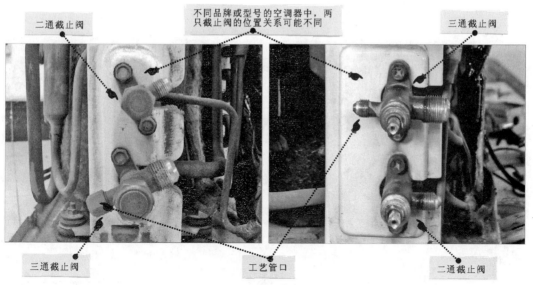

二通截止阀

不同品牌或型号的空调器中，两只截止阀的位置关系可能不同

三通截止阀

三通截止阀

工艺管口

二通截止阀

图 5-48　二通截止阀和三通截止阀的外形

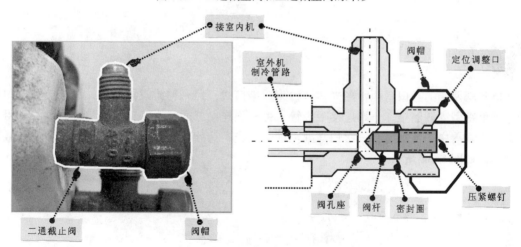

接室内机

室外机制冷管路

阀帽

定位调整口

压紧螺钉

阀孔座　阀杆　密封圈

二通截止阀

阀帽

图 5-49　二通截止阀的内部结构

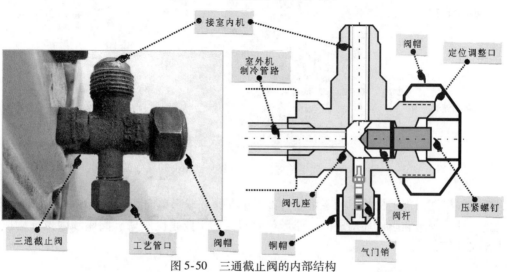

接室内机

室外机制冷管路

阀帽

定位调整口

压紧螺钉

阀孔座

阀杆

铜帽

气门销

三通截止阀

工艺管口

阀帽

图 5-50　三通截止阀的内部结构

169

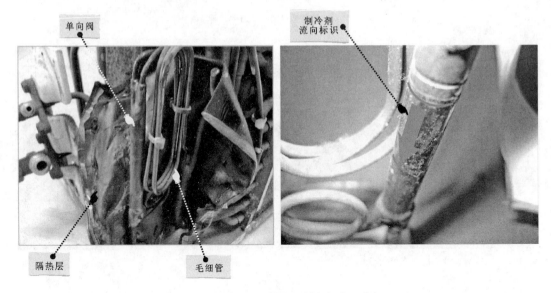

图 5-51　冷暖型空调器中的单向阀表面的标识

【特别提示】

　　单向阀两端的管口有两种形式，一种为单接口式，另一种为双接口式。单接口式单向阀常用于单冷型空调器中，一端连接毛细管，另一端连接二通截止阀；双接口式单向阀常用于冷暖型空调器中，两端各有一接口与副毛细管相连，另外两接口分别与主毛细管和二通截止阀相连，如图 5-52 所示。

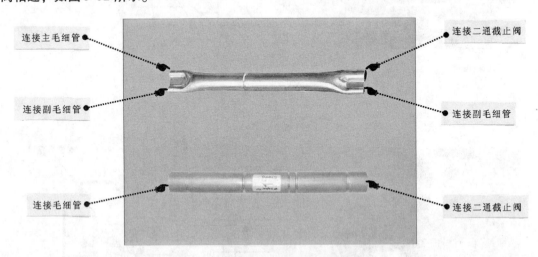

图 5-52　单接口式和双接口式单向阀

　　单向阀根据内部结构的不同，可分为锥形单向阀和球形单向阀。锥形单向阀内部主要是由尼龙阀针、阀座和限位环构成的，球形单向阀内部主要是由阀球、阀座和限位环构成的，如图 5-53 所示。

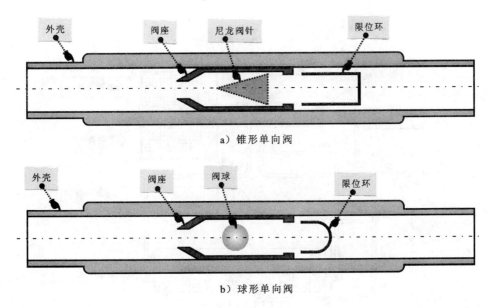

a）锥形单向阀

b）球形单向阀

图 5-53　单向阀的内部构成

项目 2　闸阀组件的工作原理

1. 电磁四通阀的工作原理

电磁四通阀是冷暖型空调器中的标志性部件。电磁四通阀受微处理器控制，在制热状态下微处理器输出控制信号，经过反相器后驱动继电器工作，继电器控制电磁四通阀的供电。图 5-54 所示为电磁四通阀的信号流程框图。

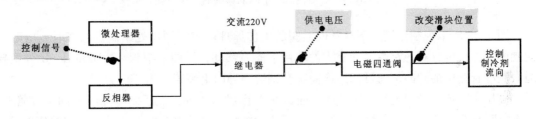

图 5-54　电磁四通阀的信号流程框图

空调器的制冷、制热模式的转变，是通过电磁四通阀进行控制的。图 5-55 所示为制冷模式下电磁四通阀的工作原理。当空调器处于制冷状态时，电磁导向阀的四通阀线圈未得电，阀芯在弹簧的作用下位于左侧，导向毛细管 A、B 和 C、D 分别导通。制冷管路中的制冷剂通过四通换向阀分别流向导向毛细管 A 和 C。

高压制冷剂经导向毛细管 A、B 流向区域 E 形成高压区；低压制冷剂经导向毛细管 C、D 流向区域 F 形成低压区。活塞受到高、低压的影响，带动滑块向左移动，使连接管 G 和 H 相通，连接管 I 和 J 相通。

从压缩机排气口送出的制冷剂，从连接管 G 流向连接管 H，进入室外机冷凝器中，向室外散热。制冷剂经冷凝器向室内机蒸发器流动，向室内制冷，然后流入电磁四通阀。经连接管 J 和 I 回到压缩机吸气口，开始制冷循环。

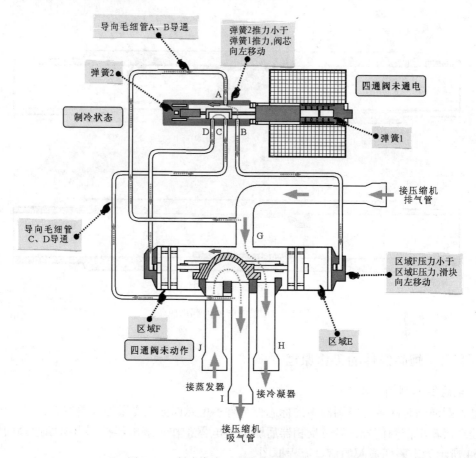

图 5-55　制冷模式下电磁四通阀的工作原理

图 5-56 所示为制热模式下电磁四通阀的工作原理。当空调器处于制热状态时，电磁导向阀的线圈得电，阀芯在弹簧和磁力的作用下向右移动，导向毛细管 A、D 和 C、B 分别导通。制冷管路中的制冷剂通过四通换向阀分别流向导向毛细管 A 和 C。

高压制冷剂经导向毛细管 A、D 流向区域 F 形成高压区；低压制冷剂经导向毛细管 C、B 流向区域 E 形成低压区。活塞受到高、低压的影响，带动滑块向右移动，使连接管 G 和 J 相通，连接管 I 和 H 相通。

从压缩机排气口送出的制冷剂，从连接管 G 流向连接管 J，进入室内机蒸发器，向室内制热。制冷剂经蒸发器向室外机冷凝器流动，从室外吸热，然后流入电磁四通阀。经连接管 H 和 I 回到压缩机吸气口，开始制热循环。

2. 截止阀的工作原理

截止阀在空调器中起到闸门的作用，当截止阀关闭时，制冷管路被截止；当截止阀打开时，制冷管路接通。

图 5-57 所示为二通截止阀的工作原理。二通截止阀的关闭与打开是受定位调整口控制的。一般在二通截止阀关闭状态下，用内六角扳手插入定位调整口中，然后逆时针旋转，带动阀杆上移，使其离开阀座，截止阀内部管路就会导通。反之将内六角扳手顺时针旋转，便可关闭截止阀。

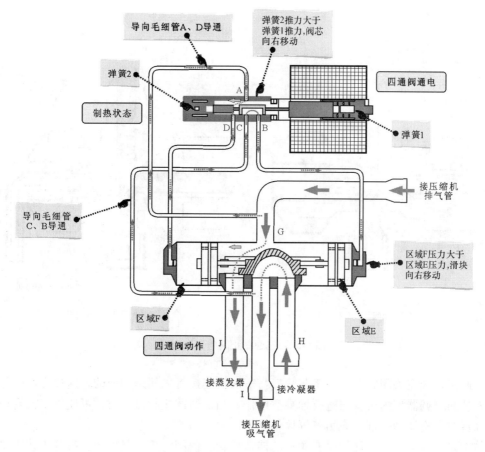

图 5-56　制热模式下电磁四通阀的工作原理

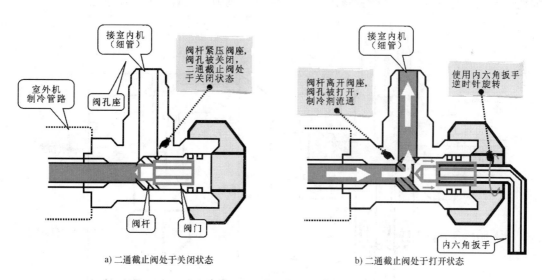

a) 二通截止阀处于关闭状态　　　　b) 二通截止阀处于打开状态

图 5-57　二通截止阀的工作原理

图 5-58 所示为三通截止阀的工作原理。三通截止阀与二通截止阀的工作原理基本相同，逆时针旋转内六角扳手，三通截止阀内部的管路就会导通；顺时针旋转内六角扳手，三通截

止阀内部的管路就会关闭。

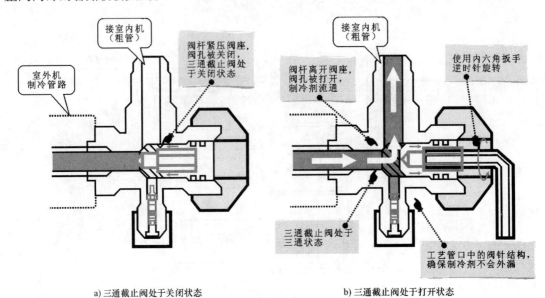

a) 三通截止阀处于关闭状态   b) 三通截止阀处于打开状态

图 5-58　三通截止阀的工作原理

　　三通截止阀在关闭状态下，工艺管口与室内机连接管之间是相通的，这样方便操作人员对新安装的空调器室内机管路进行抽真空操作。当三通截止阀打开时，可使用工艺管口进行整机抽真空、充注制冷剂、充氮气等检修操作。

　　与工艺管口连接需要使用带有阀针的连接软管，使阀针挤压气门销，打开工艺管口，从而使检修设备与空调器的制冷管路接通。图 5-59 所示为工艺管口的工作原理。

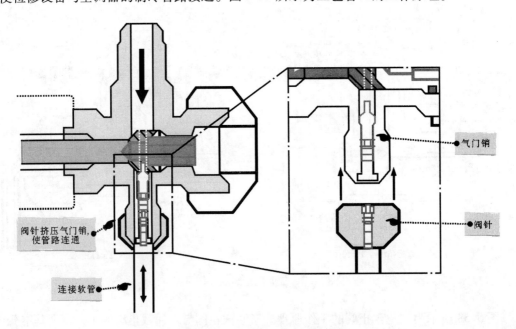

图 5-59　工艺管口的工作原理

3. 单向阀的工作原理

制冷剂在单向阀中，若按标识方向流过，单向阀便会导通，若反向流过，单向阀便会截止。图 5-60 所示为球形单向阀的工作原理。当制冷剂流向与球形单向阀标识一致时，阀球被制冷剂推到限位环内，单向阀导通，允许制冷剂流过；当制冷剂流向与标识不一致时，阀球被制冷剂推到阀座上，单向阀截止，不允许制冷剂流过。锥形单向阀的工作原理与球形单向阀一致。

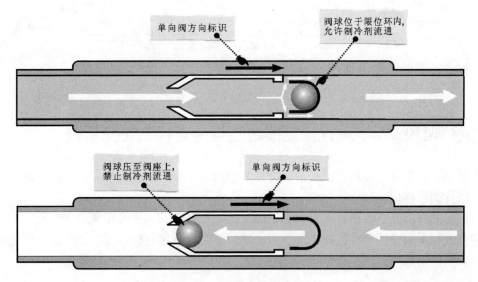

图 5-60　球形单向阀的工作原理

【特别提示】

前文提到过一种双接口式的单向阀，其工作原理与单接口式的单向阀有所区别，如图 5-61 所示。空调器制冷时，该种单向阀呈导通状态；空调器制热时，该种单向阀呈截止状态，制冷剂通过副毛细管形成制热循环。

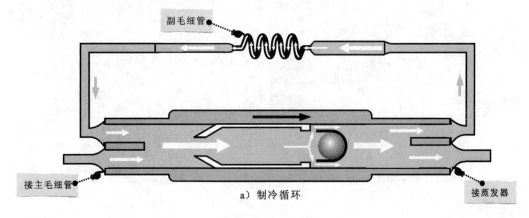

a）制冷循环

图 5-61　双接口式的单向阀的工作原理

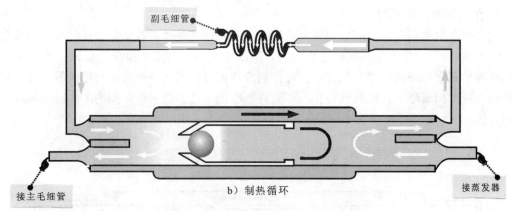

b）制热循环

副毛细管

接主毛细管　　　　　　　　　　　　　　　　接蒸发器

图 5-61　双接口式的单向阀的工作原理（续）

 课程6　了解过滤及节流组件的结构及工作原理

本节课主要是对空调器过滤及节流组件的结构及工作原理进行学习，为接下来练习过滤及节流组件的检修代换做好铺垫。

空调器的过滤及节流组件主要包括干燥过滤器和毛细管，主要用来对空调器制冷管路中的制冷剂进行干燥过滤和节流降压。在对过滤及节流组件进行检修代换之前，首先要了解过滤及节流组件的结构以及工作原理。

项目1　过滤及节流组件的结构

1. 干燥过滤器

干燥过滤器是室外机制冷管路中的过滤部件，通常安装在毛细管与冷凝器之间，也有一些空调器在压缩机的吸气口和排气口处都有干燥过滤器，如图 5-62 所示。

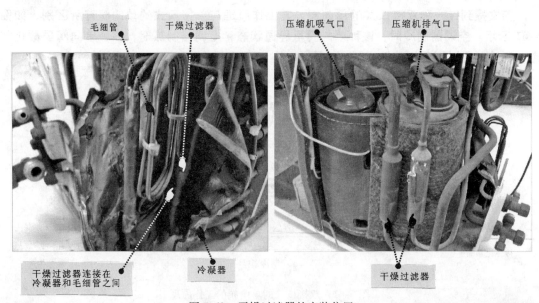

毛细管　　干燥过滤器　　　　　压缩机吸气口　　压缩机排气口

干燥过滤器连接在冷凝器和毛细管之间　　冷凝器　　　　　干燥过滤器

图 5-62　干燥过滤器的安装位置

　　常见的干燥过滤器有单入口和双入口两种，如图 5-63 所示。单入口干燥过滤器的两端各有一个端口，其中较粗的一端为入口端，用以连接冷凝器；较细的一端为出口端，用来与毛细管相连。双入口干燥过滤器的两个入口端，其中一个是用来接冷凝器，另一个则是工艺管口，用于进行管路检修等操作。

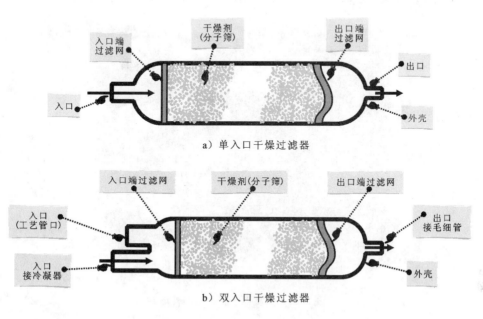

a）单入口干燥过滤器

b）双入口干燥过滤器

图 5-63　常见的干燥过滤器的种类

2. 毛细管

　　毛细管是制冷管路中实现节流降压的部件，它实际上就是一条又细又长的铜管，常盘绕在室外机中，且外面常包裹有隔热层，如图 5-64 所示。

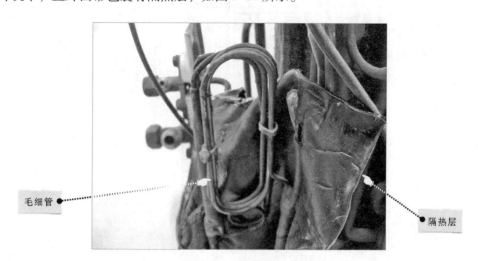

图 5-64　毛细管的外形

【知道更多】

在一些新型空调器中，使用电子膨胀阀代替毛细管作为节流装置，电子膨胀阀除了具有节流降压功能外，还具有控制制冷剂流量的功能。图5-65所示为典型电子膨胀阀的外形。

图5-65　典型电子膨胀阀的外形

电子膨胀阀与毛细管相比，具有反应迅速、容量大、可自动控制制冷剂流量等特点。图5-66所示为电子膨胀阀的内部结构，可以看到其主要是由步进电动机、针形阀等构成的。

图5-66　电子膨胀阀的内部结构

项目2　过滤及节流组件的工作原理

1. 干燥过滤器的工作原理

图5-67所示为干燥过滤器的工作原理。干燥过滤器主要有两个作用：一是吸附管路中多余的水分，防止产生冰堵故障，并减少水分对制冷系统的腐蚀；二是过滤，滤除制冷系统中的杂质，如灰尘、金属屑和各种氧化物，以防止制冷系统出现脏堵故障。

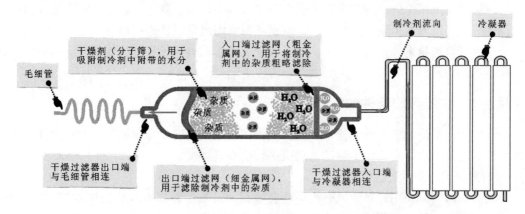

图5-67　干燥过滤器的工作原理

2. 毛细管的工作原理

毛细管是制冷系统中的节流装置，其外形细长，这就加大了制冷剂流动中的阻力，从而起到降低压力、限制流量的作用，如图5-68所示。当空调器停止运转后，毛细管也能够平衡管路中的压力，便于下次起动。

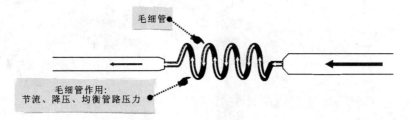

图5-68　毛细管的工作原理

 下午

今天下午以操作训练为主，掌握新型空调器制冷系统的检修技能。共划分成六个训练：

训练1　练会室内机贯流风扇组件的检修代换

训练2　练会室内机导风板组件的检修代换

训练3　练会室外机轴流风扇组件的检修代换

训练4　练会压缩机组件的检修代换

训练5　练会闸阀组件的检修代换

训练6　练会过滤及节流组件的检修代换

我们将借助实际样机和检测设备，完成对新型空调器压缩机组件的一系列检修实训操作。

训练1　练会室内机贯流风扇组件的检修代换

室内机贯流风扇组件出现故障，多表现为出风口不出风、制冷效果差、室内温度达不到指定温度等。当室内机出现上述故障时，应重点对室内风扇组件进行检查。

对室内贯流风扇组件进行检查时，一旦发现故障，就需要寻找可替代的贯流风扇组件进行代换。

项目1　贯流风扇组件的检修方法

对于室内机贯流风扇组件的检修，应首先检查贯流风扇扇叶和主轴是否变形损坏。若没有发现机械故障，再对贯流风扇驱动电动机进行检查。

1. 对贯流风扇扇叶进行检查

空调器长时间未使用，贯流风扇的扇叶会堆积大量灰尘而造成风扇送风效果差的现象。出现此种情况时，打开空调器室内机的外壳后，首先检查贯流风扇外观及周围是否有异物，扇叶若是被异物卡住，散热效果将大幅度降低，严重时，还会造成贯流风扇驱动电动机损坏。贯流风扇扇叶的检查方法如图5-69所示。

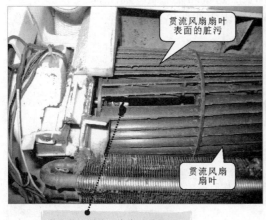

图5-69　贯流风扇扇叶的检查方法

经检查，贯流风扇扇叶存在严重脏污、变形或破损而无法运转，就需要用相同规格的扇叶进行代换，或使用清洁刷对扇叶进行清洁处理。

2. 对贯流风扇驱动电动机进行检查

贯流风扇组件工作异常时，若经检查贯流风扇扇叶正常，接下来应对贯流风扇驱动电动机进行仔细检查，若贯流风扇驱动电动机损坏，应及时更换。

贯流风扇驱动电动机是贯流风扇组件中的核心部件，若贯流风扇驱动电动机不转或是转速异常，可以使用万用表对贯流风扇驱动电动机绕组的电阻值进行检测，进而判断贯流风扇驱动电动机是否出现故障。

（1）贯流风扇驱动电动机各绕组间阻值的检测

对贯流风扇驱动电动机进行检测时，一般可使用万用表的欧姆挡检测其绕组阻值，以此判断好坏。

将万用表调至"×100"欧姆挡，将红、黑表笔任意搭接在贯流风扇驱动电动机的绕组端分别检测各引脚之间的电阻值。贯流风扇驱动电动机各绕组间电阻值的检测方法如图 5-70 所示。

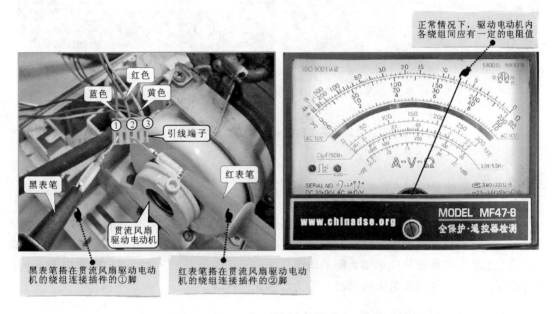

图 5-70　贯流风扇驱动电动机各绕组间电阻值的检测方法

正常情况下，可测得图中插件①、②脚之间电阻值为 750Ω，②、③脚之间电阻值为 350Ω，①、③脚之间电阻值为 350Ω。若检测时发现某两个接线端的电阻值与正常值偏差较大，说明电动机内绕组可能存在异常，应更换电动机。

（2）贯流风扇驱动电动机内霍尔元件的检测

霍尔元件是贯流风扇驱动电动机中的位置检测元件，若该元件损坏，也会引起贯流风扇驱动电动机运转异常或不运转的故障。

对霍尔元件的检测与贯流风扇驱动电动机相似，可使用万用表对其连接插件引脚之间的阻值进行检测，以此来判断其是否损坏。将万用表调至"×100"欧姆挡，红、黑表笔任意搭接在贯流风扇驱动电动机的霍尔元件连接端，分别检测各引脚之间的阻值。贯流风扇驱动电动机内霍尔元件的检测方法如图 5-71 所示。

正常情况下，可测得图中插件①、②脚之间电阻值为 2000Ω，②、③脚之间电阻值为 3050Ω，①、③脚之间电阻值为 600Ω。若检测时发现某两个接线端的电阻值与正常值偏差较大，说明电动机内霍尔元件可能损坏，应对贯流风扇驱动电动机进行更换。

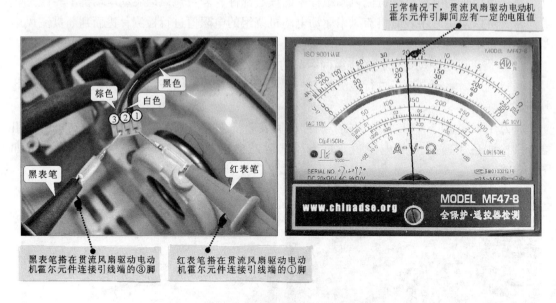

图 5-71　贯流风扇驱动电动机内霍尔元件的检测方法

【知道更多】

霍尔元件是一种传感器件，一般有三只引脚，分别为供电端、接地端和信号端。若能够准确区分出这三只引脚的排列顺序，可以在判断霍尔元件的好坏时，只检测供电端与接地端之间的电阻值、信号端与接地端之间的电阻值即可。正常情况下，这两组电阻值应为一个固定的数值，若出现零或无穷大的情况，多为霍尔元件损坏。

项目 2　贯流风扇驱动电动机的代换方法

若经过检测，确定为贯流风扇组件中的贯流风扇驱动电动机本身损坏而引起空调器故障，则需要对损坏的贯流风扇驱动电动机进行代换，在代换之前，需要将损坏的贯流风扇驱动电动机取下。

1. 对贯流风扇驱动电动机进行拆卸

贯流风扇组件安装在室内机的机体内，通常贯流风扇扇叶安装在蒸发器下方，横卧在室内机中，贯流风扇驱动电动机安装在贯流风扇扇叶的一端。贯流风扇组件在室内机安装位置比较特殊，拆卸时应按顺序逐一进行操作。对贯流风扇的拆卸，首先是对连接插件以及蒸发器进行拆卸，接着是对固定螺钉进行拆卸，最后是对贯流风扇驱动电动机和贯流风扇扇叶进行拆卸。

（1）对连接插件以及蒸发器进行拆卸

由于贯流风扇组件中的贯流风扇驱动电动机与电路板之间是通过连接线进行连接的，因此在拆卸前应先将连接插件拔下，并取下贯流风扇扇叶上方的蒸发器。连接插件以及蒸发器的拆卸方法如图 5-72 所示。

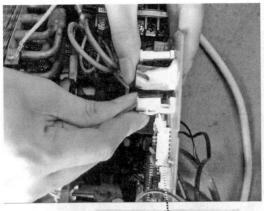

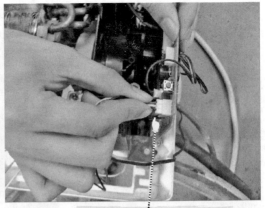

【1】将贯流风扇驱动电动机与电路板之间的供电插件拔下

【2】将贯流风扇驱动电动机内霍尔元件与电路板的连接插件拔下

贯流风扇组件

【3】将蒸发器从贯流风扇的上方取下

图 5-72　连接插件以及蒸发器的拆卸方法

（2）对固定支架的固定螺钉进行拆卸

取下蒸发器后，即可看到贯流风扇组件，接下来对贯流风扇组件的固定螺钉进行拆卸，如图 5-73 所示。

固定螺钉

固定支架

【1】找到固定贯流风扇组件的固定螺钉，并使用螺丝刀将固定螺钉一一取下

【2】取下固定螺钉后，将固定贯流风扇驱动电动机的支架取下

图 5-73　固定螺钉的拆卸方法

183

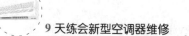
（3）对贯流风扇驱动电动机和贯流风扇扇叶进行拆卸

将固定螺钉取下后，即可取出贯流风扇组件，及对贯流风扇驱动电动机进行拆卸。贯流风扇驱动电动机和贯流风扇扇叶的拆卸方法如图5-74所示。

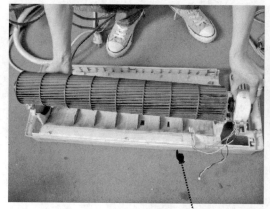
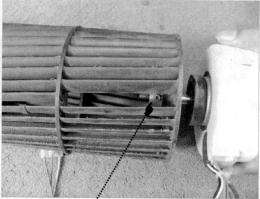

【1】取出贯流风扇组件，并找到贯流风扇驱动电动机与贯流风扇扇叶之间的固定螺钉

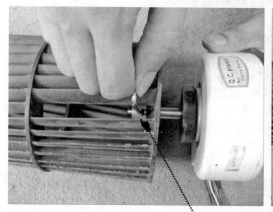
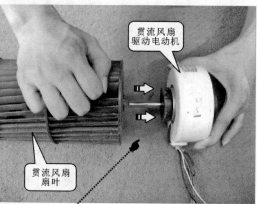

贯流风扇驱动电动机

贯流风扇扇叶

【2】选择大小合适的内六角扳手将固定螺钉拧下，并取下贯流风扇驱动电动机

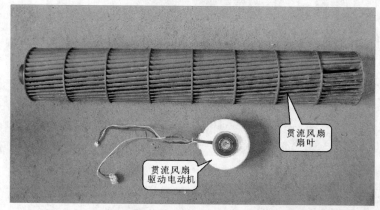

贯流风扇扇叶

贯流风扇驱动电动机

图5-74　贯流风扇驱动电动机和贯流风扇扇叶的拆卸方法

2. 对贯流风扇驱动电动机进行代换

将损坏的贯流风扇驱动电动机拆下后，接下来需要寻找可替代的贯流风扇驱动电动机进行代换。

【专家热线】

Q：请问专家，如何选择合适的贯流风扇驱动电动机进行代换？

A：若贯流风扇驱动电动机损坏，会造成空调器故障，此时就需要根据损坏的贯流风扇驱动电动机的类型、型号、大小等规格参数选择适合的器件进行代换。贯流风扇驱动电动机的选择方法如图 5-75 所示。

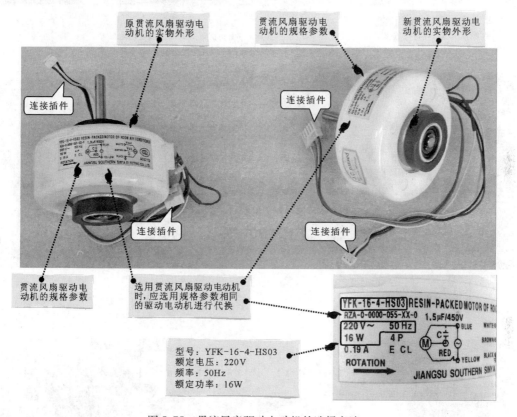

图 5-75　贯流风扇驱动电动机的选择方法

将新贯流风扇驱动电动机安装到贯流风扇扇叶上，并将贯流风扇组件安装好后，通电试机。贯流风扇驱动电动机的代换方法如图 5-76 所示。

训练2　练会室内机导风板组件的检修代换

室内机导风板组件出现故障后，空调器可能会出现空调出风口的风向不能调节等现象。若怀疑导风板组件出现故障，就需要对导风板组件进行检查。一旦发现故障，就需要寻找可替代的导风板组件进行代换。

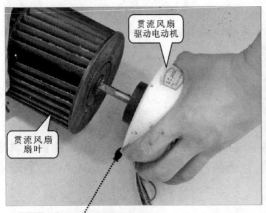

【1】将新的贯流风扇驱动电动机与贯流风扇扇叶进行连接

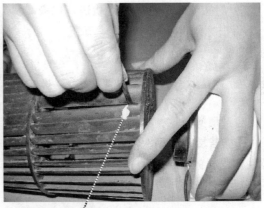

【2】使用工具将贯流风扇驱动电动机与贯流风扇扇叶固定好

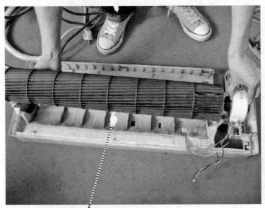

【3】将贯流风扇组件安装到室内机中

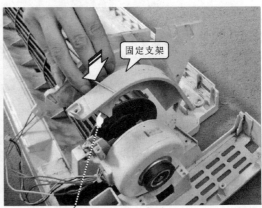

【4】将固定贯流风扇驱动电动机的支架安装好并进行固定

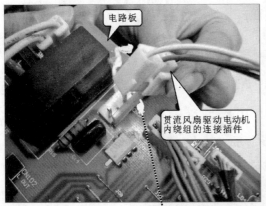

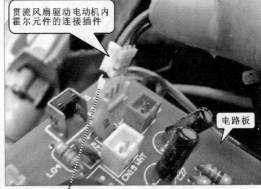

【5】将贯流风扇驱动电动机的连接插件与电路板进行连接，并进行通电运行，发现贯流风扇转动正常

图 5-76 贯流风扇驱动电动机的代换方法

项目1　导风板组件的检修方法

对导风板组件检修时，首先检查导风板的外观及周围有无问题。若没有发现机械故障，可再对导风板驱动电动机部分进行检查。

1. 对导风板进行检查

首先检查导风板的外观及周围有无问题，若导风板被异物卡住，会造成空调器出风口不出风或无法摆动的现象。导风板的检查方法如图 5-77 所示。

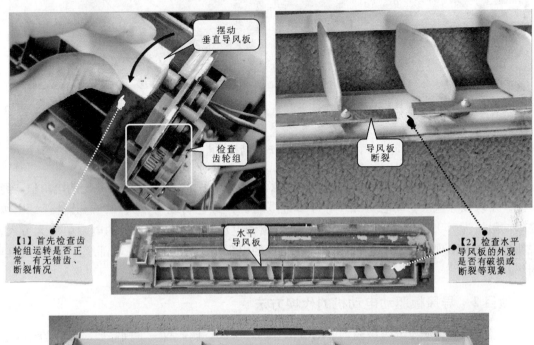

图 5-77　导风板的检查方法

若经检查，导风板存在严重的破损或脏污现象，就需要用相同规格的导风板进行代换，或使用清洁刷对导风板进行清洁处理。

2. 对导风板驱动电动机进行检查

导风板组件工作异常时，若经检查导风板机械部分均正常，则接下来应对导风板驱动电动机进行仔细检查，若导风板驱动电动机损坏应及时更换。

导风板驱动电动机的检测方法如图 5-78 所示，将万用表的红黑表笔任意搭接在导风板驱动电动机的连接插件中，分别检测各引脚间的电阻值。

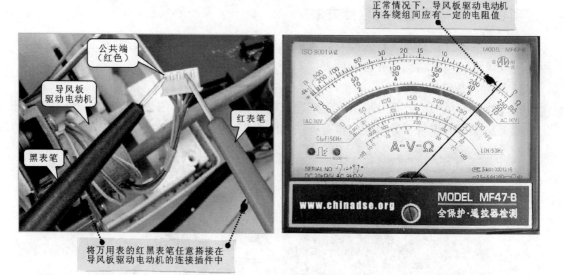

图 5-78 导风板驱动电动机的检测方法

正常情况下，检测导风板驱动电动机任意两个引脚之间，应能检测到一定的电阻值。经检测，发现该导风板驱动电动机（脉冲步进电动机）红色引线为公共端，与其他任意引脚之间的阻值为 150Ω，由此可判断，该导风板驱动电动机正常。若测得的电阻值为无穷大，说明内部绕组出现断路故障，已损坏；若测得的电阻值为零，则说明内部绕组短路，也已损坏。

项目2 导风板驱动电动机的代换方法

若经过检测，确定导风板驱动电动机本身损坏引起空调器故障，则需要对损坏的导风板驱动电动机进行代换，在代换之前，需要将损坏的导风板驱动电动机取下。

1. 对导风板驱动电动机进行拆卸

导风板组件安装在空调器室内机的出风口处，去掉外壳后可以发现在垂直导风板的侧面安装有导风板驱动电动机，用来带动导风板工作。导风板组件安装较为简单，拆卸时可按从外到内的顺序逐一进行操作。对导风板组件进行拆卸时，首先是对连接插件进行拆卸，其次是对电控盒进行拆卸，然后对导风板组件进行拆卸，最后对导风板驱动电动机进行拆卸。

（1）对连接插件进行拆卸

导风板组件一端安装有空调器室内机的电路板部分，导风板驱动电动机的连接引线插接在电路板上，因此拆卸导风板组件时，应先拔开导风板驱动电动机的连接引线。

导风板驱动电动机连接插件的拆卸方法如图 5-79 所示，先将电路板从电控盒中抽出，然后拔下导风板驱动电动机连接引线即可。

（2）对电控盒进行拆卸

电控盒一般安装在导风板组件侧面，并挡住导风板组件，因此，拆卸导风板组件前，需要先将电控盒取下。电控盒的拆卸方法如图 5-80 所示。

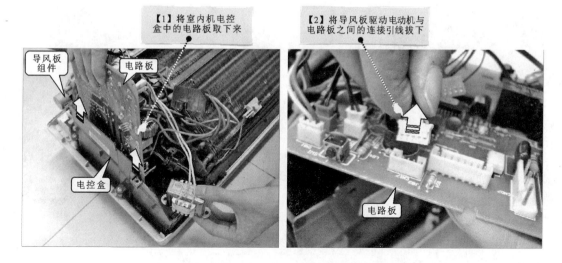

【1】将室内机电控盒中的电路板取下来

导风板组件

电路板

电控盒

【2】将导风板驱动电动机与电路板之间的连接引线拔下

电路板

图 5-79 导风板驱动电动机连接插件的拆卸方法

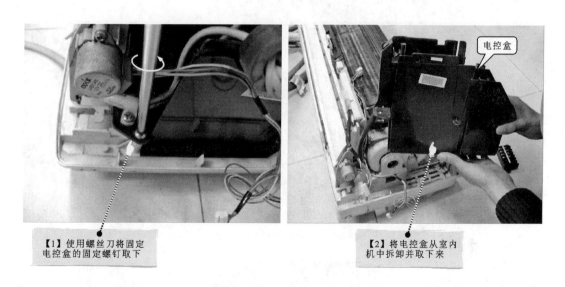

【1】使用螺丝刀将固定电控盒的固定螺钉取下

电控盒

【2】将电控盒从室内机中拆卸并取下来

图 5-80 电控盒的拆卸方法

（3）对导风板组件进行拆卸

导风板组件一般通过卡扣的形式固定在空调器的室内机中，可先找到卡扣并拆卸。导风板组件的拆卸方法如图 5-81 所示。掰开固定导风板组件的各个卡扣，轻轻用力即可将导风板组件分离出来。

（4）对导风板驱动电动机进行拆卸

取下导风板组件后，将固定导风板驱动电动机的固定螺钉取下，并分离导风板驱动电动机与导风板。导风板驱动电动机的拆卸方法如图 5-82 所示。

2. 对导风板驱动电动机进行代换

将损坏的导风板驱动电动机拆下后，接下来便应寻找可替代的新导风板驱动电动机进行代换。

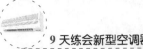

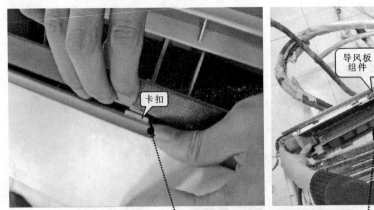

【1】由于导风板组件采用卡扣的方式固定在室内机中，因此先将固定卡扣掰开，并将导风板组件与室内机进行分离

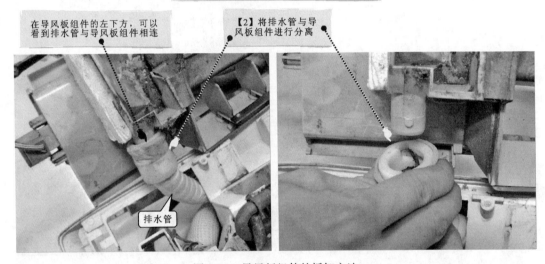

在导风板组件的左下方，可以看到排水管与导风板组件相连

【2】将排水管与导风板组件进行分离

图 5-81　导风板组件的拆卸方法

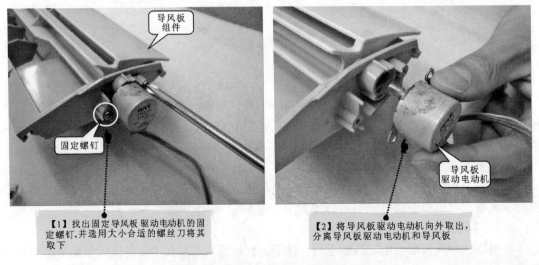

导风板组件

固定螺钉

导风板驱动电动机

【1】找出固定导风板 驱动电动机的固定螺钉，并选用大小合适的螺丝刀将其取下

【2】将导风板驱动电动机向外取出，分离导风板驱动电动机和导风板

图 5-82　导风板驱动电动机的拆卸方法

【专家热线】

Q：请问专家，如何选择合适的驱动电动机进行代换？

A：若导风板驱动电动机损坏，会造成空调器出风故障，此时就需要根据损坏的导风板驱动电动机类型、型号、大小等规格参数选择适合的器件进行代换。导风板驱动电动机的选择方法如图 5-83 所示。

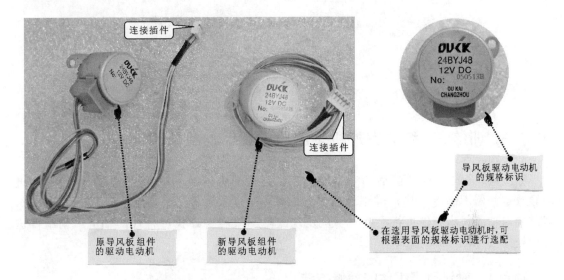

图 5-83　导风板驱动电动机的选择方法

将选择好的导风板驱动电动机安装到导风板组件中，并将该组件安装回空调器室内机中。导风板驱动电动机的代换方法如图 5-84 所示。

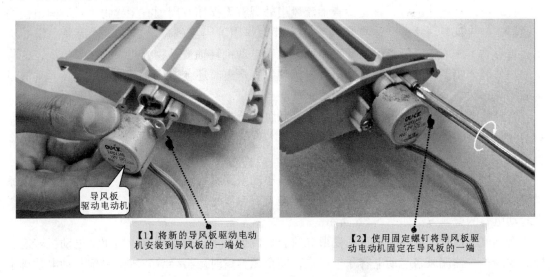

图 5-84　导风板驱动电动机的代换方法

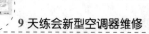

导风板
组件

导风板组件安装完成，
并安装回室内机中

【3】将导风板组件安装至室内机中，
并通电运行，导风板运转正常

图 5-84　导风板驱动电动机的代换方法（续）

训练 3　练会室外机轴流风扇组件的检修代换

　　轴流风扇组件出现故障后，空调器可能出现室外机风扇不转、室外机风扇转速慢进而导致空调器不制冷（热）或制冷（热）效果差等现象。若怀疑轴流风扇组件出现故障，就需要对轴流风扇组件进行检查，一旦发现故障，就需要寻找可替代的轴流风扇组件进行代换。

项目 1　轴流风扇组件的检修方法

　　当轴流风扇组件工作异常时，首先检查轴流风扇的外观及周围是否有问题。若没有发现机械故障，应再对轴流风扇起动电容和轴流风扇驱动电动机进行检查。

1. 对轴流风扇进行检查

　　打开空调器室外机后，首先检查轴流风扇外观有无损坏及周围有无异物。长时间不使用空调器，轴流风扇扇叶会受运行环境恶劣和外力作用等因素的影响，出现轴流风扇扇叶破损、被异物卡住或轴流风扇扇叶与轴流风扇驱动电动机转轴被污物缠绕、锈蚀等情况，这将使散热效能大幅度降低，使空调器出现停机现象，严重时还会造成驱动电动机损坏。轴流风扇的检查方法如图 5-85 所示。

　　若经检查，轴流风扇扇叶存在严重破损和脏污，则需要用相同规格的扇叶进行代换，或对扇叶进行清洁处理。

2. 对轴流风扇起动电容进行检查

　　轴流风扇起动电容正常工作，是轴流风扇驱动电动机起动运行的基本条件之一。若轴流风扇驱动电动机不起动或起动后转速明显偏慢，应先对轴流风扇起动电容进行检测。轴流风扇起动电容的检测方法如图 5-86 所示。

　　若轴流风扇起动电容因漏液、变形导致容量减少，多会引起轴流风扇驱动电动机转速变慢的故障；若轴流风扇起动电容漏电严重，完全无容量时，将会导致轴流风扇驱动电动机不起动、不运行等故障。

检查轴流风扇扇叶外观有无破损、变形

检查轴流风扇扇叶附近有无脏污、异物堵塞、堵转情况

轴流风扇扇叶

拨动轴流风扇扇叶查看能否轻松平滑旋转

图 5-85　轴流风扇的检查方法

【知道更多】

　　由于轴流风扇起动电容工作在交流电环境下，在检测前不需要进行放电操作。另外，检测轴流风扇起动电容时，也可使用指针式万用表电阻挡测量电容充放电特性，通过观察万用表指针的摆动情况，来判断轴流风扇起动电容的好坏。正常情况下，万用表指针应有明显的摆动。

首先观察轴流风扇起动电容外壳有无明显烧焦、变形、碎裂、漏液等情况

图 5-86　轴流风扇起动电容的检测方法

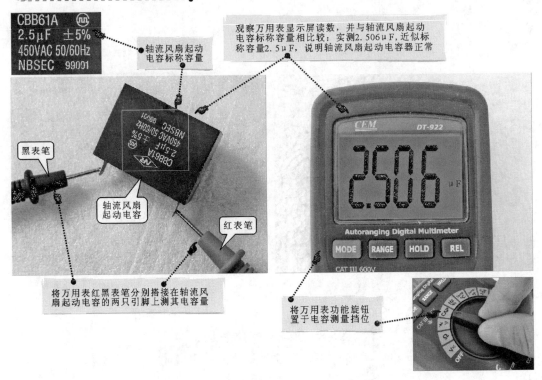

观察万用表显示屏读数,并与轴流风扇起动
电容标称容量相比较:实测2.506μF,近似标
称容量2.5μF,说明轴流风扇起动电容器正常

轴流风扇起动
电容标称容量

黑表笔

轴流风扇
起动电容

红表笔

将万用表红黑表笔分别搭接在轴流风
扇起动电容的两只引脚上测其电容量

将万用表功能旋钮
置于电容测量挡位

图 5-86　轴流风扇起动电容的检测方法（续）

3. 轴流风扇驱动电动机的检查

轴流风扇驱动电动机是轴流风扇组件中的核心部件。在轴流风扇起动电容正常的前提下,若轴流风扇驱动电动机不转或转速异常,则需通过万用表对轴流风扇驱动电动机绕组的电阻值进行检测,来判断轴流风扇驱动电动机是否出现故障。

轴流风扇驱动电动机绕组电阻值的检测方法如图 5-87 所示,将万用表的红黑表笔任意

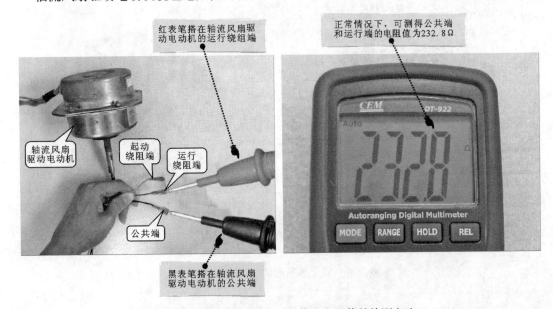

红表笔搭在轴流风扇驱
动电动机的运行绕组端

正常情况下,可测得公共端
和运行端的电阻值为232.8Ω

轴流风扇
驱动电动机

起动
绕阻端

运行
绕阻端

公共端

黑表笔搭在轴流风扇
驱动电动机的公共端

图 5-87　轴流风扇驱动电动机绕组电阻值的检测方法

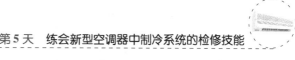

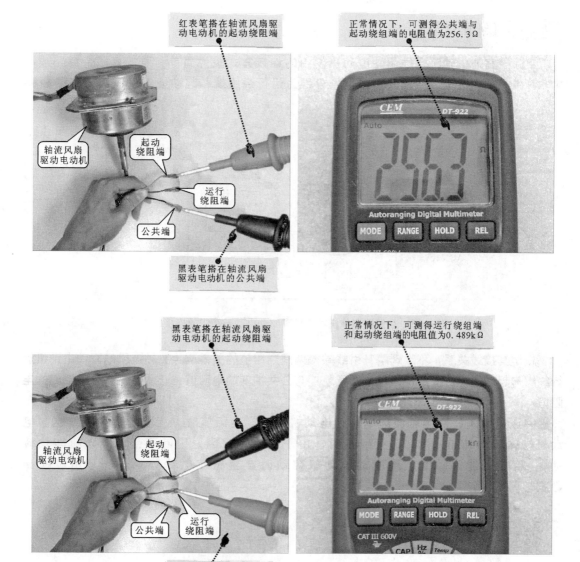

图5-87　轴流风扇驱动电动机绕组电阻值的检测方法（续）

搭接在轴流风扇驱动电动机绕组端，分别检测公共端与起动绕组端、公共端与运行绕组端、起动绕组端与运行绕组端之间的阻值。

观察万用表显示的数值，正常情况下，任意两引线端均有一定的阻值，且满足其中两组电阻值之和等于另外一组的数值。

若检测时发现某两个引线端的阻值趋于无穷大，就说明绕组中有断路情况；若三组数值间不满足等式关系，则说明驱动电动机绕组可能存在绕组间短路情况。出现上述两种情况时，均应更换驱动电动机。

【知道更多】

空调器室外机轴流风扇驱动电动机绕组的连接方式较为简单，通常有三个线路输出端，其中一条引线为公共端，另外两条分别为运行绕组端和起动绕组引线端，如图 5-88 所示。

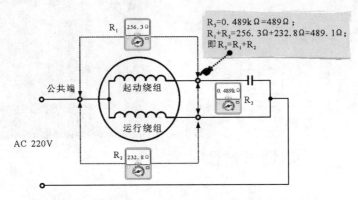

图 5-88　空调器室外机轴流风扇驱动电动机绕组的连接方式

根据其接线关系，不难理解其引线端两两间电阻值的关系应为：轴流风扇驱动电动机运行绕组与起动绕组之间的电阻值 = 运行绕组与公共端间的电阻值 + 起动绕组与公共端间的电阻值。

需注意的是，测量轴流风扇驱动电动机绕组间电阻值时，应防止轴流风扇驱动电动机转轴转动（如未拆卸进行检测时，由于刮风等原因，扇叶可带动电动机转轴转动），否则可能因轴流风扇驱动电动机转动时产生感应电动势，干扰万用表检测数据。

 【特别提示】

根据维修经验，室外机轴流风扇驱动电动机常见故障原因主要如下：

① 开机后轴流风扇驱动电动机不运行，多为轴流风扇驱动电动机绕组开路引起的，应更换轴流风扇驱动电动机；

② 轴流风扇驱动电动机转速慢或运行时烧保险，排除起动电容故障后，多为电动机绕组存在短路故障引起的，此时用万用表测其运行电流时将超过额定电流值许多，应及时更换轴流风扇驱动电动机；

③ 轴流风扇驱动电动机运转时有异常声响，多为电动机内部轴承缺油，此时应加油润滑或更换电动机。

【专家热线】

Q：请问专家，如何区分轴流风扇驱动电动机各引线的功能？

A：空调器室外机的轴流风扇驱动电动机一般有五根引线和三根引线两种类型。在对空调器室外机轴流风扇驱动电动机进行检测时，首先需要明确电动机各引线的功能（即区分起动端、运行端和公共端）。在实际检测中，维修人员一般通过以下两种方法进行区分：

① 根据轴流风扇驱动电动机铭牌标识进行区分。在轴流风扇驱动电动机外壳上都贴有该电动机的铭牌，通过轴流风扇驱动电动机的铭牌标识，很容易区别不同颜色连接引线的功能，如图 5-89 所示。

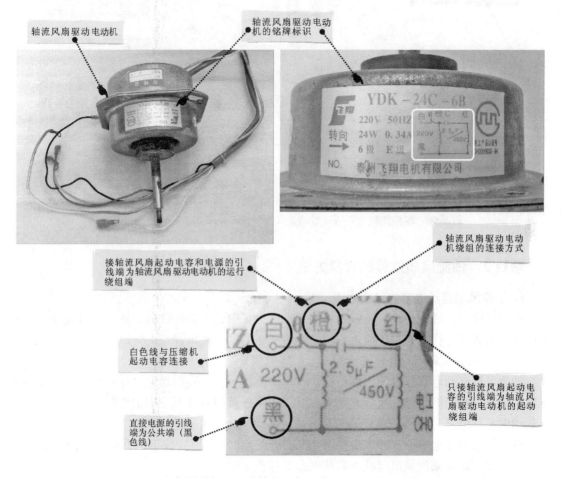

图 5-89　根据铭牌标识区分轴流风扇驱动电动机三根引线的功能

② 根据实测轴流风扇驱动电动机绕组阻值进行区分。轴流风扇驱动电动机的绕组阻值通常有三组，即起动端与公共端之间的电阻值、运行端与公共端之间的电阻值和起动端与运行端之间的阻值。

正常情况下，万用表电阻挡测量三组电阻值，最大的一组电阻值中，表笔所接为起动端和运行端，另外一根则为公共端；再分别测量剩下两根引线与公共端之间电阻值，其中电阻值偏小的引线为运行端（即运行绕组），电阻值偏大的引线为起动端（即起动绕组），如图 5-90所示。

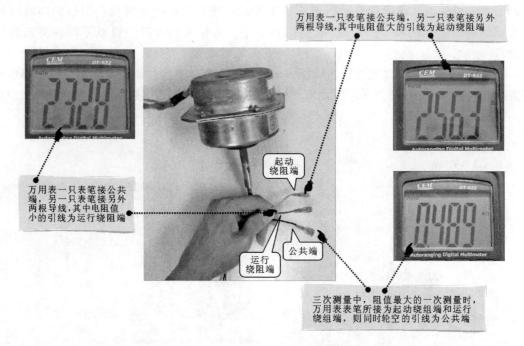

万用表一只表笔接公共端，另一只表笔接另外两根导线，其中电阻值大的引线为起动绕阻端

万用表一只表笔接公共端，另一只表笔接另外两根导线，其中电阻值小的引线为运行绕阻端

起动绕阻端

运行绕阻端

公共端

三次测量中，阻值最大的一次测量时，万用表表笔所接为起动绕组端和运行绕组端，则同时轮空的引线为公共端

图 5-90　根据绕组电阻值测量结果区分轴流风扇驱动电动机引线的功能

项目 2　轴流风扇组件的代换方法

1. 轴流风扇起动电容的代换方法

若经过检测，确定为轴流风扇起动电容本身损坏引起空调器故障，就需要对损坏的轴流风扇起动电容进行代换，在代换之前，需要将损坏的轴流风扇起动电容取下。

（1）对轴流风扇起动电容进行拆卸

轴流风扇起动电容通过固定螺钉安装在电路支撑板上，引脚端通过连接引线与轴流风扇驱动电动机连接。拆卸轴流风扇起动电容时，需将连接引线拔开、固定螺钉卸下，使轴流风扇起动电容与电路支撑板和轴流风扇驱动电动机的连接引线分离。

轴流风扇起动电容的拆卸方法如图 5-91 所示。将连接引线拔下，然后用螺丝刀将固定螺钉拧下就可以将轴流风扇起动电容从电路支撑板上取下了。

（2）对轴流风扇起动电容进行代换

将损坏的轴流风扇起动电容拆下后，就需要寻找可替代的新轴流风扇起动电容进行代换。

【专家热线】

Q：请问专家，如何选择合适的起动电容进行代换？

A：若经检测轴流风扇起动电容异常，就需要根据原轴流风扇起动电容的标称参数，选择容量、耐压值等均相同的电容器进行代换。轴流风扇起动电容的选择方案如图 5-92 所示。

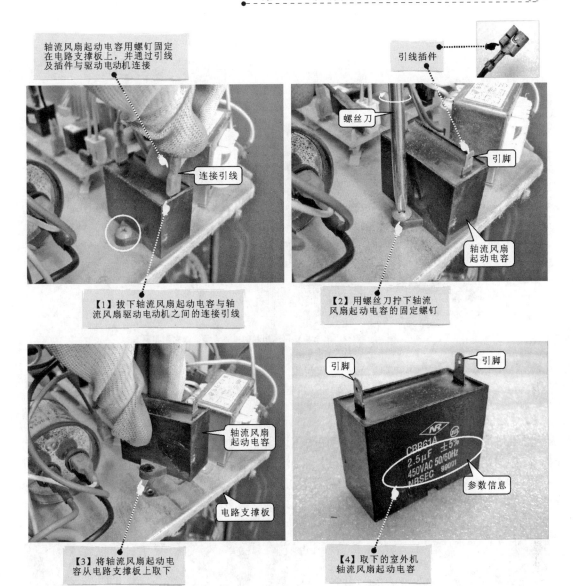

轴流风扇起动电容用螺钉固定在电路支撑板上，并通过引线及插件与驱动电动机连接

连接引线

引线插件

螺丝刀

引脚

轴流风扇起动电容

【1】拔下轴流风扇起动电容与轴流风扇驱动电动机之间的连接引线

【2】用螺丝刀拧下轴流风扇起动电容的固定螺钉

轴流风扇起动电容

电路支撑板

引脚　　引脚

参数信息

【3】将轴流风扇起动电容从电路支撑板上取下

【4】取下的室外机轴流风扇起动电容

图 5-91　轴流风扇起动电容的拆卸方法

　　选择好代换的轴流风扇起动电容器后，将代换用起动电容器安装到原轴流风扇起动电容的位置上，完成代换后，通电试机运行。轴流风扇起动电容的代换方法如图 5-93 所示。

2. 轴流风扇驱动电动机的代换方法

　　若经过检测，确定为轴流风扇驱动电动机本身损坏引起空调器故障，就需要对损坏的轴流风扇驱动电动机进行代换，在代换之前，需要将损坏的轴流风扇驱动电动机取下。

　　（1）对轴流风扇驱动电动机进行拆卸

　　轴流风扇驱动电动机安装在冷凝器前面的固定支架上，其连接引线与压缩机一侧电路支撑板上的轴流风扇起动电容相连。轴流风扇扇叶安装在轴流风扇驱动电动机的转轴上，并通过固定螺帽固定。因此，对于轴流风扇组件的拆卸首先是拆卸轴流风扇扇叶，最后是拆卸轴流风扇驱动电动机。

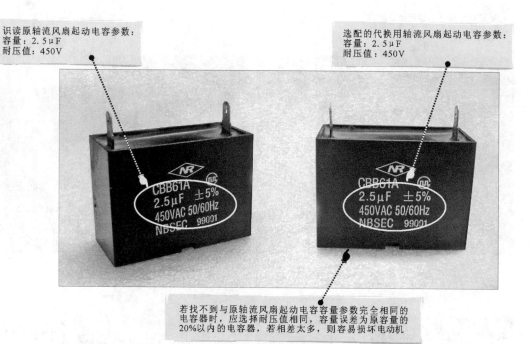

识读原轴流风扇起动电容参数：
容量：2.5μF
耐压值：450V

选配的代换用轴流风扇起动电容参数：
容量：2.5μF
耐压值：450V

若找不到与原轴流风扇起动电容容量参数完全相同的
电容器时，应选择耐压值相同，容量误差为原容量的
20%以内的电容器，若相差太多，则容易损坏电动机

图 5-92　轴流风扇起动电容的选择方案

① 拆卸轴流风扇扇叶

轴流风扇扇叶是通过固定螺母固定在轴流风扇驱动电动机的转轴上，拆卸轴流风扇扇叶时，需将固定螺帽卸下，使轴流风扇扇叶与轴流风扇驱动电动机分离。轴流风扇的拆卸方法如图 5-94 所示。使用与固定螺帽尺寸相对应扳手顺时针旋转即可将固定螺帽卸下，然后就可以将轴流风扇扇叶从轴流风扇驱动电动机的转轴上取下了。

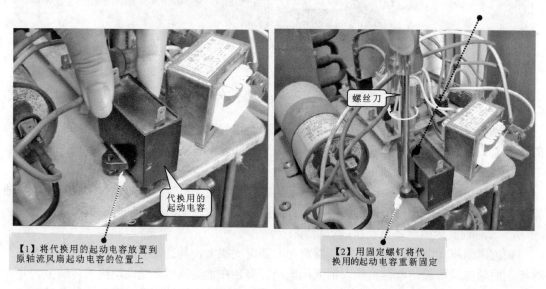

代换用的
起动电容

螺丝刀

【1】将代换用的起动电容放置到
原轴流风扇起动电容的位置上

【2】用固定螺钉将代
换用的起动电容重新固定

图 5-93　轴流风扇起动电容的代换方法

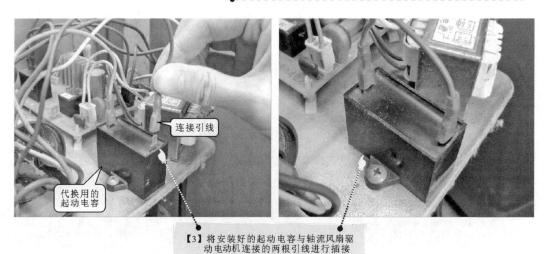

连接引线

代换用的
起动电容

【3】将安装好的起动电容与轴流风扇驱
动电动机连接的两根引线进行插接

图 5-93　轴流风扇起动电容的代换方法（续）

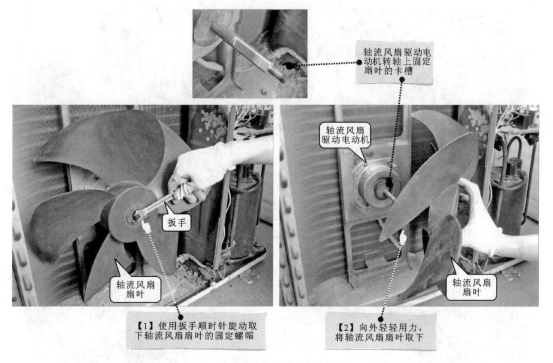

轴流风扇驱动电
动机转轴上固定
扇叶的卡槽

轴流风扇
驱动电动机

扳手

轴流风扇
扇叶

轴流风扇
扇叶

【1】使用扳手顺时针旋动取
下轴流风扇扇叶的固定螺帽

【2】向外轻轻用力，
将轴流风扇扇叶取下

图 5-94　轴流风扇的拆卸方法

② 拆卸轴流风扇驱动电动机

轴流风扇驱动电动机通过固定螺钉固定在电动机支架上，电动机引线通过线卡固定，拆卸轴流风扇驱动电动机时，需将固定螺钉卸下，将线卡掰开，使轴流风扇驱动电动机与电动机支架分离，连接引线与线卡和连接部件分离。

轴流风扇驱动电动机的拆卸方法如图 5-95 所示。使用适当尺寸的螺丝刀将轴流风扇驱动电动机的固定螺钉一一拧下，并将连接引线从线卡中抽出，这时就可以取下轴流风扇驱动电动机了。

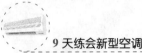

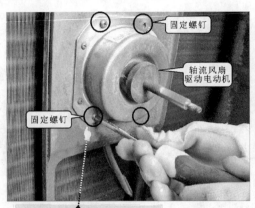

固定螺钉

轴流风扇
驱动电动机

固定螺钉

【1】使用螺丝刀将轴流风扇驱动
电动机的四颗固定螺钉——拧下

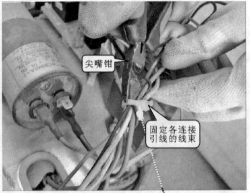

尖嘴钳

固定各连接
引线的线束

【2】用尖嘴钳将绑扎轴流风
扇驱动电动机引线的线束剪断

【3】拔下轴流风扇驱动电动机与电路板之间的
连接引线，并从引线槽或线卡中分离出来

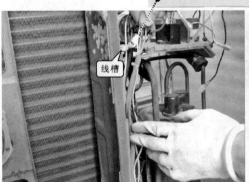

线槽

线卡

连接引线

轴流风扇
驱动电动机

电动机支架

【4】将轴流风扇驱动电动机与电动机
支架分离，并将轴流风扇驱动电动
机连同引线从电动机支架上取出

接室外机电路板
（黑色）

轴流风扇
驱动电动机

轴流风扇驱动电动机
上的各连接引线

电动机轴

接地线
（黄/绿色）

与轴流风扇起动电容
连接的两根引线
（红色、橙色）

接压缩机起动
电容引线（白色）

图 5-95　轴流风扇驱动电动机的拆卸方法

202

（2）对轴流风扇驱动电动机进行代换

将损坏的轴流风扇驱动电动机拆下后，接下来寻找可替代的新轴流风扇驱动电动机进行代换。

【专家热线】

Q：请问专家，如何选择合适的轴流风扇驱动电动机进行代换？

A：若轴流风扇驱动电动机损坏，则应根据原轴流风扇驱动电动机上的铭牌标识，选择型号、额定电压、额定频率、功率、极数等规格参数相同的电动机进行代换。轴流风扇驱动电动机的选择方案如图5-96所示。

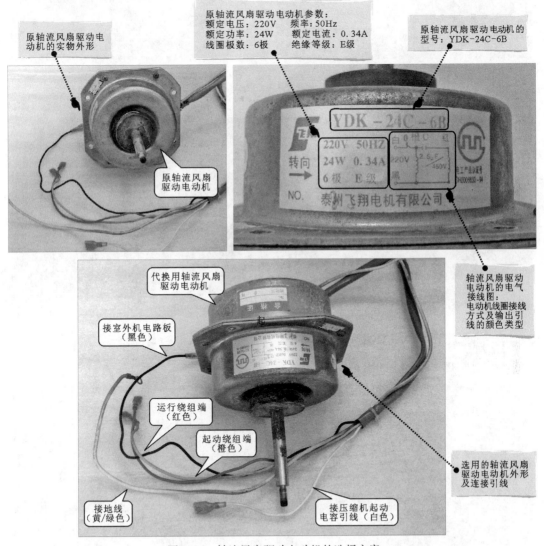

图5-96 轴流风扇驱动电动机的选择方案

选择好代换用轴流风扇驱动电动机后，将代换用轴流风扇驱动电动机安装到电动机支架上，并将轴流风扇扇叶也装回到电机轴上，通电试机。轴流风扇驱动电动机的代换方法如图5-97所示。

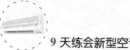 
【1】将代换用的轴流风扇驱动电动机放到电动机支架上

电动机支架

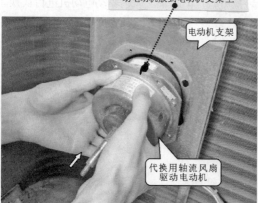

代换用轴流风扇驱动电动机

【2】用固定螺钉将轴流风扇驱动电动机进行固定

【3】将轴流风扇扇叶轴心中凸出部分，对准电动机轴上的卡槽

卡槽

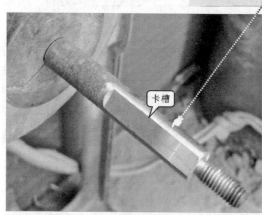

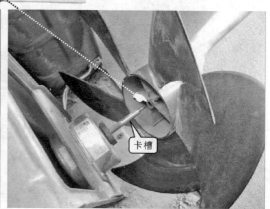

卡槽

【4】将轴流风扇扇叶穿入驱动电动机转轴上，用木棒轻轻敲打，使轴流风扇扇叶安装到位

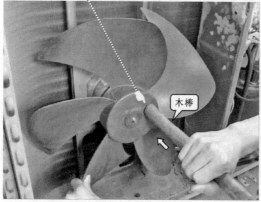

木棒

【5】用扳手将固定轴流风扇扇叶的固定螺帽拧紧在驱动电动机转轴上

图 5-97　轴流风扇驱动电动机的代换方法

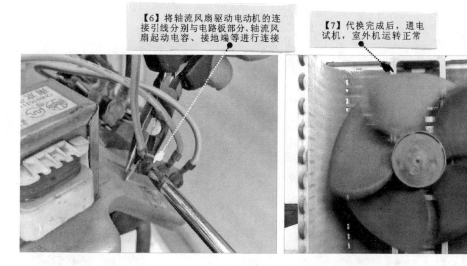

【6】将轴流风扇驱动电动机的连接引线分别与电路板部分、轴流风扇起动电容、接地端等进行连接

【7】代换完成后，通电试机，室外机运转正常

图5-97　轴流风扇驱动电动机的代换方法（续）

 ## 训练4　练会压缩机组件的检修代换

压缩机组件出现故障后，可能会引起空调器出现不制冷（热）、制冷（热）效果差、噪声大等现象，严重时可能还会导致空调器无法开机起动。若怀疑压缩机组件出现故障，就需要对压缩机组件中的压缩机起动电容、压缩机电动机绕组、过热保护继电器等进行检查，一旦发现故障，就需要进行代换。

项目1　压缩机组件的检修方法

对压缩机组件进行检修时，可首先对起动电容进行检测；其次是对过热保护继电器进行检测，若因过热保护继电器损坏而进行误动作，即使压缩机本身正常，也可能无法工作；最后对压缩机电动机绕组阻值进行检测，用以判断压缩机本身是否正常。

1. 对压缩机起动电容进行检测

若压缩机起动电容出现故障，会使压缩机不能正常起动。对起动电容进行检测，可使用万用表对其电容量进行检测，以判断其是否存在故障。压缩机起动电容的检测方法如图5-98所示。

正常情况下，万用表测得的电容量应为$30\mu F$左右，若电容量与标称值差别过大，说明压缩机起动电容已损坏。

 【知道更多】

判断压缩机起动电容是否损坏，除了使用万用表对其电容量进行检测外，还可将万用表调至欧姆挡，对压缩机起动电容的充放电性能进行检测，如图**5-99**所示。

2. 对过热保护继电器进行检测

对过热保护继电器进行检测时，可使用万用表对过热保护继电器的阻值进行检测，即可判断过热保护继电器是否出现故障。过热保护继电器的检测方法如图5-100所示。

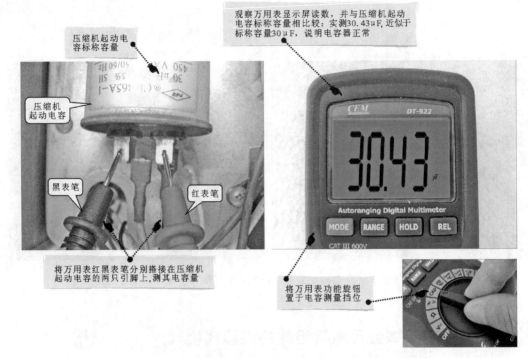

观察万用表显示屏读数,并与压缩机起动电容标称容量相比较:实测30.43μF,近似于标称容量30μF,说明电容器正常

压缩机起动电容标称容量

压缩机起动电容

黑表笔

红表笔

将万用表红黑表笔分别搭接在压缩机起动电容的两只引脚上,测其电容量

将万用表功能旋钮置于电容测量挡位

图5-98 压缩机起动电容的检测方法

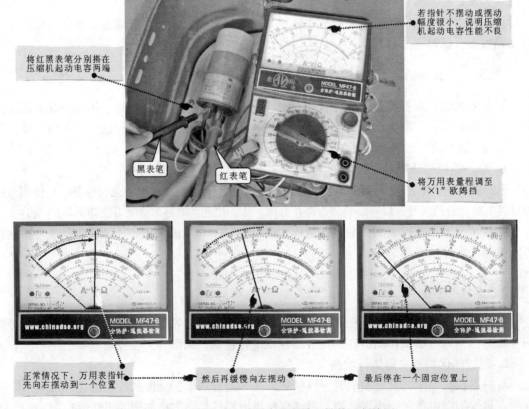

若指针不摆动或摆动幅度很小,说明压缩机起动电容性能不良

将红黑表笔分别搭在压缩机起动电容两端

黑表笔

红表笔

将万用表量程调至"×1"欧姆挡

正常情况下,万用表指针先向右摆动到一个位置

然后再缓慢向左摆动

最后停在一个固定位置上

图5-99 对压缩机起动电容的充放电性能进行检测

万用表的表笔分别搭在过热保护继电器的两引脚上

常温状态下，万用表测得的电阻值应接近于零

过热保护继电器

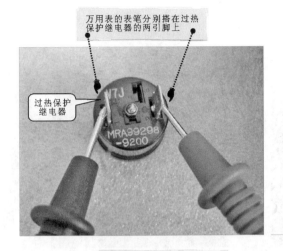

万用表的表笔分别搭在过热保护继电器的两引脚上

高温状态下，万用表测得的阻值应为无穷大

黑表笔

过热保护继电器

红表笔

将电烙铁靠近过热保护继电器的底部

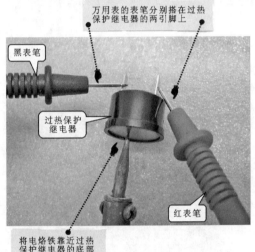

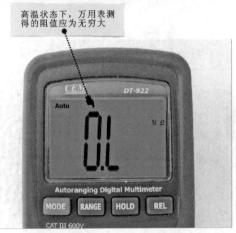

图5-100　过热保护继电器的检测方法

常温状态下，万用表测得的电阻值应接近于零；高温状态下，万用表测得的电阻值应为无穷大。若测得电阻值不正常，说明过热保护继电器已损坏。

3. 对压缩机电动机绕组阻值进行检测

若压缩机出现异常，需要先将压缩机接线端子处的护盖拆下，再使用万用表对压缩机接线端子间的电阻值进行检测，即可判断压缩机是否出现故障。压缩机的检测方法如图5-101所示。将万用表的红、黑表笔任意搭接在压缩机绕阻端，分别检测公共端与起动端、公共端与运行端、起动端与运行端之间的电阻值。

观测万用表显示的数值，正常情况下，起动端与运行端之间的电阻值等于公共端与起动端之间的电阻值加上公共端与运行端之间的电阻值。若检测时发现有电阻值趋于无穷大的情况，说明绕组有断路故障，需要对其进行更换。

【特别提示】

变频空调器中通常采用变频压缩机，该压缩机内电动机多为直流无刷电动机，其内部为

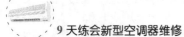

黑表笔搭在压缩机的公共端

公共端　运行端

起动端

红表笔搭在压缩机的运行端

可测得公共端与运行端之间的电阻值为2.1Ω

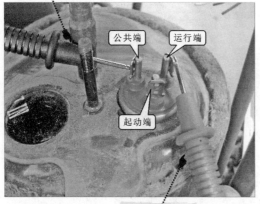

黑表笔搭在压缩机的公共端

公共端　运行端

起动端

红表笔搭在压缩机的起动端

可测得公共端与起动端之间的电阻值为5.4Ω

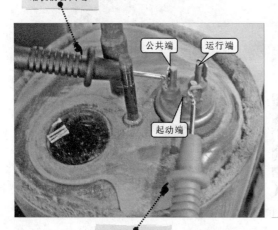

黑表笔搭在压缩机的公共端

红表笔搭在压缩机的起动端

公共端　运行端

起动端

可测得起动端与运行端之间的电阻值为7.5Ω

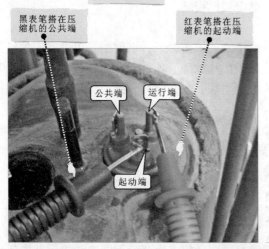
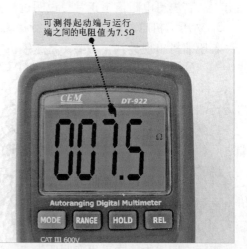

图5-101　压缩机的检测方法

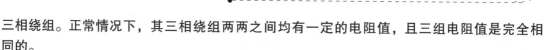

三相绕组。正常情况下，其三相绕组两两之间均有一定的电阻值，且三组电阻值是完全相同的。

【知道更多】

除了通过检测绕组电阻值来判断压缩机好坏外，还可通过检测运行压力和运行电流来检测压缩机的好坏。运行压力是通过三通检修表阀检测管路压力得到的，而运行电流可通过钳形表进行检测，如图5-102所示。

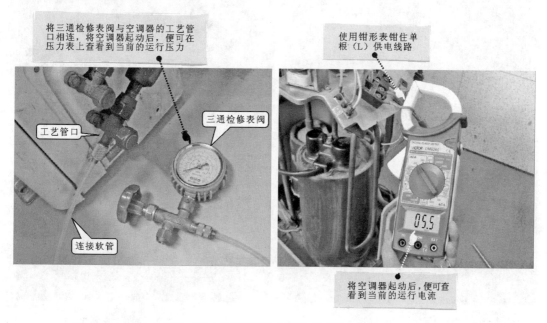

图5-102　运行压力和运行电流的检测方法

若测得空调器运行压力为 **0.8MPa** 左右，运行电流仅为额定电流的一半，并且压缩机排气口与吸气口均无明显温度变化，仔细倾听能够听到很小的气流声，则多为压缩机存在窜气的故障。

若压缩机供电电压正常，而运行电流为零，则说明压缩机的电动机可能存在开路故障；若压缩机供电电压正常，运行电流也正常，但压缩机不能起动运转，则多为压缩机的起动电容损坏或压缩机出现卡缸的故障。

项目2　压缩机组件的代换方法

1. 对压缩机起动电容器进行代换

若经过检测，确定为压缩机起动电容器本身损坏引起空调器故障，就需要对损坏的压缩机起动电容器进行代换，在代换之前，需要将损坏的压缩机起动电容器取下。

（1）对压缩机起动电容器进行拆卸

压缩机起动电容位于压缩机上方的电路支撑板上。使用螺丝刀对压缩机起动电容进行拆卸，如图5-103所示。

（2）对压缩机起动电容进行代换

将损坏的压缩机起动电容拆下后，需要寻找可替代的新压缩机起动电容进行代换。

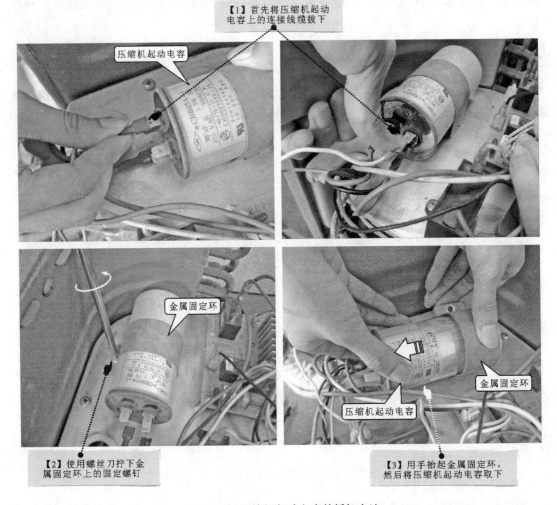

图 5-103　压缩机起动电容的拆卸方法

 【专家热线】

Q：请问专家，如何选择合适的压缩机起动电容进行代换？

A：若压缩机起动电容损坏，就需要根据损坏起动电容的规格参数、体积大小等选择适合的部件进行代换。压缩机起动电容的选择方法如图 **5-104** 所示。

选择好压缩机起动电容后，将新压缩机起动电容安装到室外机中，固定好金属固定环，重新将连接线缆插接好，即可通电试机。压缩机起动电容的代换方法如图 **5-105** 所示。

2. 对过热保护继电器进行代换

若经过检测，确定为过热保护继电器本身损坏引起空调器故障，就需要对损坏的过热保护继电器进行代换，在代换之前，需要将损坏的过热保护继电器取下。

（1）对过热保护继电器进行拆卸

过热保护继电器安装在室外机压缩机的接线端子保护盖中，因此要先对保护盒进行拆卸，接着再对过热保护继电器进行拆卸。过热保护继电器的拆卸方法如图 **5-106** 所示。

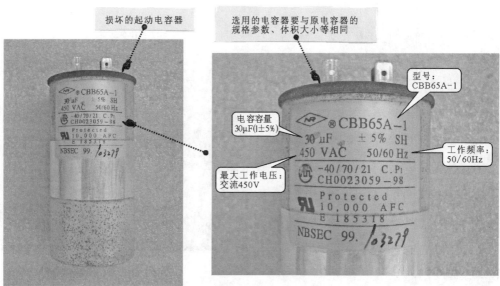

损坏的起动电容器

选用的电容器要与原电容器的
规格参数、体积大小等相同

型号:
CBB65A-1

电容容量
30μF(1±5%)

工作频率:
50/60Hz

最大工作电压:
交流450V

图 5-104 压缩机起动电容的选择方法

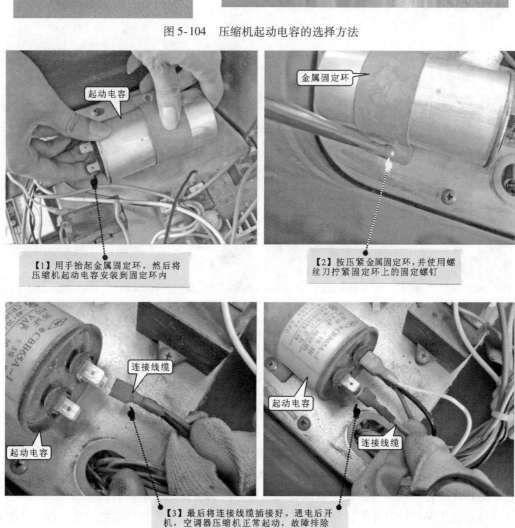

起动电容

金属固定环

【1】用手抬起金属固定环,然后将
压缩机起动电容安装到固定环内

【2】按压紧金属固定环,并使用螺
丝刀拧紧固定环上的固定螺钉

连接线缆

起动电容

起动电容

连接线缆

【3】最后将连接线缆插接好。通电后开
机,空调器压缩机正常起动,故障排除

图 5-105 压缩机起动电容的代换方法

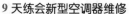

【1】使用扳手将保护盒上的螺帽拧下

【2】取下保护盒

保护盒

扳手

过热保护继电器位于压缩机上方，安装在保护盒内

过热保护继电器分别与压缩机公共端和供电线缆连接

【3】拔下过热保护继电器与压缩机公共端相连的插件及供电线缆，取下过热保护继电器

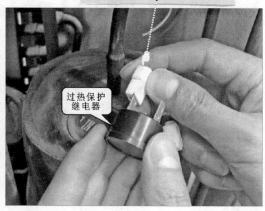

过热保护继电器

过热保护继电器

图 5-106　过热保护继电器的拆卸方法

（2）对过热保护继电器进行代换

将损坏的过热保护继电器拆下后，需要寻找可替代的新过热保护继电器进行代换。

 【专家热线】

Q：请问专家，如何选择合适的过热保护继电器进行代换？

A：若过热保护继电器损坏，需要根据损坏的过热保护继电器的规格参数、体积大小选择适合的器件进行代换。过热保护继电器的选择方法如图 **5-107** 所示。

选择好过热保护继电器后，将新过热保护继电器安装到室外机压缩机上进行固定，然后再通电试机。过热保护继电器的代换方法如图 **5-108** 所示。

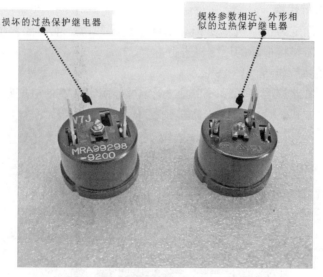

图 5-107 过热保护继电器的选择方法

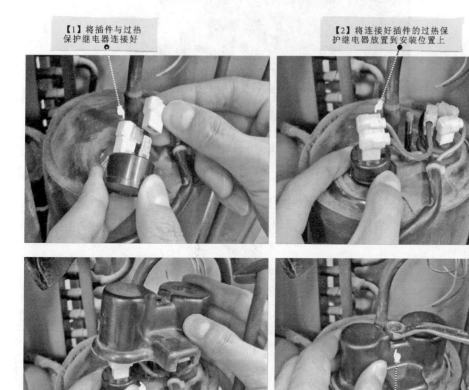

图 5-108 过热保护继电器的代换方法

3. 对压缩机进行代换

若经过检测，确定为压缩机本身损坏引起空调器故障，就需要对损坏的压缩机进行代换，在代换之前，需要将损坏的压缩机进行拆焊。

（1）对压缩机进行拆焊

压缩机与制冷管路焊接在一起，并通过固定螺栓固定在室外机底座上。图5-109所示为压缩机连接及固定方式。

图 5-109　压缩机连接及固定方式

对压缩机拆焊时，可先对压缩机进行开焊操作，然后再拆卸压缩机。压缩机的拆焊操作如图5-110所示。

图 5-110　压缩机的拆焊操作

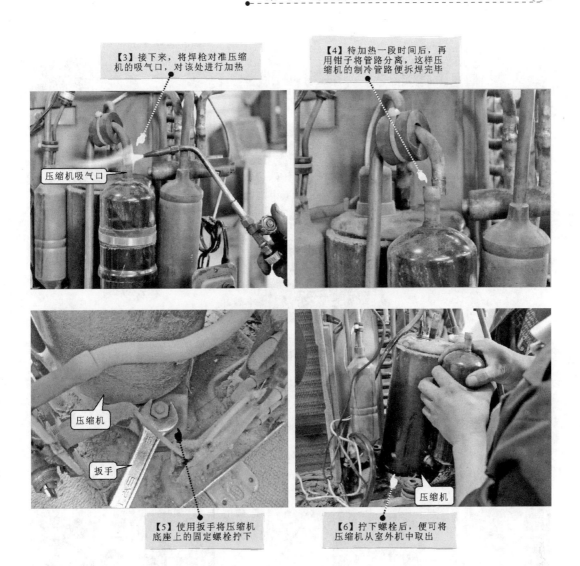

【3】接下来，将焊枪对准压缩机的吸气口，对该处进行加热

【4】待加热一段时间后，再用钳子将管路分离，这样压缩机的制冷管路便拆焊完毕

压缩机吸气口

压缩机

扳手

【5】使用扳手将压缩机底座上的固定螺栓拧下

压缩机

【6】拧下螺栓后，便可将压缩机从室外机中取出

图 5-110　压缩机的拆焊操作（续）

（2）对压缩机进行代换

将损坏的压缩机拆下后，需要寻找可替代的新压缩机进行代换。

【专家热线】

Q：请问专家，如何选择合适的压缩机进行代换？

A：若压缩机损坏，就需要根据损坏压缩机的型号、体积大小等规格参数选择适合的器件进行代换。压缩机的选择方法如图 **5-111** 所示。

选择好压缩机后，将新压缩机安装到室外机中，对齐管路位置后，再进行固定。压缩机的代换方法如图 5-112 所示。

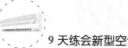

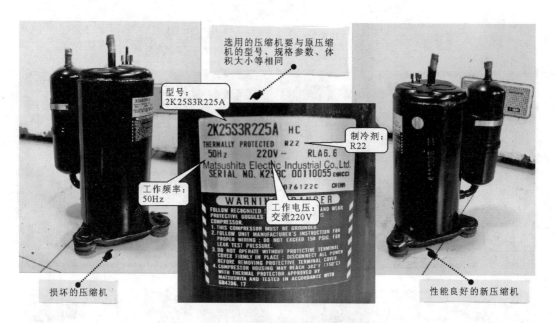

选用的压缩机要与原压缩机的型号、规格参数、体积大小等相同

型号：
2K25S3R225A

制冷剂：
R22

工作频率：
50Hz

工作电压：
交流220V

损坏的压缩机

性能良好的新压缩机

图 5-111　压缩机的选择方法

【1】将新压缩机放置到空调器室外机中

将压缩机的管路与制冷管路对齐

新压缩机

【2】拧紧压缩机底部的固定螺栓

图 5-112　压缩机的代换方法

【3】使用焊接设备将压缩机的排气管与制冷管路焊接在一起

【4】接下来再将压缩机的吸气管与制冷管路焊接在一起。焊接完毕后，进行检漏、抽真空、充注制冷剂等操作，再通电试机，故障排除

图 5-112　压缩机的代换方法（续）

训练 5　练会闸阀组件的检修代换

闸阀组件出现故障后，空调器可能会出现制冷/制热模式不能切换、制冷/制热效果差等现象。若怀疑闸阀组件堵塞或损坏，就需要对闸阀组件进行检查。一旦发现故障，就需要寻找可替代的组件进行代换。

项目 1　闸阀组件的检修方法

1. 电磁四通阀的检修方法

对电磁四通阀进行检修时，首先检查电磁四通阀有无泄漏，其次要对电磁四通阀管路温度进行检查，最后使用万用表检测电磁四通阀线圈的电阻值。

（1）电磁四通阀泄漏的检查方法

怀疑电磁四通阀出现泄漏问题，可使用白纸擦拭电磁四通阀的管路焊口处，如图 5-113

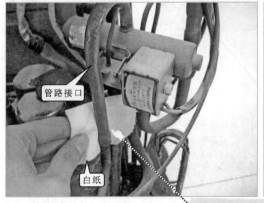

检查电磁四通阀是否出现泄漏，可使用白纸擦拭电磁四通阀的管路焊口处

图 5-113　用白纸擦拭电磁四通阀的管路焊口处

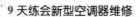

所示。若白纸上有油污，说明该接口处有泄漏故障，需要进行补漏操作。

（2）电磁四通阀堵塞的检查方法

由于电磁四通阀只有在进行制热时才会工作，因此，若电磁四通阀长时间不工作，其内部的阀芯或滑块有可能无法移动到位。在制热模式下，起动空调器时，电磁四通阀会发出轻微的撞击声，若没有撞击声，可使用木棒或螺丝刀轻轻敲击电磁四通阀，利用振动恢复阀芯或滑块的移动能力，如图 5-114 所示。

图 5-114　轻轻敲击电磁四通阀

电磁四通阀是否堵塞，可通过检查其连接管路的温度来判断，如图 5-115 所示。

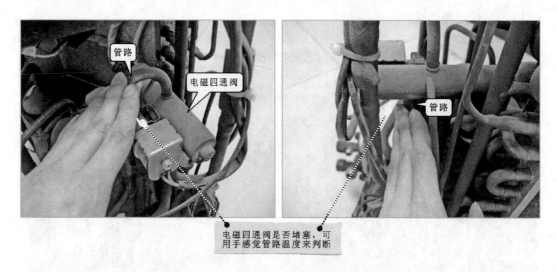

图 5-115　用手感觉管路的温度来判断堵塞与否

用手感觉电磁四通阀管路的温度，与正常情况下管路的温度进行比较，如果温度差别过大，则说明电磁四通阀有故障。正常情况下，电磁四通阀管路的温度如表 5-1 所示。

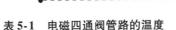

表 5-1 电磁四通阀管路的温度

空调器工作状态	接压缩机排气管温度	接压缩机吸气管温度	接蒸发器温度	接冷凝器温度	左侧毛细管温度	右侧毛细管温度
制冷状态	热	冷	冷	热	较冷	较热
制热状态	热	冷	热	冷	较热	较冷

 【知道更多】

电磁四通阀常见故障表现和故障原因如表 5-2 所示。

表 5-2 电磁四通阀常见故障表现和故障原因

故障表现	压缩机排气管一侧	压缩机吸气管一侧	蒸发器一侧	冷凝器一侧	左侧毛细管	右侧毛细管	原 因
电磁四通阀不能从制冷转到制热	热	冷	冷	热	阀体温度	热	阀体内脏污
	热	冷	冷	热	阀体温度	阀体温度	毛细管阻塞、变形
	热	冷	冷	暖	阀体温度	暖	压缩机故障
电磁四通阀不能从制热转到制冷	热	冷	热	冷	阀体温度	阀体温度	压力差过高
	热	冷	热	冷	阀体温度	阀体温度	毛细管阻塞
	热	冷	热	冷	热	热	导向阀损坏
	暖	冷	暖	冷	暖	阀体温度	压缩机故障
制热时内部泄漏	热	热	热	热	阀体温度	热	串气、压力不足、阀芯损坏
	热	冷	热	冷	暖	暖	导向阀泄漏
不能完全转换	热	暖	暖	热	阀体温度	热	压力不够、流量不足；滑块、活塞损坏

排除故障的一般方法如下：

① 电磁四通阀不能从制冷转到制热时，应提高压缩机排出压力，清除阀体内的脏物或更换电磁四通阀。

② 电磁四通阀不能完全转换时：提高压缩机排出压力或更换电磁四通阀。

③ 电磁四通阀制热时内部泄漏：提高压缩机排出压力，敲动阀体或更换电磁四通阀。

④ 电磁四通阀不能从制热转到制冷时：检查制冷系统，提高压缩机排出压力，清除阀体内的脏物，更换电磁四通阀或更换维修压缩机。

（3）电磁四通阀线圈电阻值的检测方法

对电磁四通阀线圈进行检查，需要先将其连接插件拔下，再使用万用表对电磁四通阀线圈电阻值进行检测，即可判断电磁四通阀是否出现故障。电磁四通阀的检测方法如图 5-116 所示。

正常情况下，万用表可测得一定的电阻值，约为 1.468kΩ。若电阻值差别过大，说明电磁四通阀损坏。

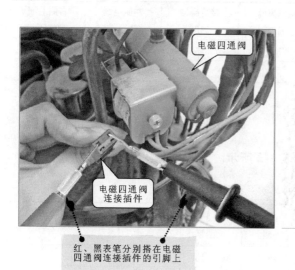

图 5-116　电磁四通阀的检测方法

2. 截止阀的检修方法

空调器的截止阀发生故障的可能性很低，但在某些特殊条件下也会出现故障。如空调器充注制冷剂过量，会造成制冷制热效果变差，这时观察三通截止阀，就会发现阀体上有结霜现象，如图 5-117 所示。严重时会导致三通截止阀堵塞。

空调器出现这种现象时，应适当释放出一些制冷剂，使管路压力恢复正常。夏天时三通截止阀一侧压力为 1.8~2MPa，二通截止阀正常压力为 0.45~0.55MPa；冬天时三通截止阀正常压力为 1.8~2MPa，二通截止阀正常压力为 0.8MPa。

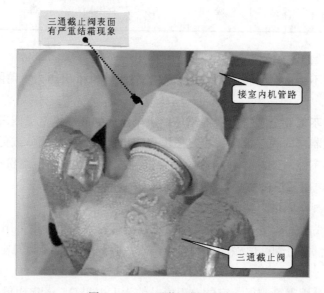

图 5-117　三通截止阀上结霜

　　若截止阀出现严重故障，已经影响空调器的正常使用，可使用焊接工具将损坏的截止阀焊下，再将性能良好的截止阀焊回原位置即可。

项目2　闸阀组件的代换方法

　　在闸阀组件中，以电磁四通阀出现故障的概率较大，这里主要介绍电磁四通阀的代换方法和步骤。

　　电磁四通阀安装在室外机压缩机上方，与多根制冷管路相连。图5-118所示为电磁四通阀的安装位置。对电磁四通阀进行代换时，首先是对电磁四通阀进行拆卸，然后是对电磁四通阀进行代换。

图5-118　电磁四通阀的安装位置

1. 对电磁四通阀进行拆卸

　　可使用气焊设备和钳子对电磁四通阀等进行拆卸，电磁四通阀的拆卸方法如图5-119所示。

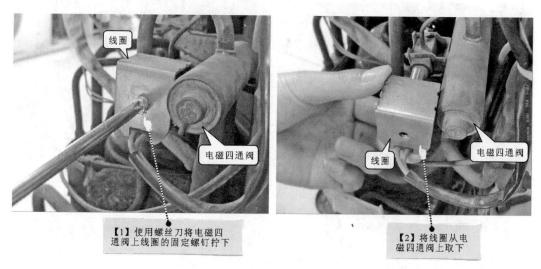

图5-119　电磁四通阀的拆卸方法

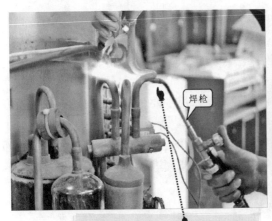

焊枪

【3】使用焊枪对电磁四通阀上与压缩机排气管相连的管路进行加热，待加热一段时间后使用钳子将管路分离

焊枪

【4】使用焊枪对电磁四通阀上与冷凝器相连的管路进行加热，待加热一段时间后使用钳子将管路分离

【5】使用焊枪对电磁四通阀上与压缩机吸气管相连的管路进行加热，待加热一段时间后使用钳子将管路分离

焊枪

焊枪

【6】最后对电磁四通阀上与蒸发器相连的管路进行拆焊操作

电磁四通阀

从室外机管路中分离的电磁四通阀

图 5-119　电磁四通阀的拆卸方法（续）

将损坏的电磁四通阀拆下后，接下来寻找可替代的新电磁四通阀进行代换。

2. 对电磁四通阀进行代换

若电磁四通阀损坏，就需要根据损坏电磁四通阀的规格参数选择适合的器件进行代换。选择好合适的电磁四通阀后，将新电磁四通阀安装到室外机中，对齐管路位置后，再进行焊接。电磁四通阀的代换方法如图 5-120 所示。

【特别提示】

值得注意的是，为了让读者能够看清楚操作过程和操作细节，图中在开焊和焊接时没有采取严格的安全保护措施，整个过程由经验丰富的技师完成。学员在检测和练习时，一定要做好防护措施，以免造成其他部件的烧损。

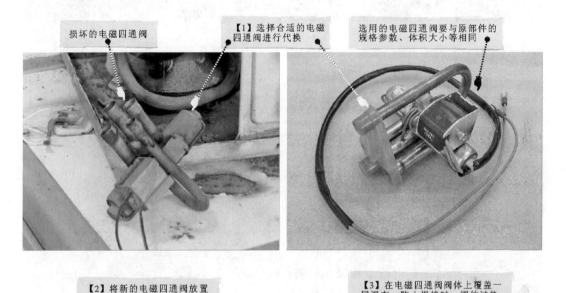

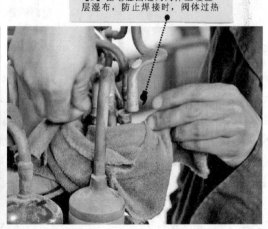

图 5-120　电磁四通阀的代换方法

【4】使用气焊设备将电磁四通阀的四根管路分别与制冷管路焊接在一起

焊枪

焊接时间不要过长，以防阀体内的部件损坏，使新电磁四通阀报废

焊枪

【5】焊接完成，待管路冷却后，将盖在阀体上的湿布取下

【6】焊接完成后，进行检漏、抽真空、充注制冷剂等操作，再通电试机，故障排除

图 5-120　电磁四通阀的代换方法（续）

【知道更多】

　　电磁四通阀一旦出现故障，维修人员经常采取的方法就是直接对其进行拆卸代换。由于电磁四通阀的拆卸代换操作十分复杂，工艺难度也较高，因此对于电磁四通阀代换不仅费时、费力，而且也使维修成本大大增加。很多时候电磁四通阀的故障是由四通阀线圈故障引起的。在确定电磁四通阀存在故障后，可先对电磁四通阀线圈进行检测，若能发现是电磁四通阀线圈损坏，那么只更换电磁四通阀线圈将大大缩减维修时间，并降低维修成本。

训练6　练会过滤及节流组件的检修代换

　　过滤及节流组件出现故障后，空调器也可能出现制冷/制热失常、制冷/制热效果差等现象。若怀疑过滤及节流组件堵塞或损坏，就需要对过滤及节流组件进行检查。一旦发现故障，就需要寻找可替代的组件进行代换。

项目1　过滤及节流组件的检修方法

1. 干燥过滤器的检修方法

干燥过滤器最常见的故障就是堵塞，为了确定是否为干燥过滤器出现冰堵或脏堵的故障，可通过对制冷管路各部分的观察进行判断。

判断空调器干燥过滤器是否出现故障时，可通过倾听蒸发器和压缩机的运行声音、触摸冷凝器的温度以及观察干燥过滤器表面是否结霜等进行判断。干燥过滤器的检测方法如图 5-121 所示。

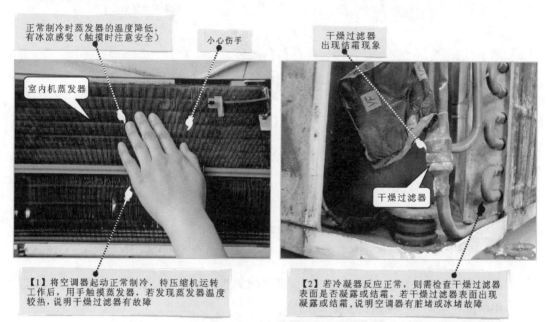

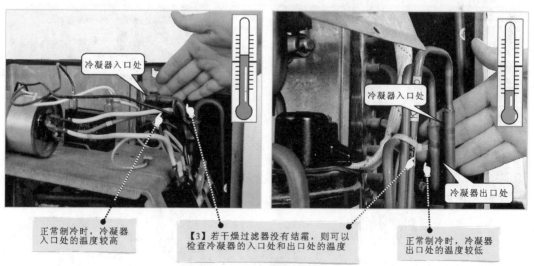

图 5-121　干燥过滤器的检测方法

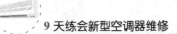

若确定是干燥过滤器本身的故障后，就需将干燥过滤器进行更换，以排除脏堵。

2. 毛细管的检修方法

毛细管出现故障后，空调器可能会出现不制冷（热）、制冷（热）效果差等现象。若怀疑毛细管异常，就需要对毛细管进行检查。

（1）排除毛细管油堵

毛细管出现油堵故障，多是因压缩机中的机油进入制冷管路引起的。一般可利用制冷、制热重复交替开机起动来使制冷管路中的制冷剂呈正、反两个方向流动，利用制冷剂自身的流向将油堵冲开。毛细管油堵故障的排除方法如图 5-122 所示。

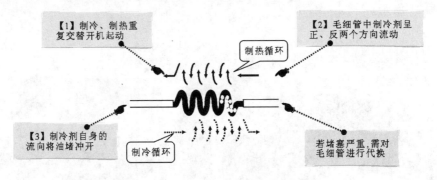

图 5-122　毛细管油堵故障的排除方法

【特别提示】

若是在炎热的夏天出现油堵故障，空调器此时需要强制制热，采用的方法有冰水降温法和并联电阻法，如图 5-123 所示。

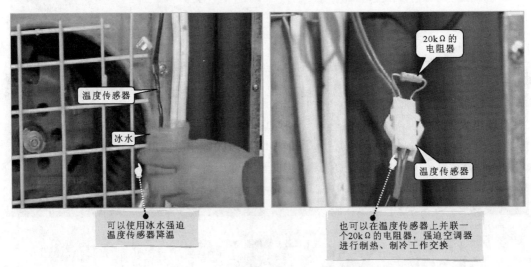

图 5-123　夏天进行强制制热排除毛细管油堵故障的方法

（2）排除毛细管脏堵

毛细管出现脏堵故障，多是因移机或维修操作过程中，有脏污进入制冷管路引起的。通常采用充氮清洁的方法排除故障，若毛细管堵塞十分严重，则需要对其进行更换。毛细管脏堵故障的排除方法如图 5-124 所示。

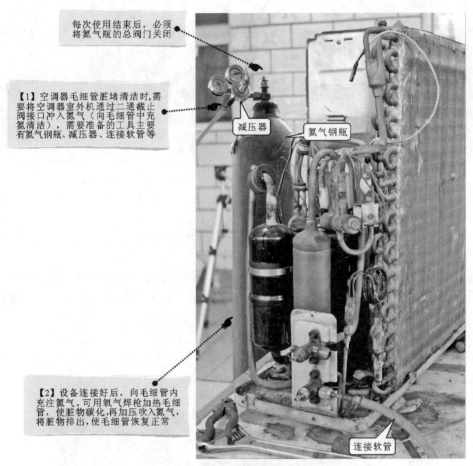

图 5-124　毛细管脏堵故障的排除方法

（3）排除毛细管冰堵

毛细管冰堵多是因充注的制冷剂或添加的冷冻机油中带有水分造成的，通常用加热、敲打毛细管的方法排除故障。毛细管冰堵故障的排除方法如图 5-125。

【特别提示】

若是由于充注制冷剂而造成冰堵故障，则应抽真空，重新充注制冷剂。

若是因为添加压缩机冷冻机油而造成冰堵故障，则应先排净冷冻机油后，再重新添加冷冻机油。

项目 2　过滤及节流组件的代换方法

一般情况下，冷暖式空调器中，毛细管与单向阀、干燥过滤器安装在室外机体内并连接

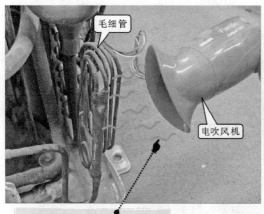

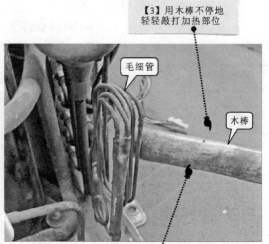

【1】迅速起动空调器，倾听蒸发器部位，如有断续的喷气声，说明冰堵情况较轻

毛细管

电吹风机

【3】用木棒不停地轻轻敲打加热部位

毛细管

木棒

【2】使用功率较大的电吹风机对着毛细管处加热3～5 min

【4】反复加热和敲打，直至蒸发器能够有连续的喷气声，则冰堵故障排除

图 5-125　毛细管冰堵故障的排除方法

在一起，位于压缩机上部的支架上。干燥过滤器、毛细管、单向阀出现故障后，空调器可能会出现不制冷（热）、制冷（热）效果差等现象。若干燥过滤器、毛细管、单向阀出现故障，就需要先将这三个部件作为一个整体拆焊，再对其整体进行代换。

1. 对干燥过滤器、毛细管、单向阀整体进行拆焊

干燥过滤器、毛细管、单向阀安装位置比较特殊，如图 5-126 所示。首先对单向阀与管路的焊接口处进行拆焊，其次是对干燥过滤器与管路的焊接口处进行拆焊。

单向阀

毛细管

干燥过滤器与管路的焊接口处

管路温度传感器

干燥过滤器

单向阀与管路的焊接口处

图 5-126　干燥过滤器、毛细管、单向阀安装位置

干燥过滤器、毛细管、单向阀整体拆焊操作如图5-127所示。首先对单向阀焊接口处进

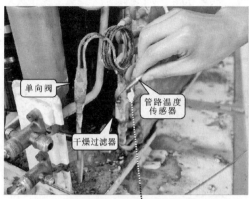

单向阀

管路温度
传感器

干燥过滤器

【1】在进行拆焊前，为了防止焊枪火
焰高温损坏干燥过滤器上的管路温度
传感器，需要将传感器取下

单向阀
焊接口处

与蒸发器连接
的制冷管路

焊枪

【2】准备好焊枪，按照焊枪设备的操作规范要求
进行点火、调整火焰，准备焊接。首先，将焊枪的
火焰对准单向阀与铜制管路的焊接口处，进行加热

【3】加热一段时间后，焊接口处明显变
红后，用钳子钳住单向阀向上提起，
即可将单向阀与管路接口处分离

单向阀

与蒸发器连接
的制冷管路

【4】将焊枪火焰对准干燥过滤器与
铜制管路的焊接口处，进行加热

【5】加热一段时间，焊接口处明显变红
后，用钳子钳住干燥过滤器向上提起，
即可将干燥过滤器与管路接口处分离

与冷凝器连接
的制冷管路

干燥过滤器与铜制
管路的焊接口处

与冷凝器连接
的制冷管路

图5-127　干燥过滤器、毛细管、单向阀整体拆焊操作

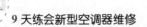

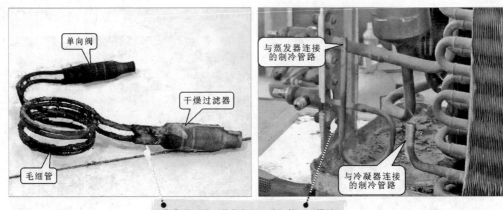

单向阀

干燥过滤器

毛细管

与蒸发器连接的制冷管路

与冷凝器连接的制冷管路

【6】此时就可将单向阀、毛细管、干燥过滤器作为一体组件从空调器管路上取下了

图5-127 干燥过滤器、毛细管、单向阀整体拆焊操作（续）

行开焊，使其分离。将单向阀与管路接口处分离后，接下对干燥过滤器焊接口处进行开焊，使其分离。

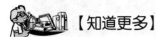【知道更多】

干燥过滤器、毛细管、单向阀整体取下后，可以使用氮气对其进行整体清洁。干燥过滤器、毛细管、单向阀的清洁方法如图5-128所示。

2. 对干燥过滤器、毛细管、单向阀整体进行代换

若清洁过程中，发现原来的干燥过滤器、毛细管、单向阀整体脏堵故障严重，则直接用新的干燥过滤器、毛细管、单向阀整体进行代换即可。代换时，需要根据脏堵严重的干燥过滤器、毛细管、单向阀整体的管路直径、大小选择合适的一体组件，选择好后便可对该组件进行代换。干燥过滤器、毛细管、单向阀的代换方法如图5-129所示。

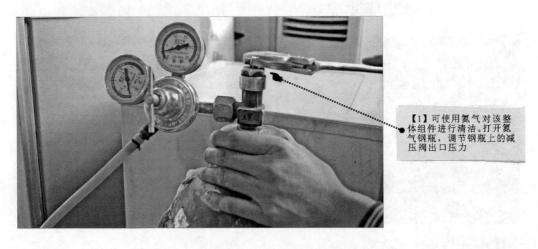

【1】可使用氮气对该整体组件进行清洁。打开氮气钢瓶，调节钢瓶上的减压阀出口压力

图5-128 干燥过滤器、毛细管、单向阀的清洁方法

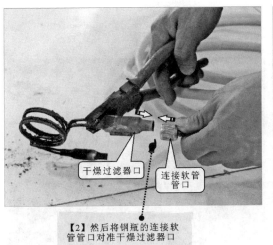

干燥过滤器口

连接软管管口

【2】然后将钢瓶的连接软管管口对准干燥过滤器口

【3】使用氮气清洁干燥过滤器、毛细管、单向阀一体组件，使其内部的杂质吹出

图 5-128　干燥过滤器、毛细管、单向阀的清洁方法（续）

【1】选择合适的干燥过滤器、毛细管、单向阀整体

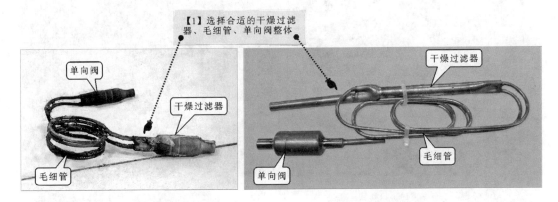

单向阀

干燥过滤器

毛细管

干燥过滤器

单向阀

毛细管

【2】选择好合适的干燥过滤器、毛细管、单向阀后，首先将干燥过滤器的一端插接到接冷凝器的管路中

【3】将单向阀的一端插接到与蒸发器连接的管路中

与蒸发器连接的管路

与冷凝器连接的管路

图 5-129　干燥过滤器、毛细管、单向阀的代换方法

【4】使用焊枪加热单向阀与管路接口处且距离焊接处稍远的部分，加热过程中来回移动焊枪，均匀加热

单向阀与管路接口处呈现暗红色

与蒸发器连接的管路

与冷凝器连接的管路

焊枪

焊条

焊枪

【5】当单向阀与管路接口处呈现暗红色时，将焊条放置到焊口处熔化

【6】使用焊枪加热干燥过滤器与管路接口处，且加热至距离焊接处稍远的部分加热过程中来回移动焊枪，均匀加热

焊条

与冷凝器连接的管路

【7】当干燥过滤器与管路接口处呈现暗红色时，将焊条放置到焊口处熔化

【8】焊接完成后，进行检漏、抽真空、充注制冷剂等操作，再进行通电试机，故障排除

图 5-129　干燥过滤器、毛细管、单向阀的代换方法（续）

练会新型空调器中电源电路的检修技能

【任务安排】

今天，我们要实现的学习目标是"练会新型空调器中电源电路的检修技能"。

上午的时间，我们主要是结合实际样机，了解并掌握新型空调器电源电路的结构、工作原理以及检修流程等基本知识。学习方式以"授课教学"为主。

下午的时间，我们将通过实际训练对上午所学的知识进行验证和巩固；同时强化动手操作能力，丰富实战经验。

上午

今天上午以学习为主，了解新型空调器中电源电路的检修知识。共划分成三课：

课程1　了解电源电路的结构

课程2　搞清电源电路的工作原理

课程3　掌握电源电路的检修流程

我们将用"图解"的形式，系统学习新型空调器中电源电路的结构、工作原理以及检修流程等专业基础知识。

课程1　了解电源电路的结构

这节课主要了解新型空调器中电源电路的结构，为下一步搞清电源电路的工作原理和检修流程作好铺垫。

不同类型空调器的电源电路功能基本相同，主要用来为空调器各电路部分或部件供电，这里以变频空调器的电源电路为例进行介绍。

变频空调器的电源电路可分为室内机电源电路和室外机电源电路两部分。

项目1　变频空调器室内机电源电路的结构

变频空调器室内机的电源电路与市电 220V 输入电压连接，通过接线端子为室内机主控电路板和室外机等进行供电。图 6-1 所示为海信 KFR—35GW/06ABP 型变频空调器室内机的电源电路。

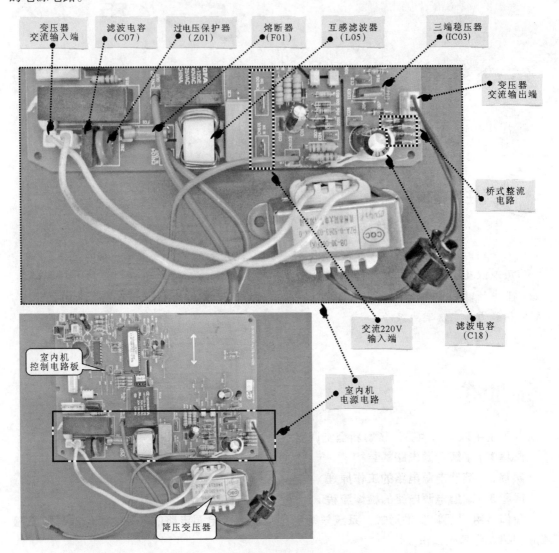

图 6-1　海信 KFR—35GW/06ABP 型变频空调器室内机的电源电路

可以看到，海信 KFR—35GW/06ABP 型变频空调器的室内机电源电路主要由互感滤波器、熔断器、过电压保护器、降压变压器、桥式整流电路、三端稳压器等元器件组成的。

1. 互感滤波器

图 6-2 所示为互感滤波器（L05）的实物外形及背部引脚。互感滤波器（L05）是由两组线圈在磁心上对称绕制而成的，其作用是通过互感原理消除来自外部电网的干扰，同时使空调器产生的脉冲信号不会辐射到电网对其他电子设备造成影响。

图 6-2　互感滤波器（L05）的实物外形及背部引脚

2. 熔断器

图 6-3 所示为熔断器（F01）的实物外形。熔断器（F01）主要起到保护电路安全运行的作用，它通常串接在交流 220V 输入电路中。当空调器的电路发生过载故障时，电流会不断升高，而过高的电流有可能损坏电路中的某些重要器件，甚至可能烧毁电路。而熔断器（又称保险盒、保险丝）会在电流异常升高到一定值时，靠自身熔断来切断电路，从而起到保护电路的目的。

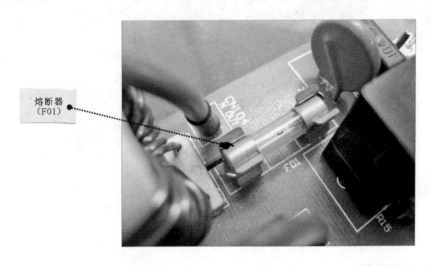

图 6-3　熔断器（F01）的实物外形

3. 过电压保护器

图 6-4 所示为过电压保护器（Z01）的实物外形及背部引脚，它实际是一只压敏电阻器。当空调器电路中的电压达到或者超过过电压保护器的临界值时，过电压保护器的电阻值会急剧变小，这样就会使熔断器迅速熔断，从而起到保护电路的作用。

图 6-4　过电压保护器（Z01）的实物外形及背部引脚

4. 降压变压器

图 6-5 所示为降压变压器的实物外形。空调器电源电路板中的降压变压器体积较大，具有明显的外形特征。其主要作用是将交流 220V 电压转变成交流低电压，然后经桥式整流、滤波和稳压后形成 + 12V 和 + 5V 的直流电压，为空调器中的各电路部分或部件提供工作电压。

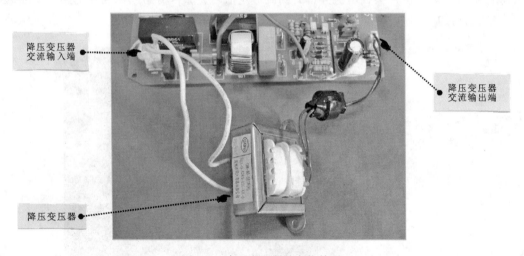

图 6-5　降压变压器的实物外形

5. 桥式整流电路

图 6-6 所示为桥式整流电路的实物外形。桥式整流电路由四只整流二极管（D09、D08、D10、D02）按照一定的结构连接而成，主要作用是将降压变压器输出的交流低电压整流为直流电压。

6. 三端稳压器

图 6-7 所示为三端稳压器（IC03）的实物外形。桥式整流电路输出的 + 12V 直流电压经

整流二极管
（D09）

整流二极管
（D08）

整流二极管
（D10）

桥式整流电路

整流二极管
（D02）

图6-6　桥式整流电路的实物外形

三端稳压器（IC03）稳压后，输出+5V直流电压，为微处理器或其他部件供电。

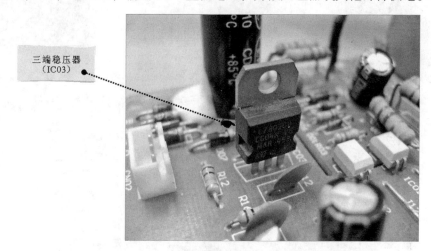

三端稳压器
（IC03）

图6-7　三端稳压器（IC03）的实物外形

项目2　变频空调器室外机电源电路的结构

变频空调器室外机的电源电路主要用于为室外机主控电路和变频电路等部分提供工作电压。图6-8所示为海信KFR—35GW/06ABP型变频空调器室外机的电源电路实物外形及电路图。

可以看到，该变频空调器室外机电源电路主要是由继电器（RY01）、滤波电容器（C37、C38、C400）、开关晶体管（Q01）、发光二极管（LED01）等元器件组成的。

1. 继电器

继电器是一种当输入电磁量达到一定值时，输出量将发生跳跃式变化的自动控制器件。图6-9所示为继电器（RY01）的实物外形及背部引脚。在空调器室外机电源电路中，继电器是一种由电磁线圈控制触点通断的器件。

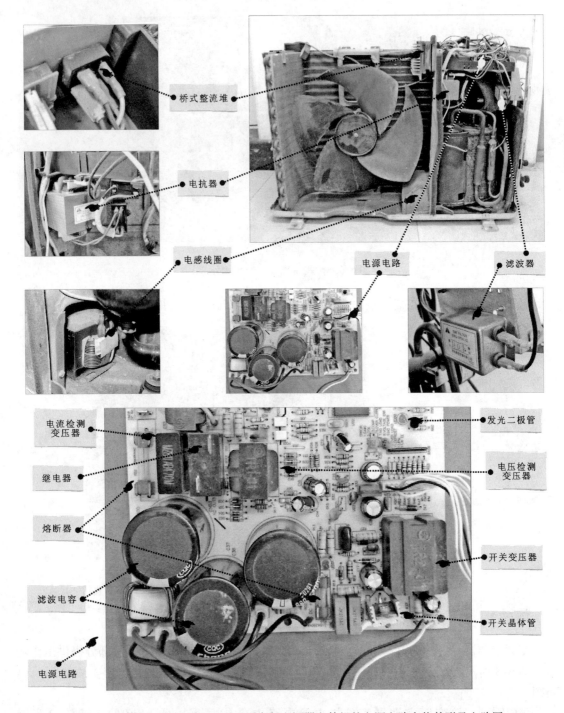

图 6-8 海信 KFR—35GW/06ABP 型变频空调器室外机的电源电路实物外形及电路图

2. 滤波电容器

图 6-10 所示为滤波电容器（C400、C37、C38）的实物外形。在空调器室外机电源电路板中，滤波电容器的体积较大，在电路板上很容易识别出来，并且在电容器的外壳上通常有负极性标识，方便确认引脚极性。

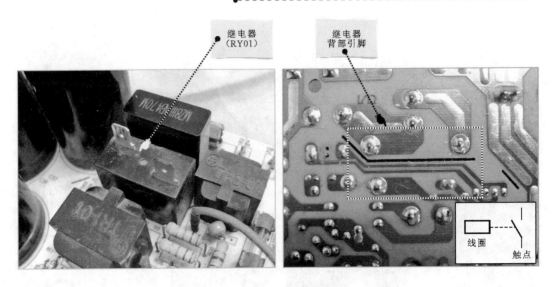

图 6-9　继电器（RY01）的实物外形及背部引脚

　　滤波电容器在电源电路中主要用来对电压进行平滑滤波处理，滤除直流电压中的脉动分量，从而将输出的直流电压变为稳定的直流电压。

图 6-10　滤波电容器（C400、C37、C38）的实物外形

3. 开关晶体管

　　图 6-11 所示为开关晶体管（Q01）的实物外形及背部引脚。开关晶体管一般安装在电源电路板散热片上，主要起到开关作用。

4. 发光二极管

　　发光二极管是一种指示器件，在空调器中主要用于指示工作状态，在电路上常以字母"LED"或"D"做标识。图 6-12 所示为空调器中发光二极管（LED01）的实物外形及背部引脚。

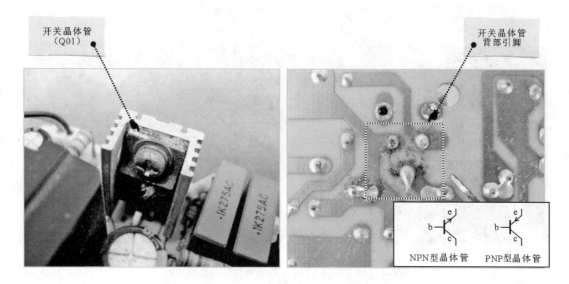

图 6-11　开关晶体管（Q01）的实物外形及背部引脚

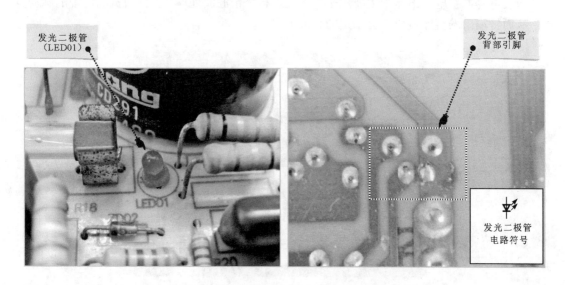

图 6-12　发光二极管（LED01）的实物外形及背部引脚

【特别提示】

在空调器室外机电源电路中还包括桥式整流堆、电抗器、电感线圈和滤波器等器件，均安装在空调器室外机的不同位置。其中，桥式整流堆主要是将 220V 交流电压整流后输出 300V 电压，为变频电路提供工作电压；滤波器和电感线圈主要用于滤除室外机电源电路中所产生的干扰，电抗器主要用于对滤波器输出的电压进行平滑滤波。

图 6-13 所示为空调器室外机电源电路中桥式整流堆和电抗器等的实物外形图。

图 6-13　空调器室外机电源电路中桥式整流堆和电抗器等的实物外形图

 课程 2　搞清电源电路的工作原理

通过上节课对变频空调器中电源电路结构组成的学习，我们初步了解了电源电路的结构特点和主要器件的特性及功能。接下来我们就对这些器件所构成的电源电路进行分析，以搞清电源电路的工作原理。

项目 1　室内机电源电路的工作原理

图 6-14 所示为海信 KFR—35GW/06ABP 型变频空调器的室内机电源电路部分。从图中可以看到，该电源电路主要是由互感滤波器（L05）、降压变压器、桥式整流电路（D02、D08、D09、D10）、三端稳压器（IC03）等构成的。

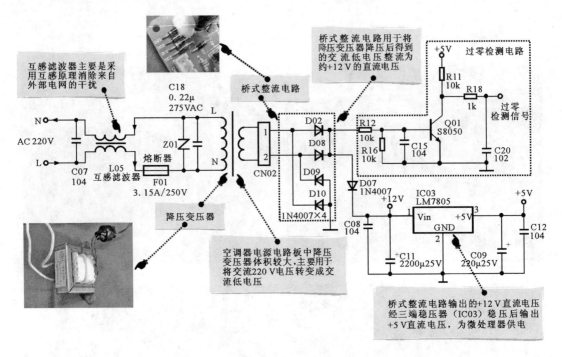

图 6-14   海信 KFR—35GW/06ABP 型变频空调器的室内机电源电路部分

空调器开机后，交流 220V 由插件送入室内机电源电路中，先经滤波电容 C07 和互感滤波器 L05 滤波处理后，再经熔断器 F01 送入的降压变压器中进行降压处理。

降压变压器将输入的交流 220V 电压进行降压处理后输出交流低电压，再经桥式整流电路以及滤波电容后，输出 +12V 的直流电压。

+12V 直流电压一路直接为其他元器件以及电路板提供工作电压。另一路经三端稳压器内部稳压后输出 +5V 直流电压，为变频空调器室内机各个相关电路提供工作电压。

【特别提示】

在室内机电源电路的直流低压输出端，设置有过零检测电路即电源同步脉冲形成电路，室内机过零检测电路的结构及工作原理如图 6-15 所示。变压器输出的交流 12V，经桥式整流电路（D02、D08、D09、D10）整流输出脉动的直流电，经 R12 和 R16 分压后提供给晶体管 Q01，当晶体管 Q01 的基极电压小于 0.7V（晶体管内部 PN 结的导通电压）时，Q01 不导通；而当 Q01 的基极电压大于 0.7V 时，Q01 导通，从而检出一个过零信号，送入微处理器（CPU）中，为微处理器提供电源同步脉冲。

项目 2   室外机电源电路的工作原理

空调器室外机的电源电路主要是由交流输入电路、整流滤波电路、开关振荡电路和次级输出电路等构成，下面我们以典型空调器为例，分别对各电路部分的工作原理进行分析。

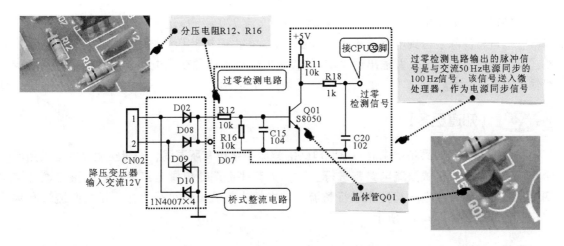

图6-15　室内机过零检测电路的结构及工作原理

1. 室外机的交流输入及整流滤波电路

图6-16所示为海信KFR—35GW/06ABP型变频空调器室外机的交流输入及整流滤波电路，可以看到该电路主要由滤波器、电抗器、滤波电容器、桥式整流堆等构成。

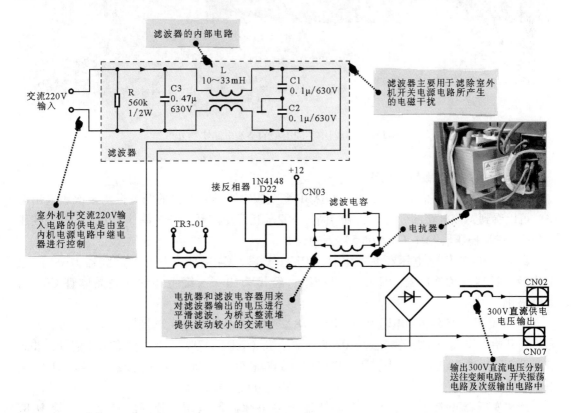

图6-16　海信KFR—35GW/06ABP型变频空调器室外机的
交流输入及整流滤波电路

室外机的电源是由室内机通过导线供给的，交流 220V 电压送入室外机后，经滤波器对电磁干扰进行滤除后送到电抗器和滤波电容器中，再由电抗器和滤波电容器进行滤波后送往桥式整流堆中进行整流，并输出约 300V 的直流电压分别送往变频电路、开关振荡电路及次级输出电路。

【知道更多】

不同型号、不同品牌空调器中电源电路的整流电路也有所不同，一般空调器中都采用四个整流二极管组成桥式整流电路来进行整流，也有些空调器电源电路采用桥式整流堆（将四个整流二极管集成在一起）来进行整流，其中桥式整流堆还可分为方形桥式整流堆和扁形桥式整流堆，如图 6-17 所示。

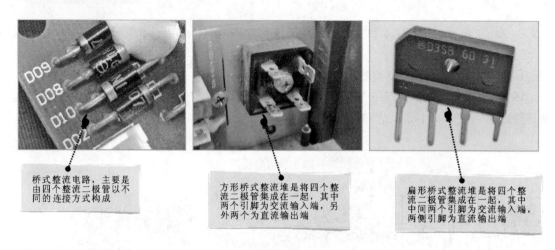

桥式整流电路，主要是由四个整流二极管以不同的连接方式构成

方形桥式整流堆是将四个整流二极管集成在一起，其中两个引脚为交流输入端，另外两个为直流输出端

扁形桥式整流堆是将四个整流二极管集成在一起，其中中间两个引脚为交流输入端，两侧引脚为直流输出端

图 6-17　空调器中不同类型的整流电路实物外形

2. 开关振荡及次级输出电路

图 6-18 所示为海信 KFR—35GW/06ABP 型变频空调器室外机的开关振荡及次级输出电路，可以看到，该电路部分主要是由熔断器 F02、互感滤波器、开关晶体管 Q01、开关变压器 T02、三端稳压器 U04（KIA7805）等构成的。

直流 +300V 供电电压经滤波电容（C37、C38、C400）以及互感滤波器 L300 滤除干扰后，送到开关变压器 T02 的一次绕组，经 T02 的一次绕组加到开关晶体管 Q01 的集电极上。

+300V 另一路经起动电阻 R13、R14、R22 为开关晶体管 Q01 基极提供起动信号，开关晶体管开始工作，处于开关状态，T02 的一次绕组（⑤脚和⑦脚）产生感应脉冲信号，并感应至 T02 的二次绕组上，其中，正反馈绕组（⑩脚和⑪脚）将感应的电压经电容器 C18、电阻器 R20 反馈到开关晶体管的基极，使开关晶体管进入振荡状态。

开关变压器正常工作后，其二次侧输出多组脉冲低电压，分别经整流二极管 D18、D19、D20、D21 整流后输出直流电压为变频电路供电；经 D17、C24、C28 整流滤波后，输出 +12V 直流电压为室外机控制电路供电。

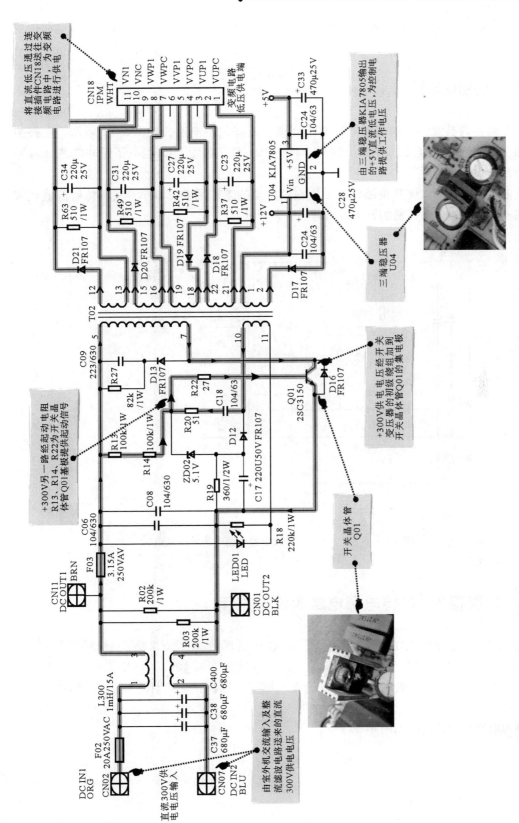

图 6-18　海信 KFR—35GW/06ABP 型变频空调器室外机的开关振荡及次级输出电路

12V 直流电压经三端稳压器 U04 稳压后，输出 +5V 直流电压，为室外机主控电路提供工作电压。

【特别提示】

在变频空调器室外机的电源电路中还会设有一些保护电路，如图 6-19 所示。在开关变压器 **T02** 的一次绕组⑤、⑦脚上并联 **R27**、**C09** 和二极管 **D13** 组成了缓冲电路（脉冲吸收电路）。

该电路一方面可以使开关晶体管工作在较安全的工作区内，减小开关晶体管的截止损耗，另一方面可以使输出端的开关尖峰电平大大降低。

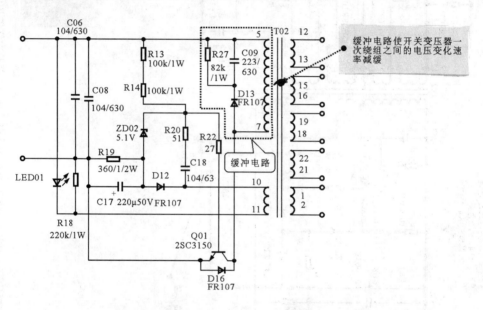

图 6-19　变频空调器室外机电源电路中的保护电路

课程 3　掌握电源电路的检修流程

电源电路是空调器中的关键电路，若该电路出现故障，经常会引起空调器不能开机、压缩机不工作、操作无反应等现象。对该电路进行检修时，可依据故障现象分析出产生故障的原因，并根据电源电路的信号流程，对可能产生故障的部件逐一进行排查。

电源电路的检修流程如图 6-20 所示。

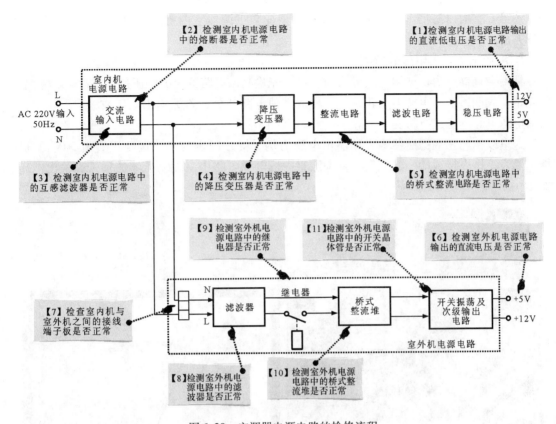

图6-20　空调器电源电路的检修流程

 # 下午

今天下午以操作训练为主，练会新型空调器电源电路的维修。共划分成两个训练：

训练1　练会电源电路的基本检修方法

训练2　新型空调器电源电路的检修实例

我们将借助实际样机，完成对新型空调器电源电路的实训操作。

 ## 训练1　练会电源电路的基本检修方法

下午主要是对上午学习过的知识进行进一步的验证，练习空调器中电源电路的检修。

根据空调器电源电路的检修流程可知，在检测电源电路时，可以分别对室内机的电源电路和室外机的电源电路进行检修。

项目1　室内机电源电路的基本检修方法

检修空调器室内机的电源电路时可顺其基本的信号流程，对电路中的输出电压及主要元器件进行检测，如熔断器、互感滤波器、过电压保护器、降压变压器、桥式整流电路、三端

247

稳压器等。下面以海信 KFR—35GW/06ABP 型变频空调器室内机的电源电路为例,介绍其检修方法。

1. 电源电路输出电压的检测

怀疑空调器室内机电源电路异常时,可首先检测该电路输出的电压是否正常。若输出电压正常,表明室内机电源电路正常,应检测其他电路部分;若无输出电压或输出电压异常,再对电源电路本身进行检测。

这里以检测三端稳压器输入和输出电压为例。将万用表的量程调至"直流50V"电压挡,黑表笔搭在接地端,红表笔分别检测室内机电源电路中三端稳压器的输入和输出电压,如图 6-21 所示。

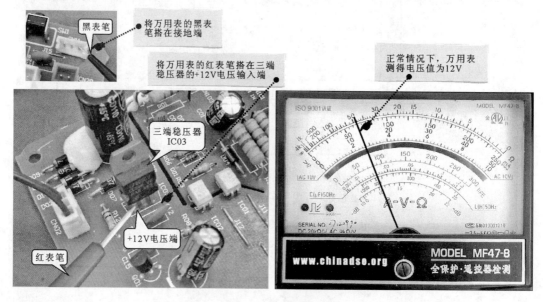

a) +12V输入电压的检测

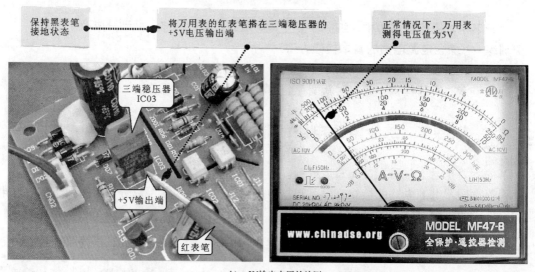

b) +5V输出电压的检测

图 6-21 空调器室内机电源电路输出电压的检测

若测得输入 +12V 电压正常，而输出 +5V 电压不正常，说明三端稳压器 IC03 损坏；若输入电压不正常，则说明前级电路异常，应顺信号流程逐级向前检测。

若电源电路各路均无电压输出，则多为电源电路未工作，应重点对该电源电路中的主要元器件进行检测，如熔断器、互感滤波器、降压变压器、桥式整流电路等。

2. 熔断器（F01）的检测

若熔断器损坏，交流 220V 无法正常进入后级电路，空调器室内机电源电路也无法正常工作，检测前首先观察熔断器的外观，查看是否有破裂、烧焦的痕迹，若从表面无法判断出熔断器故障，则可以用万用表检测熔断器引脚端的电阻值来确定熔断器是否损坏。

检测时将万用表调至"×1"欧姆挡，红、黑表笔分别搭在熔断器两端，一般情况下，熔断器两端的电阻值应趋于零，若所测的电阻值趋于无穷大，则说明熔断器已经熔断损坏。熔断器的检测方法如图 6-22 所示。

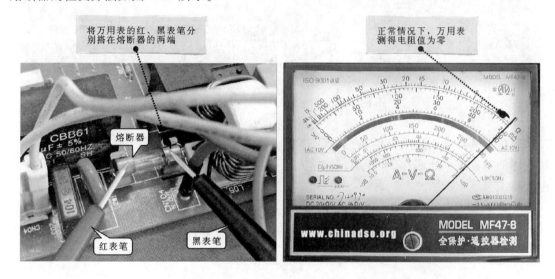

图 6-22　熔断器的检测方法

引起熔断器烧坏的原因很多，但多数情况是交流输入电路或开关振荡电路中有过载现象。这时应进一步检查电路，排除过载元器件后再开机。否则即使更换熔断器后，可能还会烧断。

3. 互感滤波器（L05）的检测

互感滤波器也是室内机电源电路中的主要器件，若该器件损坏，也会引起交流 220V 电压无法送至电路的故障。

互感滤波器的检测方法比较简单，主要是在开路的状态下使用万用表检测内部线圈之间的阻值，将万用表调至"×1"欧姆挡，红、黑表笔分别搭在两组线圈的引脚上，测得互感滤波器内部线圈的电阻值应趋于零，如图 6-23 所示。若测得的电阻值趋于无穷大，说明互感滤波器已经断路损坏，需要使用同型号的互感滤波器进行更换。

4. 降压变压器的检测

降压变压器是室内机电源电路中的核心器件，若其损坏，将会引起室内机电源电路不工作的故障。

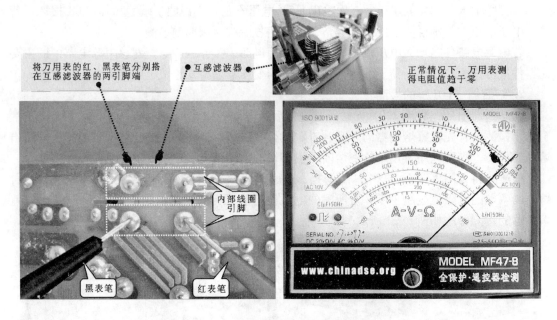

将万用表的红、黑表笔分别搭在互感滤波器的两引脚端

互感滤波器

正常情况下，万用表测得电阻值趋于零

内部线圈引脚

黑表笔

红表笔

图6-23　互感滤波器（L05）的检测方法

可在通电状态下使用万用表的电压挡检测降压变压器输入、输出端的电压，来判断其性能是否良好，如图6-24所示。若输入电压正常，而无输出电压，说明降压变压器存在故障。

5. 桥式整流电路（D09、D08、D10、D02）的检测

若测得降压变压器输出电压正常，则顺其信号流程，接下来应检测桥式整流电路是否正常。

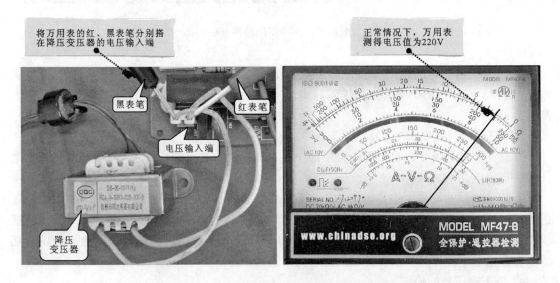

将万用表的红、黑表笔分别搭在降压变压器的电压输入端

正常情况下，万用表测得电压值为220V

黑表笔

红表笔

电压输入端

降压变压器

图6-24　降压变压器的检测方法

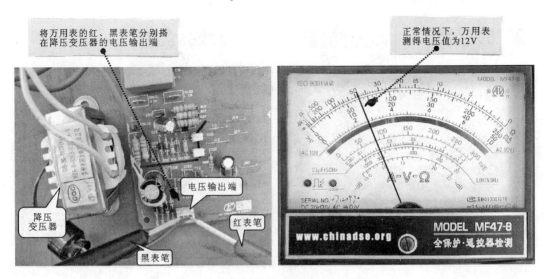

将万用表的红、黑表笔分别搭在降压变压器的电压输出端

正常情况下，万用表测得电压值为12V

电压输出端

降压变压器

红表笔

黑表笔

图 6-24　降压变压器的检测方法（续）

在断电的情况下，将万用表的量程调至"×1"欧姆挡，并进行欧姆调零校正，分别检测桥式整流电路中四只整流二极管的正反向电阻值。以整流二极管 D02 为例，检测方法如图 6-25 所示。正常情况下，整流二极管的正向电阻值为 8.5Ω 左右（在路检测时会受外电路的影响），反向电阻值为无穷大。若测得正反向电阻值相差极小，说明二极管已经损坏。

【特别提示】

在路检测桥式整流电路中的整流二极管时，很可能会受到外围元器件的影响，导致实测结果不一致，也没有明显的规律，而且具体数值会因电路结构的不同而有所区别。因此，若

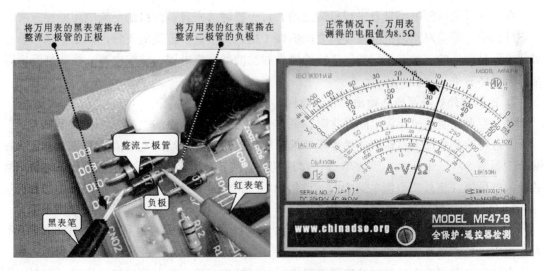

将万用表的黑表笔搭在整流二极管的正极

将万用表的红表笔搭在整流二极管的负极

正常情况下，万用表测得的电阻值为8.5Ω

整流二极管

负极

红表笔

黑表笔

a) 整流二极管正向电阻值的检测

图 6-25　桥式整流电路中整流二极管（D02）的检测方法

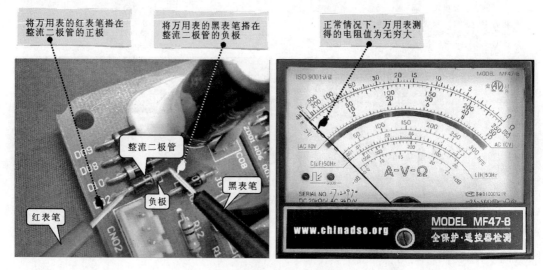

将万用表的红表笔搭在整流二极管的正极

将万用表的黑表笔搭在整流二极管的负极

正常情况下，万用表测得的电阻值为无穷大

整流二极管

黑表笔

负极

红表笔

b) 整流二极管反向电阻值的检测

图 6-25　桥式整流电路中整流二极管（D02）的检测方法（续）

经在路初步检测怀疑整流二极管异常时，可将其从电路板上取下后进行进一步检测和判断。通常在开路状态下，整流二极管应满足正向导通、反向截止的特性。

项目 2　室外机电源电路的基本检修方法

在对空调器室外机电源电路进行检修时，可首先检测电源输出端的电压是否正常，若输出电压正常，就说明室外机电源电路正常，应检测其他电路部分；若无输出电压或输出电压异常，则说明室外机电源电路工作异常，应针对室外机电源电路进行检测。

在对室外机电源电路自身进行检测之前，首先要确认来自室内机的交流电压能够正常送入室外机中，即应对室内机与室外机之间的端子板进行检查。若供电正常，则接下来可重点对几个较易损坏的、关键的元器件进行检测，如滤波器、继电器、滤波电容、桥式整流堆以及开关晶体管等。

1. 检测室外机电源电路输出的直流电压

怀疑空调器室外机电源电路异常时，可首先检测该电路输出的直流电压是否正常。

一般可检测电源电路输出插件处或三端稳压器输入或输出端的电压值。将万用表的量程调至"直流 50V"电压挡，黑表笔搭在接地端，红表笔检测室外机电源电路中三端稳压器的输入电压值（室外机电源电路中的一路输出），如图 6-26 所示。

2. 检查室外机与室内机之间的端子板

检查室外机电源电路前，可先对室外机与室内机之间的端子板进行检查。图 6-27 所示为连接室内机和室外机的端子板。

当变频空调器室内机与室外机供电异常时，可首先对端子板上的连接插件进行检查。将通信端接插件的螺钉拧松后，可取下接插件检查，若发现室外机端子板上通信线路的接插件损坏，需将其更换，如图 6-28 所示。

　　空调器电源部分端子板上的接插件多为 U 形接插件，在更换时，最好使用与原接插件大小相同的接插件进行代换。

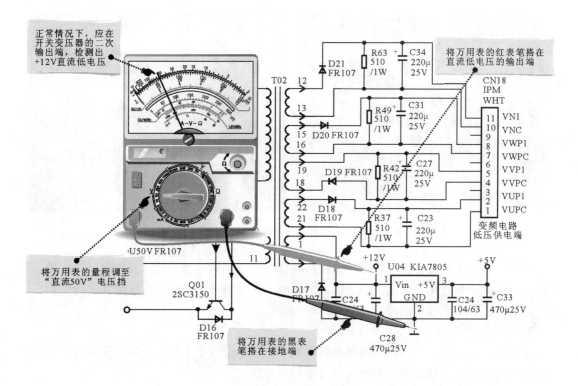

图 6-26　室外机电源电路输出直流电压的检测

图 6-27　连接室内机和室外机的端子板

　　若经检查线路连接良好，而室外机电源电路工作仍异常时，可接下来重点检查室外机电源电路中的熔断器、滤波电容器等是否良好。熔断器的检测与室内机熔断器的检测方法相同，可参考室内机熔断器的检测方法，在此不再赘述。

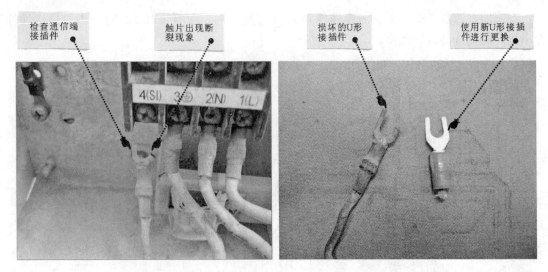

检查通信端
接插件

触片出现断
裂现象

损坏的U形
接插件

使用新U形接插
件进行更换

图 6-28　检查端子板的接插件并更换 U 形接插件

　　另外，还应检查端子板上的连接线路是否良好，以判断连接引线是否有短路性故障。若发现连接引线严重老化，引线内部的铜丝断裂时，应及时将接插件及其导线都进行更换，以防止在通电过程中出现短路的故障。

3. 滤波器的检修

　　滤波器出现故障后，往往导致室外机出现工作不稳定或不工作的故障。检测时，应通过检查滤波器的输入、输出电压来判断滤波器是否损坏。

　　室外机通电后，将万用表的量程调整至"交流 250V"电压挡，检测滤波器的输入电压，如图 6-29 所示。室外机通电正常情况下，滤波器的输入端应可以测得交流 220V 的电压值，若无电压值，应重点检查端子板的连接情况或室内机控制电路部分。

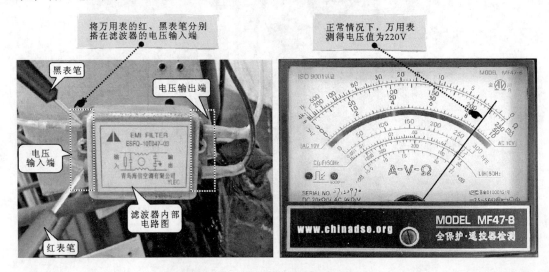

将万用表的红、黑表笔分别
搭在滤波器的电压输入端

正常情况下，万用表
测得电压值为220V

黑表笔

电压输出端

电压
输入端

滤波器内部
电路图

红表笔

图 6-29　滤波器输入电压的检测

　　若经检测滤波器的输入电压正常，可将万用表表笔分别搭在滤波器的输出端，如

图6-30所示。滤波器正常时，在其输出端也可以测得交流220V电压值，若测得电压值偏低或无电压输出，说明滤波器已损坏。

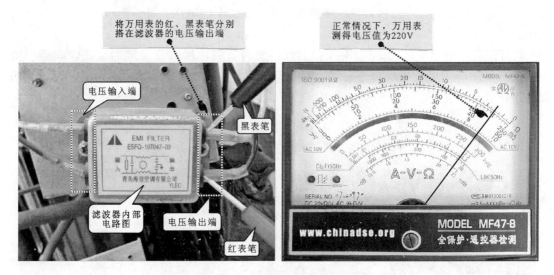

图6-30　滤波器输出电压的检测

4. 继电器（RY01）的检修

空调器室外机电源电路中的继电器是控制室外机是否接通电源的关键器件。继电器（RY01）的检测方法比较简单，主要是在开路的状态下使用万用表检测内部线圈的阻值，将万用表调至"×10"欧姆挡，红、黑表笔分别搭在两组线圈的引脚上，测得继电器内部线圈的电阻值为14Ω，如图6-31所示。若测得的电阻值趋于无穷大，说明继电器已经断路损坏，需要使用同型号的继电器进行更换。

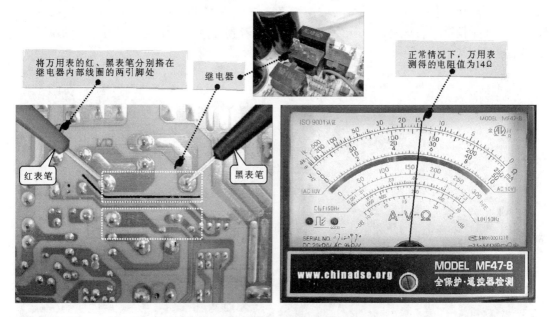

图6-31　继电器（RY01）的检测方法

5. 桥式整流堆的检修

若经检测前述器件均正常，则应顺信号流程检测桥式整流堆是否正常。检测桥式整流堆时，可将室外机通电，检测桥式整流堆输入、输出引脚上的电压，进而判断桥式整流堆是否损坏。

将万用表调至"交流250V"电压挡，红、黑表笔搭在桥式整流堆的交流输入端引脚上，如图6-32所示。正常情况下，其输入电压应为交流220V，若输入电压异常，说明其前级电路异常。

将万用表的红、黑表笔分别搭在桥式整流堆交流输入端的两引脚上

正常情况下，万用表测得电压值为220V

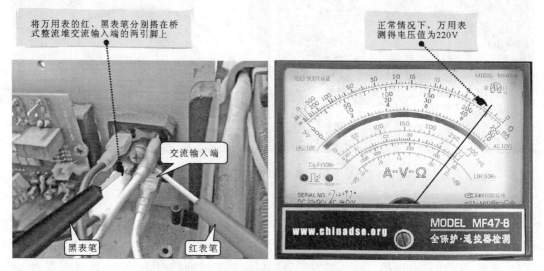

交流输入端

黑表笔　　　红表笔

图6-32　桥式整流堆输入电压的检测

若其输入端电压为交流220V，将万用表调至"直流500V"电压挡，检测桥式整流堆的直流输出端电压。如图6-33所示，黑表笔搭在桥式整流堆的负极输出端，红表笔搭在正极输出端，正常情况下，该输出电压为270～300V。若测得输出电压极低或为零，则说明桥式整流堆已经损坏。

将万用表的黑表笔搭在桥式整流堆的负极输出端

将万用表的红表笔搭在桥式整流堆的正极输出端

正常情况下，万用表测得电压值为300V

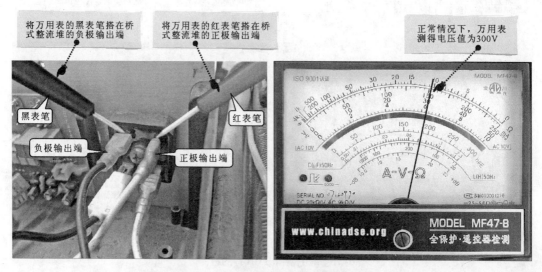

黑表笔　　　　　红表笔

负极输出端　　　正极输出端

图6-33　桥式整流堆输出电压的检测

6. 开关晶体管（Q01）

若检测室外机电源电路中的上述器件均正常，此时需要对开关晶体管进行检测。检测开关晶体管的好坏，主要是使用万用表检测开关晶体管引脚间的电阻值是否正常，如图 6-34 所示。

将万用表的黑表笔搭在开关晶体管的基极（b）引脚端

将万用表的红表笔搭在开关晶体管的集电极（c）引脚端

正常情况下，万用表应测得有一定的电阻值

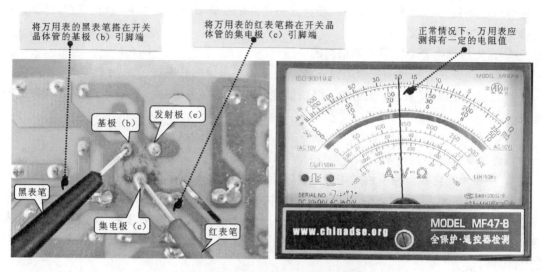

a) 开关晶体管基极和集电极之间正向阻值的检测

将万用表的黑表笔搭在开关晶体管的基极（b）引脚端

将万用表的红表笔搭在开关晶体管的发射极（e）引脚端

正常情况下，万用表应测得有一定的电阻值

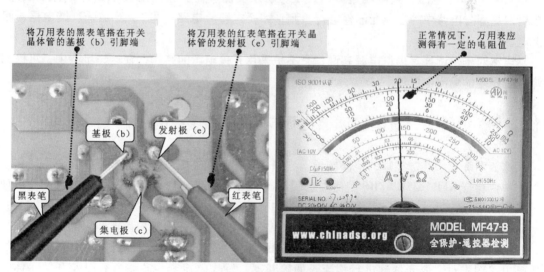

b) 开关晶体管基极和发射极之间正向阻值的检测

图 6-34　开关晶体管（Q01）的检测方法

将指针式万用表调至"×10"欧姆挡（单独检测晶体管时应选"×1k"欧姆挡），检测开关晶体管（Q01）的基极（b）分别和发射极（e）、集电极（c）之间的正反向阻抗，正常情况下，只有在黑表笔接基极，红表笔接集电极或发射极时，万用表才会显示一定的电阻值，而其他引脚间的电阻值均为无穷大。测量时若发现引脚间的电阻值不正常或趋于零，即证明开关晶体管已损坏（注意，在实际检测时应考虑外围元器件的影响）。

【特别提示】

检测空调器的电源电路时，除上述通过对关键元器件的检测逐步排查故障点的方法外，还可通过对关键点电压值的检测来判断某部分电路的工作状态，这可有效缩小故障范围，提高维修效率。如采用以下方法：

① 首先检测电源电路最末端输出的电压值。

若输出电压正常，说明电源电路正常，无需再对电源部分进行检测。

若无输出电压或输出电压异常，则说明电源电路本身有故障，应重点对电源电路进行检测。

其中若只有一路无电压输出，则故障多为该路的次级输出电路中存在故障元器件。

若输出端几路电压均不正常，则说明电源电路未工作，应对前级电路进行检测。

② 接着检测电源电路中桥式整流电路输出的 +300V 电压值。

若 +300V 电压正常，说明电源电路中的交流输入、整流滤波电路部分基本正常，无需再对这些电路中的相关元器件进行检测，应将故障范围初步锁定在开关振荡电路部分，重点对开关振荡电路中的开关晶体管、开关变压器以及振荡电路进行检测即可；

若无 +300V 电压，或电压过高、过低，说明交流输入、整流滤波电路部分存在故障，应针对这部分电路中的主要元器件进行检测，如桥式整流电路（堆）、滤波器、继电器、滤波电容器等；

当然对于空调器室内机电源来说，它不是采用开关电源的结构，在这一步骤中，可检测降压变压器的输出电压值。

 训练 2　新型空调器电源电路的检修实例

这节训练我们通过实际的检修例子，进一步巩固空调器电源电路的检修技能。

一台长虹 KFR—35GW/BP 型变频空调器通电后无反应，电源指示灯不亮。空调器出现不开机的现象，可首先怀疑是由于电源电路中有元器件损坏引起的。

图 6-35 所示为长虹 KFR—35GW/BP 型变频空调器室内机电源电路。

由图 6-35 可知，在对长虹 KFR—35GW/BP 型变频空调器室内机电源电路进行检测时，应顺电路图先对主要元器件进行检测，如熔断器、桥式整流堆、滤波电容以及开关晶体管等，若发现有损坏的元器件应及时更换，以排除故障。新型空调器电源电路的检修实例如图 6-36 所示。

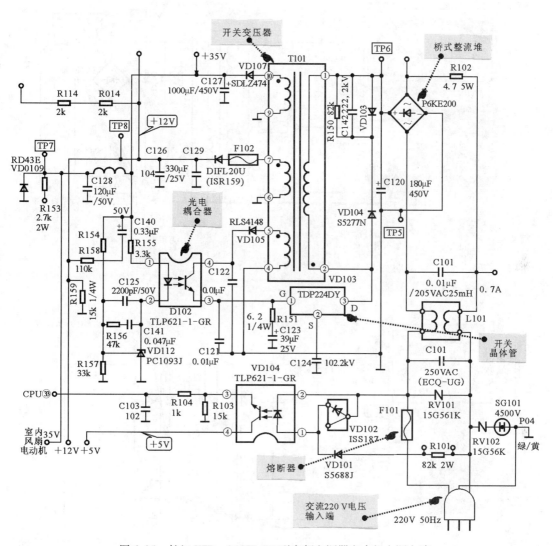

图 6-35　长虹 KFR—35GW/BP 型变频空调器室内机电源电路

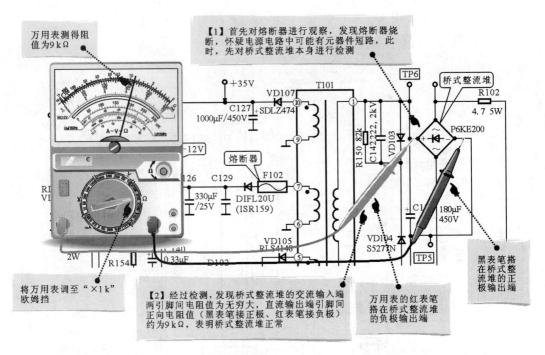

万用表测得阻值为9kΩ

【1】首先对熔断器进行观察，发现熔断器烧断，怀疑电源电路中可能有元器件短路，此时，先对桥式整流堆本身进行检测

桥式整流堆

黑表笔搭在桥式整流堆的正极输出端

将万用表调至"×1k"欧姆挡

【2】经过检测，发现桥式整流堆的交流输入端两引脚间电阻值为无穷大，直流输出端引脚间正向电阻值（黑表笔接正极、红表笔接负极）约为9kΩ，表明桥式整流堆正常

万用表的红表笔搭在桥式整流堆的负极输出端

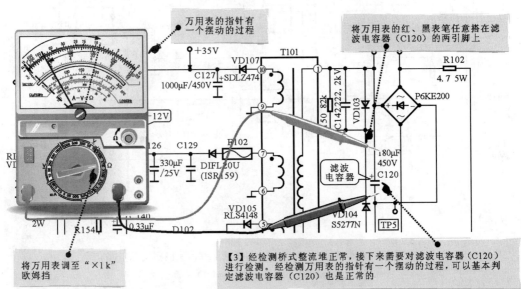

万用表的指针有一个摆动的过程

将万用表的红、黑表笔任意搭在滤波电容器（C120）的两引脚上

滤波电容器

将万用表调至"×1k"欧姆挡

【3】经检测桥式整流堆正常，接下来需要对滤波电容器（C120）进行检测。经检测万用表的指针有一个摆动的过程，可以基本判定滤波电容器（C120）也是正常的

图 6-36　新型空调器电源电路的检修实例

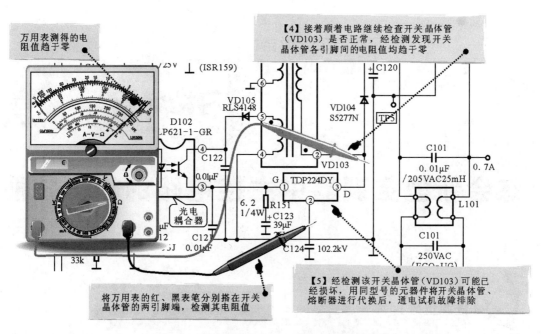

图 6-36　新型空调器电源电路的检修实例（续）

练会新型空调器中主控电路的检修技能

9天练会 第7天

【任务安排】

今天，我们要实现的学习目标是"练会新型空调器中主控电路的检修技能"。

上午的时间，我们主要是结合实际样机，了解并掌握新型空调器主控电路的结构、工作原理以及检修流程等基本知识。学习方式以"授课教学"为主。

下午的时间，我们将通过实际训练对上午所学的知识进行验证和巩固；同时强化动手操作能力，丰富实战经验。

上午

今天上午以学习为主，了解新型空调器中主控电路的检修知识。共划分成三课：

课程1　了解主控电路的结构

课程2　搞清主控电路的工作原理

课程3　掌握主控电路的检修流程

我们将用"图解"的形式，系统学习新型空调器中主控电路的结构、工作原理以及检修流程等专业基础知识。

课程1　了解主控电路的结构

这节课主要学习和了解新型空调器中主控电路的结构，为下一步搞清主控电路的工作原理和检修流程作好铺垫。

空调器中的主控电路是以微处理器为核心的控制电路，也是空调器的核心电路。不同类型的空调器中主控电路的结构也有所不同，下面以目前流行的变频空调器的主控电路为例进行介绍。

变频空调器的主控电路大体可以分为两个部分，即室内机主控电路和室外机主控电路，下面分别对这两部分的主控电路进行介绍。

项目1　室内机主控电路的结构

图7-1所示为海信 KFR—35GW 型变频空调器的室内机主控电路。可以看到，该主控电路主要是由微处理器、晶体、EEPROM 存储器以及复位电路等组成的。

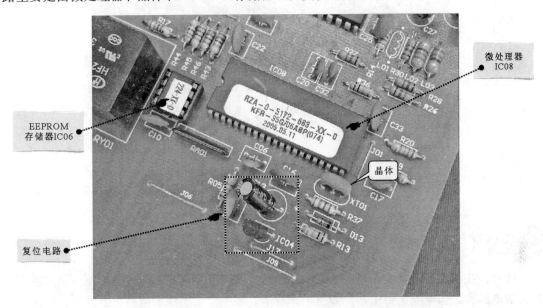

图7-1　海信 KFR—35GW 型变频空调器的室内机主控电路

微处理器是主控电路中的核心器件，也称为 CPU，内部集成有运算器和控制器，主要用来对人工信号进行识别，输出控制信号。

存储器主要用来存储空调器的初始化程序信息，以及调整后的数据信息，其中调整后的数据是可以更改的。

晶体主要用来和微处理器内部的振荡电路构成晶体振荡器，产生时钟晶体振荡信号，作为微处理器的同步信号。

复位电路主要用来为微处理器提供复位信号。

项目2　室外机主控电路的结构

变频空调器一般都设有室外机主控电路。图7-2所示为海信 KFR—35GW 型变频空调器的室外机主控电路。可以看到，该电路也主要是由微处理器、晶体、EEPROM 存储器以及复位电路等组成的。

室外机的微处理器接收由室内机微处理器送来的控制信号，然后对室外机的各个部件及电路进行控制。

EEPROM 存储器用于存储室外机系统运行的一些状态参数，如压缩机的运行曲线数据、变频电路的工作数据等。

晶体用来为微处理器提供时钟晶体振荡信号。

复位电路主要用来在开机时为微处理器提供复位信号。

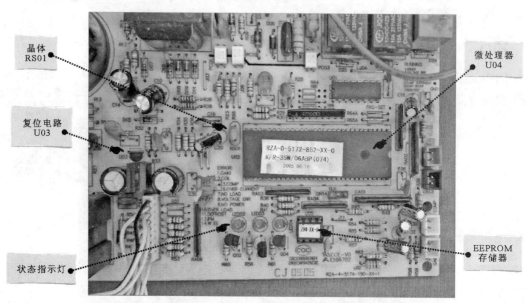

图 7-2　海信 KFR—35GW 型变频空调器的室外机主控电路

 【知道更多】

　　此外，在空调器室外机的电路板上，还设有电压检测电路和电流检测电路，用来检测室外机的电压和工作电流是否正常，如图 **7-3** 所示。其中，电压检测电路主要由电压检测变压器 **T01** 和整流二极管 **D08 ~ D11** 构成；电流检测电路主要包括电流检测变压器 **CT01** 和整流二极管 **D01 ~ D04** 等。

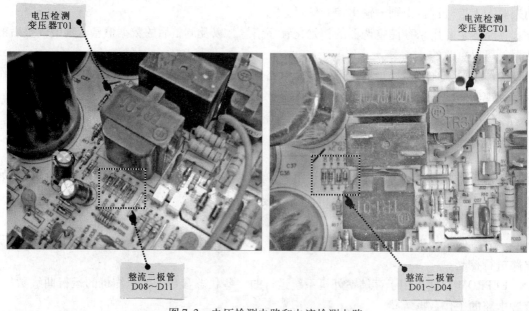

图 7-3　电压检测电路和电流检测电路

【特别提示】

变频空调器通常在室内机和室外机中均设有主控电路，而普通空调器大多只在室内机中安装有主控电路，如图7-4所示。与变频空调器相同，普通空调器的主控电路也是由微处理器和外围电路等组成的。

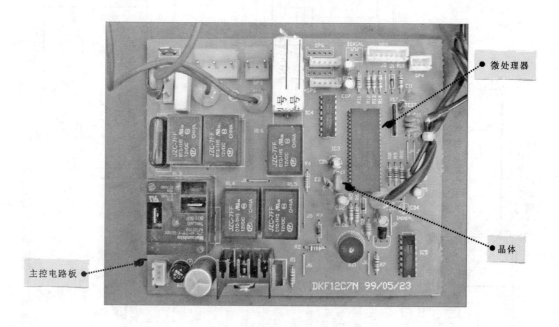

图7-4　普通空调器的主控电路

课程2　搞清主控电路的工作原理

通过上节课对变频空调器中主控电路结构组成的学习，我们初步了解了主控电路的结构特点和主要器件的功能。接下来我们就对这些器件所构成的主控电路进行分析，进而搞清主控电路的工作原理。

项目1　室内机主控电路的工作原理

室内机主控电路的工作受遥控发射器的控制。遥控发射器送来的空调器开机/关机、制冷/制热功能转换、温度设置、风速强度、导风板的摆动等信号以编码的形式送入室内机的遥控接收电路，然后再送到微处理器中，微处理器对控制指令进行识别，并按照程序对空调器各部分进行控制。

图7-5所示为典型变频空调器的室内机主控电路图。该电路是以微处理器IC08为核心的自动控制电路。

9 天练会新型空调器维修

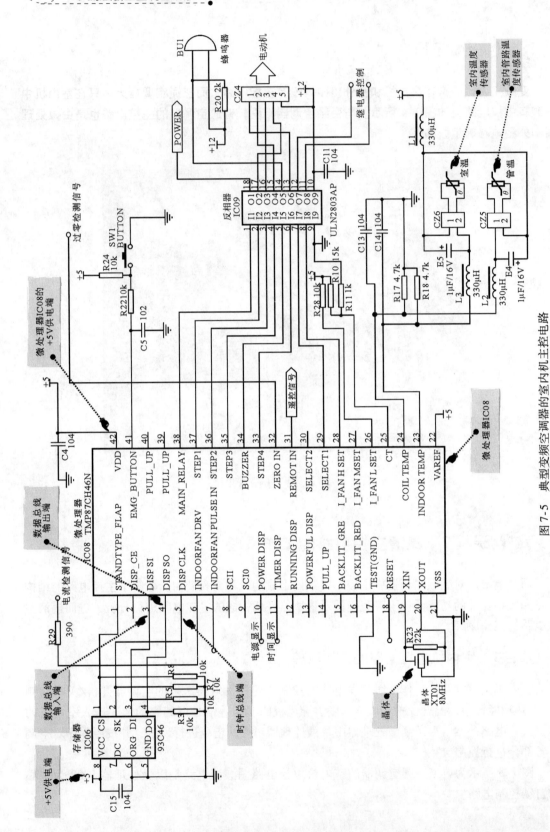

图 7-5　典型变频空调器的室内机主控电路

266

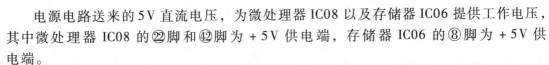

电源电路送来的 5V 直流电压，为微处理器 IC08 以及存储器 IC06 提供工作电压，其中微处理器 IC08 的㉒脚和㊷脚为 +5V 供电端，存储器 IC06 的⑧脚为 +5V 供电端。

微处理器 IC08 的⑲脚和⑳脚与晶体 XT01 相连，用来产生 8MHz 的时钟晶体振荡信号，为微处理器 IC08 提供工作信号。

微处理器 IC08 的③~⑤脚为 I²C 总线信号端（时钟总线和数据总线），与存储器 IC06 相连，用来传输数据信号，其中微处理器③脚和④脚为数据总线输入、输出端，⑤脚为时钟总线端。

【特别提示】

此外微处理器 IC08 的㉝~㊳脚输出蜂鸣器以及风扇电动机的驱动信号，经反相器 IC09 后控制蜂鸣器及风扇电动机工作。⑩脚和⑪脚输出电源和时间显示控制信号，送往操作显示电路板。⑱脚为复位信号端，用来连接复位电路。

项目 2　室外机主控电路的工作原理

室外机的主控电路由室内机进行控制，接收由室内机传输的控制信号后，对室内机微处理器送来的指令信号进行识别，解读出指令内容，然后对室外机的电路以及部件进行控制。图 7-6 所示为典型变频空调器的室外机主控电路。

室外机的微处理器芯片为 U02（TMP88PS49N），它通过各种接口与外部电路连接。

室外机主控电路得到工作电压后，由复位电路为微处理器提供复位信号，微处理器开始运行工作。

微处理器 U02 的㊾脚为通信信号输入端，接收由通信电路（空调器室内机与室外机进行数据传输的关联电路）传输的控制信号，并由其㊵脚将室外机的运行和工作状态数据经通信电路送回室内机主控电路中。

室外机主控电路工作后，接收由室内机传输的制冷/制热控制信号后，便对变频电路进行驱动控制，经由接口 CN18 将驱动信号送入变频电路中。

EEPROM 存储器用于存储室外机系统运行的一些状态参数，如压缩机的运行曲线数据、变频电路的工作数据等；EEPROM 存储器在其②脚（SCK）的作用下，通过④脚将数据输出，③脚输入运行数据，室外机的运行状态通过状态指示灯指示出来。

【特别提示】

此外，在室外机主控电路的外围还设有电流检测电路和电压检测电路。

图 7-7 所示为电压检测电路的原理图。交流 220V 电压首先经电压检测变压器降压，再经整流二极管 D08~D11 整流滤波后，变成直流电压送入微处理器㊿脚，由微处理器判断室外机供电电压是否正常。若交流输入电压发生变化，会引起整流后直流电压的变化，微处理器根据直流电压的变化情况即可判别输入交流电压是否在正常的范围内。

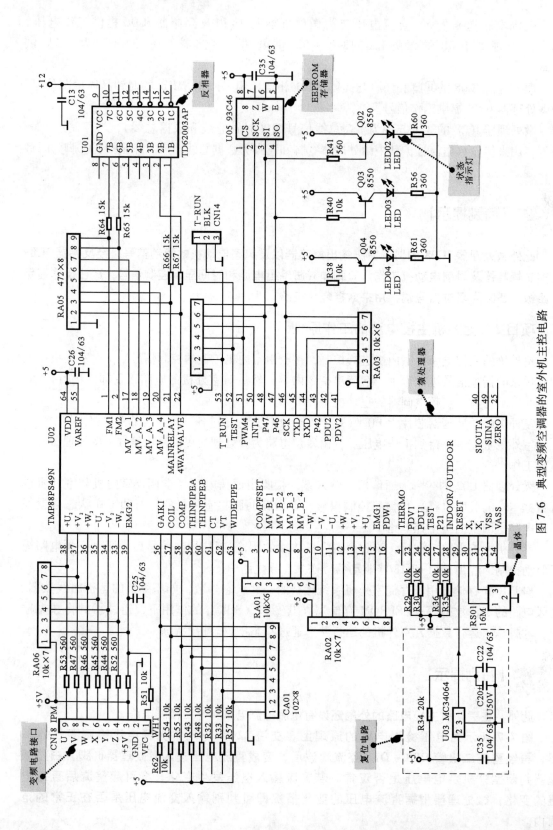

图 7-6　典型变频空调器的室外机主控电路

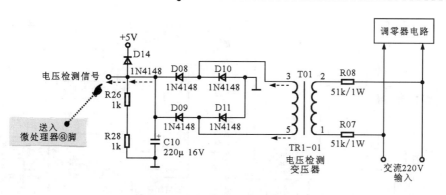

图 7-7　电压检测电路的原理图

图 **7-8** 所示为电流检测电路的原理图。该电路通过电流检测变压器判断交流 220V 的供电电流是否正常。

当室外机工作时，交流 **220V** 供电线路中会有电流，该电流会使电流检测变压器的绕组感应出电压，该电压与电流成正比，该电压经整流二极管 **D01 ~ D04** 整流处理后，送入微处理器的⑥脚，由微处理器对电压检测信号进行分析处理，从而判别电流是否在正常的范围内，如有过电流情况，即对室外机进行保护控制。

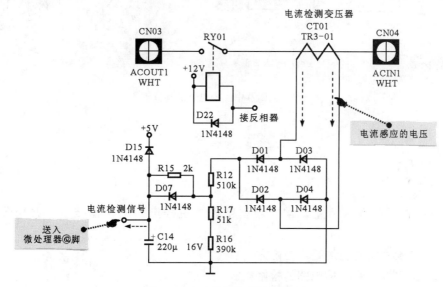

图 7-8　电流检测电路的原理图

 ## 课程 3　掌握主控电路的检修流程

主控电路是空调器中的关键电路，该电路出现故障，经常会引起空调器出现不起动、制冷/制热异常、操作或显示不正常等现象。对该电路进行检修时，可依据故障现象分析出产生故障的原因，并根据主控电路的信号流程对可能产生故障的部件逐一进行排查。图 7-9 所示为空调器中主控电路的检修流程。

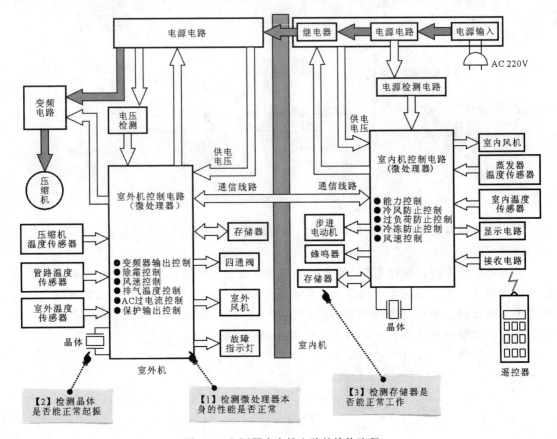

图 7-9　空调器中主控电路的检修流程

 下午

今天下午以操作训练为主，掌握新型空调器主控电路的检修技能。共划分成两个训练：

训练1　练会主控电路的基本检修方法
训练2　新型空调器主控电路的检修实例

我们将借助实际样机，完成对新型空调器主控电路的实训操作。

 训练1　练会主控电路的基本检修方法

下午，我们对上午学习过的知识进一步验证，练习空调器中主控电路的检修。

检修空调器的主控电路可顺其基本的信号流程，对主控电路中的主要元器件进行检测，如微处理器、晶体以及存储器等。变频空调器室内机和室外机主控电路的结构基本相同，其检修方法也基本相同。

项目1　微处理器的检测

在对主控电路中的微处理器进行检测时，主要对其工作条件如供电电压、时钟晶振信号以及输入、输出的控制信号进行检测。

1. 微处理器供电条件的检测方法

微处理器的供电条件是确保微处理器正常工作的基本条件，若供电不正常，即使微处理器本身正常，也无法工作。

检测微处理器的供电条件，即用万用表的直流电压挡对其供电引脚的直流电压进行检测。这里仍以上午介绍的海信 KFR—35GW 型变频空调器主控电路中的微处理器 IC08 为例进行介绍。

检测时首先将万用表调至"直流 10V"电压挡，将黑表笔搭在接地端的引脚上，红表笔搭在 IC08 的供电引脚（㉒脚或㊷脚）上，即可以检测到 5V 的供电电压，如图 7-10 所示（以检测㊷脚为例）。

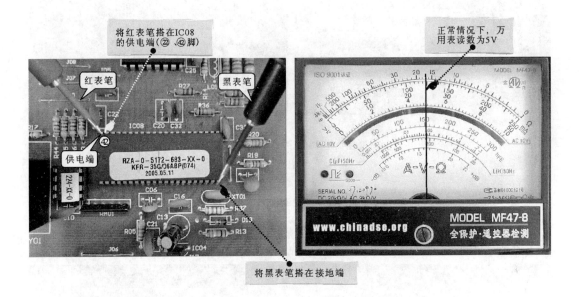

图 7-10　微处理器 IC08 供电电压的检测方法

2. 微处理器时钟晶体振荡信号的检测方法

时钟晶体振荡信号也是微处理器正常工作的另一个重要条件，若无时钟晶体振荡信号，微处理器也将无法工作。

微处理器的时钟信号通常使用示波器进行检测。将示波器的探头搭在微处理器 IC08 的时钟信号端（⑲脚和⑳脚），正常情况下应能够检测到时钟晶体振荡信号的波形，如图 7-11 所示（以测试⑲脚为例）。若时钟晶体振荡信号不正常，则可能是晶体或微处理器 IC08 损坏。

3. 微处理器 I^2C 总线信号的检测方法

微处理器的 I^2C 总线信号包括数据总线信号（SDA）、时钟总线信号（SCL），这两个信

号是微处理器对其他电路或部件进行控制或数据传输的关键信号，若该信号异常，也会引起空调器控制功能失常的故障。

因此，当微处理器的供电条件以及时钟晶体振荡信号均正常的情况下，还需要对微处理器的 I^2C 总线信号进行检测，即检测微处理器 IC08 的 I^2C 总线信号引脚（③~⑤脚）上的信号波形，如图 7-12 所示。

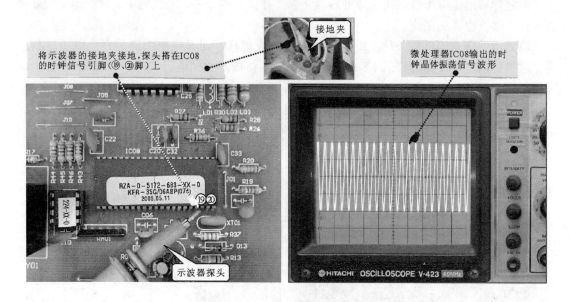

图 7-11　微处理器 IC08 时钟晶体振荡信号的检测方法

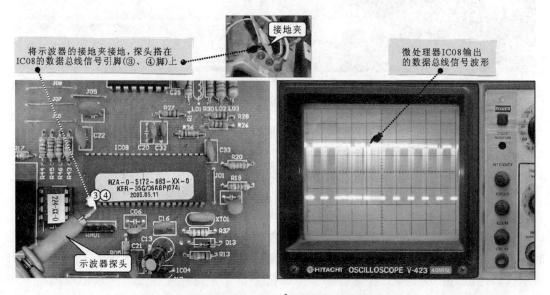

图 7-12　微处理器 IC08 的 I^2C 总线信号的检测方法

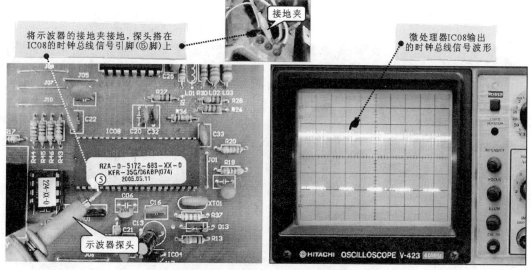

图 7-12　微处理器 IC08 的 I²C 总线信号的检测方法（续）

除此之外，微处理器的复位信号也十分关键，其正常与否，可在开机瞬间用万用表监测微处理器复位引脚端有无明显的跳变电压来进行判断。

若在微处理器的供电电压、时钟晶振信号及复位信号均正常的前提下，微处理器的 I²C 总线信号异常或无控制信号输出，则多为微处理器本身损坏。

【专家热线】

Q：请问一下专家，我们在判断微处理器好坏时，只能对电压及信号等进行检测吗？

A：在检测微处理器本身的性能时，还可以通过使用万用表检测微处理器各引脚的正反向对地电阻值来判断微处理器是否正常。检测正向对地电阻值时，应将黑表笔搭在微处理器的接地端，红表笔依次搭在其他引脚上；检测反向对地电阻值时，应将红表笔搭在微处理器接地端，黑表笔依次搭在其他引脚上。

下面以检测微处理器 IC08①脚的正反向对地电阻值为例进行介绍，如图 **7-13** 所示。万

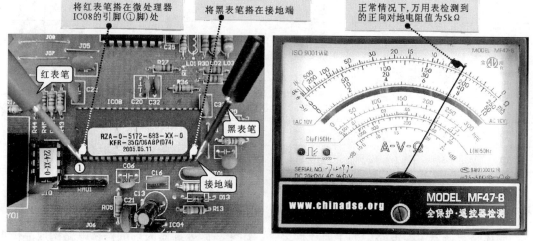

图 7-13　检测微处理器 IC08 各引脚的正向和反向对地电阻值

273

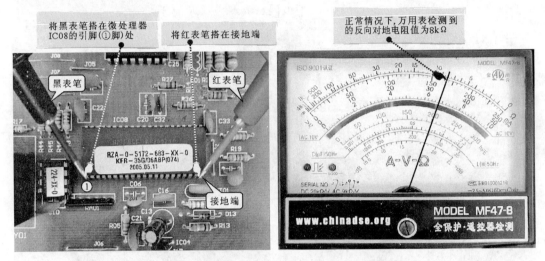

图 7-13 检测微处理器 IC08 各引脚的正向和反向对地电阻值（续）

用表应置于"×1k"欧姆挡。其他各引脚正反向对地电阻值的检测方法均相同。正常情况下，微处理器 IC08 各引脚的正反向对地电阻值如表 7-1 所示。

表 7-1 微处理器 IC08 各引脚的正反向对地电阻值　　　　　　　（单位：kΩ）

引脚号	正 向	反 向	引脚号	正 向	反 向	引脚号	正 向	反 向
①	5	8	⑮	8	13	㉙	7.5	13
②	6.5	7	⑯	8	13	㉚	7.5	13
③	5	8	⑰	0	0	㉛	7.5	13
④	4.8	7.5	⑱	6	8.5	㉜	8	12
⑤	5	8	⑲	8	13.5	㉝	7.5	9
⑥	8	13	⑳	8	13.5	㉞	6.5	9
⑦	7.5	13	㉑	0	0	㉟	6.5	9
⑧	7	12.5	㉒	2	2.2	㊱	6.5	9
⑨	8	13	㉓	3.5	3.5	㊲	6.5	9
⑩	8	13	㉔	3.5	3.5	㊳	6.5	9
⑪	8	13	㉕	2	2	㊴	8	∞
⑫	8	13	㉖	6.5	11	㊵	7.5	13
⑬	8	13	㉗	7.5	13	㊶	8	11
⑭	8	13	㉘	7.5	13	㊷	2	2

项目 2 晶体的检测

晶体是空调器主控电路中的主要元件之一，用于与微处理器内部的振荡电路构成晶体振荡器，若该元件损坏，也会引起微处理器不工作或工作异常的故障。

对晶体进行检测时，一般可以通过使用示波器检测晶体引脚端的信号波形的方法来判断晶体的好坏。这里仍以上午介绍的海信 KFR—35GW 型变频空调器为例，对其主控电路中晶体 XT01 的检修方法进行介绍。

在开机的状态下，将示波器的接地夹接地，探头搭在晶体 XT01 的引脚上，正常情况下应能够检测到时钟晶体振荡信号的波形，如图 7-14 所示。

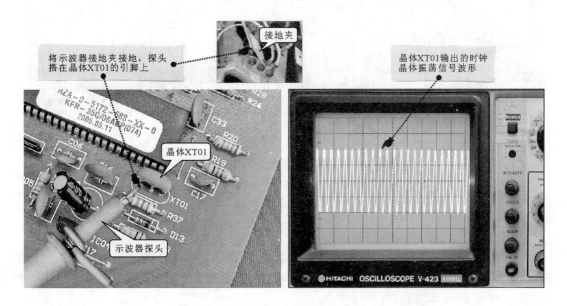

图 7-14　晶体 XT01 的检测方法

若晶体 XT01 的引脚端无时钟晶体振荡信号波形，可能是晶体本身损坏，也可能是微处理器损坏。可用代换法进行判定，即用性能良好的晶体进行代换，代换后若故障排除，则说明晶体故障，若代换后故障依旧，则可能是微处理器或外围元器件损坏。

项目 3　存储器的检测

存储器也是空调器主控电路中的主要元件，若存储器损坏，很可能导致空调器不开机或控制功能紊乱等故障。因此，检修主控电路时，除了检测微处理器和晶体外，还需要对存储器的工作情况进行检测。

检测存储器时，可首先检测其工作条件是否正常，即对主控电路板上存储器 IC06 的 5V 供电电压进行检测，该电压可在存储器 IC06 的⑧脚上测得，如图 7-15 所示。

此外还应对其与微处理器之间进行数据传输的 I^2C 总线信号进行检测，该信号同微处理器 IC08 输出的 I^2C 总线信号相同，这里不再重复。

若存储器 IC06 在供电电压、时钟和数据信号均正常的情况下，仍无法正常工作，可能是其本身已经损坏。

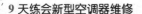

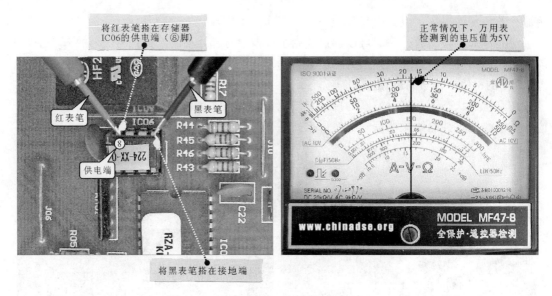

图 7-15　存储器 IC06 供电电压的检测方法

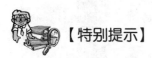

【特别提示】

存储器 IC06 也可以通过检测各引脚对地电阻值的方法来进行判断。正常情况下，存储器 IC06 各引脚的正反向对地电阻值如表 7-2 所示，若实测的电阻值与标准值差异过大，就可能是存储器 IC06 本身损坏。

表 7-2　存储器 IC06 各引脚的正反向对地电阻值　　（单位：kΩ）

引脚号	正向对地电阻值	反向对地电阻值	引脚号	正向对地电阻值	反向对地电阻值
①	5	8	⑤	0	0
②	5	8	⑥	0	0
③	5	8	⑦	∞	∞
④	4.5	7.5	⑧	2	2

训练 2　新型空调器主控电路的检修实例

这节课通过实际的检修例子，进一步巩固空调器主控电路的检修技能。

例如，一台美的 KFR—26GW 型空调器在通电后出现使用遥控器无法开机、显示屏无显示的故障，怀疑主控电路工作异常。图 7-16 所示为美的 KFR—26GW 型空调器的主控电路。

由图可知，微处理器 780021 的㉜脚为 5V 电压供电端；㊽、㊾脚与晶体 XT1 相连，用来产生 4.19MHz 的时钟信号；(57)脚和(58)脚为 I^2C 总线信号端，与存储器 IC9 相连，用来传输数据信号。

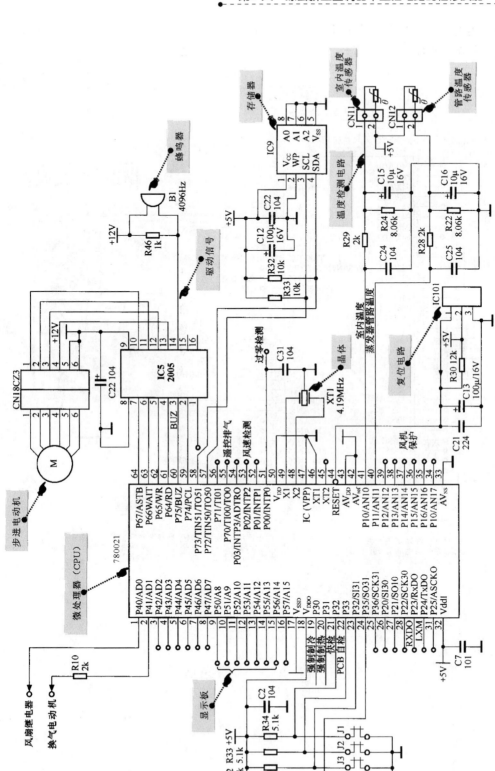

图 7-16 美的 KFR—26GW 型空调器的主控电路

在对美的 KFR—26GW 型空调器的主控电路进行检修时，可以按照检修流程，分别对关键点进行检测，如图 7-17 所示。

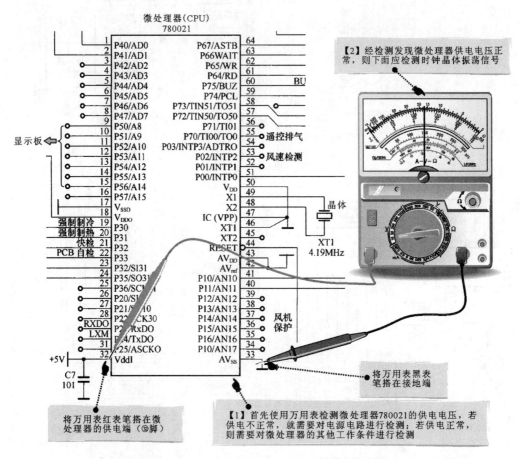

图 7-17　美的 KFR—26GW 型空调器主控电路的检修实例

正常情况下，微处理器输出的时钟/数据总线信号波形

【6】经检测发现示波器的显示屏上没有波形，怀疑微处理器本身损坏

时钟总线信号波形　　数据总线信号波形

使用同型号的微处理器代换后，通电试机，故障排除

【5】使用示波器检测微处理器780021的I²C总线信号

将示波器探头搭在微处理器780021的㊲、㊳脚上

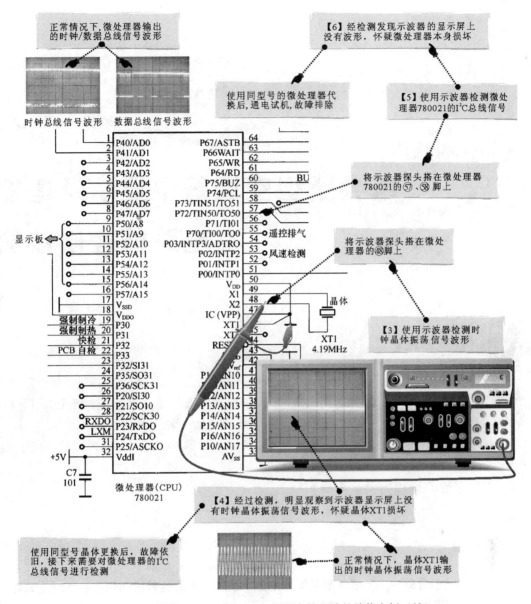

1	P40/AD0	P67/ASTB	64
2	P41/AD1	P66WAIT	63
3	P42/AD2	P65/WR	62
4	P43/AD3	P64/RD	61
5	P44/AD4	P75/BUZ	60
6	P45/AD5	P74/PCL	59
7	P46/AD6	P73/TIN51/TO51	58
8	P47/AD7	P72/TIN50/TO50	57
9	P50/A8	P71/TI01	56
10	P51/A9	P70/TI00/TO0	55
11	P52/A10	P03/INTP3/ADTRO	54
12	P53/A11	P02/INTP2	53
13	P54/A12	P01/INTP1	52
14	P55/A13	P00/INTP0	51
15	P56/A14		50
16	P57/A15	V_DD	49
17	V_SSD	X1	48
18	V_DDO	X2	47
19	P30	IC (VPP)	
20	P31	XT1	
21	P32	XT	45
22	P33	RES	44
23	P32/SI31		43
24	P35/SO31	V_ref	42
25	P36/SCK31	P1 AN10	41
26	P20/SI30	AN11	40
27	P21/SO10	2/AN12	39
28	P22/SCK30	P13/AN13	38
	RXDO	P14/AN14	37
	P23/RxDO	P15/AN15	36
	LXM	P16/AN16	35
31	P24/TxDO	P10/AN17	34
32	P25/ASCKO	AV_SS	33
	VddI		

BU

遥控排气
风速检测

晶体

XT1
4.19MHz

显示板 ←

强制制冷
强制制热
快检
PCB 自检

+5V
C7
101

微处理器(CPU)
780021

将示波器探头搭在微处理器的㊽脚上

【3】使用示波器检测时钟晶体振荡信号波形

【4】经过检测，明显观察到示波器显示屏上没有时钟晶体振荡信号波形，怀疑晶体XT1损坏

使用同型号晶体更换后，故障依旧，接下来需要对微处理器的I²C总线信号进行检测

正常情况下，晶体XT1输出的时钟晶体振荡信号波形

图7-17　美的 KFR—26GW 型空调器主控电路的检修实例（续）

练会新型空调器中显示及遥控电路的检修技能

【任务安排】

今天，我们要实现的学习目标是"练会新型空调器中显示及遥控电路的检修技能"。

上午的时间，我们主要是结合实际样机，了解并掌握新型空调器中显示及遥控电路的结构、工作原理以及检修流程等基本知识。学习方式以"授课教学"为主。

下午的时间，我们将通过实际训练对上午所学的知识进行验证和巩固；同时强化动手操作能力，丰富实战经验。

上午

今天上午以学习为主，了解新型空调器中显示及遥控电路的检修知识。共划分成三课：

课程1　了解显示及遥控电路的结构

课程2　搞清显示及遥控电路的工作原理

课程3　掌握显示及遥控电路的检修流程

我们将用"图解"的形式，系统学习新型空调器中显示及遥控电路的结构、工作原理以及检修流程等专业基础知识。

课程1　了解显示及遥控电路的结构

这节课主要学习和了解新型空调器中显示及遥控电路的结构，为下一步搞清显示及遥控电路的工作原理和检修流程作好铺垫。

空调器的显示及遥控电路是指用于显示空调器工作状态、发射遥控信号、接收遥控信号的电路。图8-1所示为海信KFR—35W/06ABP型变频空调器的显示及遥控器。

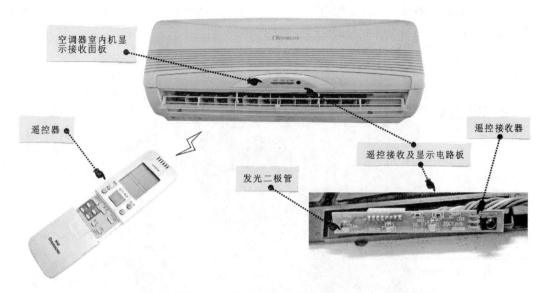

图8-1　海信KFR—35W/06ABP型变频空调器的显示及遥控器

由图可知，海信KFR—35W/06ABP型变频空调器的显示及遥控电路主要由遥控发射器、发光二极管（显示器件）、遥控接收器以及连接插件等组成。

1. 发光二极管

发光二极管主要用于在微处理器的驱动下显示当前空调器的工作状态，图8-2所示为发光二极管D1~D5的实物外形。

由图可知，发光二极管D3用来显示空调器的电源状态，发光二极管D2用来显示空调器的定时状态，发光二极管D5和D1分别用来显示空调器的运行和高效状态。

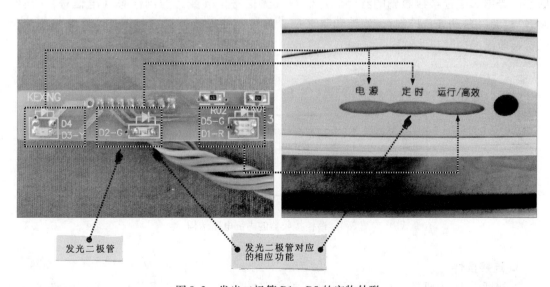

图8-2　发光二极管D1~D5的实物外形

2. 遥控接收器

遥控接收器是空调器显示及遥控电路中的核心器件，其主要作用是接收由遥控发射器发出的人工指令信号，图 8-3 所示为遥控接收器的实物外形。

图 8-3　遥控接收器的实物外形

由图可知，遥控接收器主要有三个引脚端，分别为接地端、供电端和遥控信号输出端。

【知道更多】

遥控接收器是接收遥控信号的主要器件，当遥控发射器发出红外光遥控信号后，遥控接收器的光电二极管将接收到的红外脉冲信号（光信号）转变为控制信号（电信号），再经 **AGC 放大**（自动增益控制）、滤波和整形后，将控制信号传输给微处理器。图 8-4 所示为遥控接收器的内部电路结构。

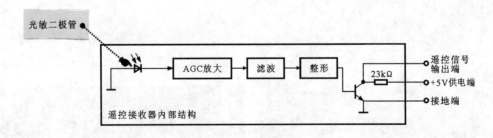

图 8-4　遥控接收器的内部电路结构

3. 连接插件

连接插件 J1 主要是用来输送显示及遥控电路的供电电压，以及传输与控制电路之间的相关控制或数据信号，其实物外形如图 8-5 所示。

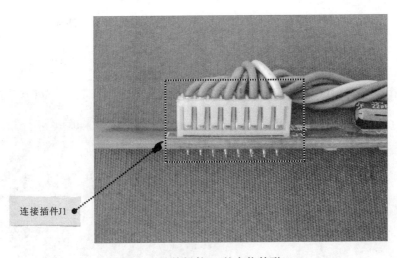

图 8-5 连接插件 J1 的实物外形

【知道更多】

不同品牌和型号的空调器中，显示及遥控电路结构略有差异，但功能基本相同。图 8-6 所示为分体柜式变频空调器显示及遥控电路的安装位置和组成部分。

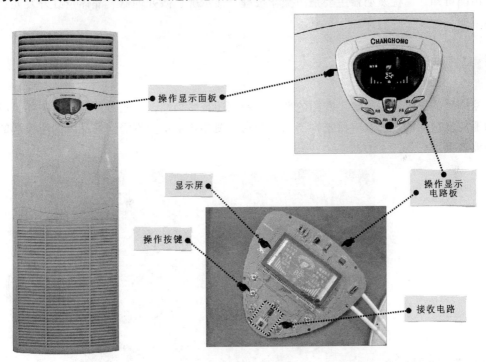

图 8-6 分体柜式变频空调器显示及遥控电路的安装位置和组成部分

4. 遥控发射器

遥控发射器是一个以微处理器为核心的编码控制电路，它可以将人工指令信号编制成串行数据信号，再通过红外发光二极管发射出去，将控制信号传输到空调器室内机的遥控接收

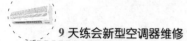

电路中，为空调器的控制电路提供人工指令，其实物外形如图8-7所示。

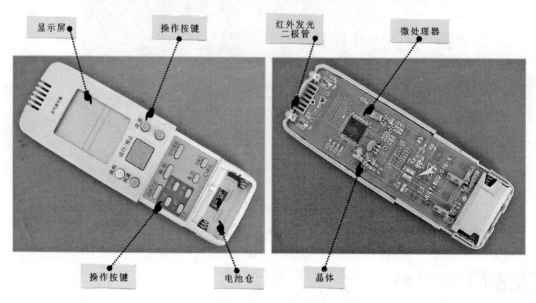

图 8-7　遥控发射器的实物外形

　　由图可知，遥控发射器主要是由操作按键、显示屏、微处理器、晶体及红外发光二极管等构成的。

【特别提示】

　　空调器的遥控发射器除了专用的型号以外，还有多功能合一的万能遥控发射器，不同型号的遥控发射器的外形及电路结构不完全相同。图 8-8 所示为不同型号品牌的空调器的遥控发射器外形。

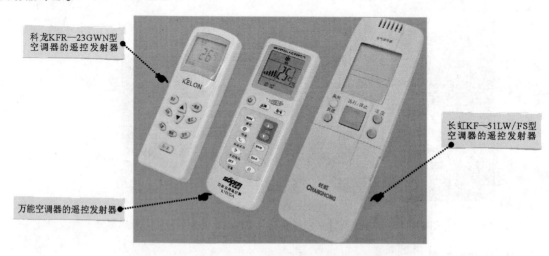

图 8-8　不同型号品牌的空调器的遥控发射器实物外形

（1）操作按键

遥控发射器中的操作按键主要用来输入人工指令，为遥控接收电路提供人工指令信号，通过不同的功能按键来发送相应的运行指令。图 8-9 所示为典型遥控发射器中的操作按键。

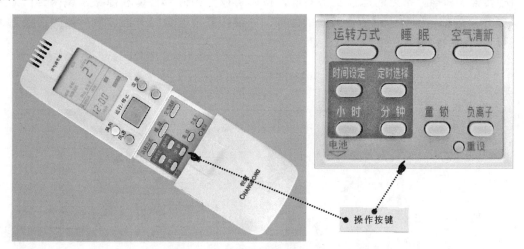

图 8-9 典型遥控发射器中的操作按键

 【专家热线】

Q：请问一下专家，遥控发射器中的操作按键是如何将人工指令送出去的呢？

A：人工指令信息是通过操作按键送入遥控发射器中的。当用户按下某一按键时，该按键下的导电硅胶就会与电路板中对应的触头接通，如图 8-10 所示，从而形成一个脉冲信号送入遥控发射器的微处理器中，经微处理器识别后控制红外发光二极管送出相应的遥控信息，即将人工指令信号转换为遥控信号由红外发光二极管发射出去。

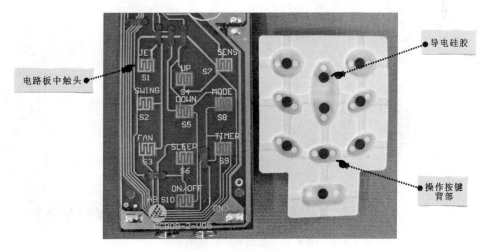

图 8-10 操作按键的内部结构

【知道更多】

　　不同品牌、不同型号的空调器所配备的遥控发射器外形也有所不同，且操作按键的形式也各种各样。目前，常见的遥控发射器操作按键可以分为外部按键和隐藏按键两种，如图 **8-11** 所示。外部按键位于遥控发射器的外部，内部按键则需要打开遥控发射器的滑盖后才可以看到相应的按键。

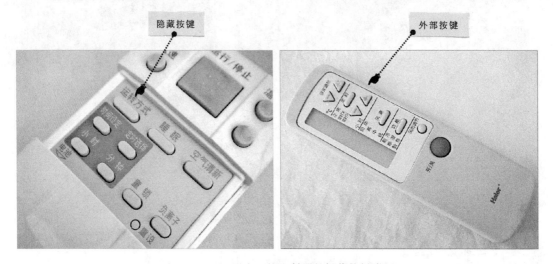

图 8-11　空调器中遥控发射器的操作按键类型

（2）显示屏

　　遥控发射器中的显示屏是一种液晶显示器件，主要用来显示空调器当前的工作状态，如风速、温度、定时以及其他功能信息，其实物外形如图 8-12 所示。

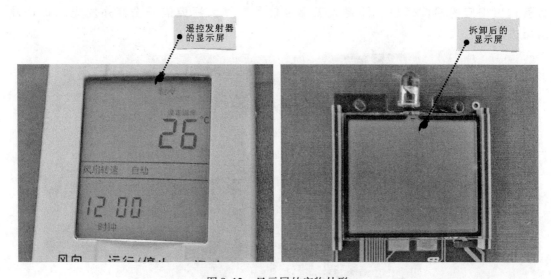

图 8-12　显示屏的实物外形

【特别提示】

　　有些遥控发射器中的显示屏通过导电硅胶作为导体与外围电路相互连接，如图 **8-13** 所示。在该显示屏与电路板引脚之间安装有一种导电硅胶，使电路板中的触头与显示屏中的引脚进行连接。

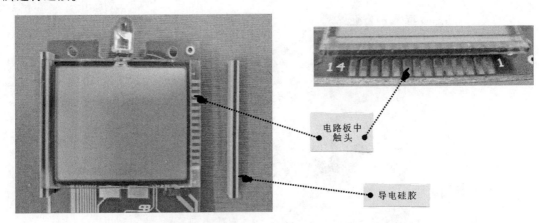

图 8-13　显示屏通过导电硅胶与外围电路连接的方式

（3）微处理器和晶体

　　遥控发射器中电路板上通常安装有微处理器及晶体，其实物外形如图 8-14 所示。其中，微处理器可以对空调器的各种控制信息进行编码，然后将编码的信号调制到载波上，通过红外发光二极管以红外光（红外线）的形式发射到空调器室内机的遥控接收电路中。

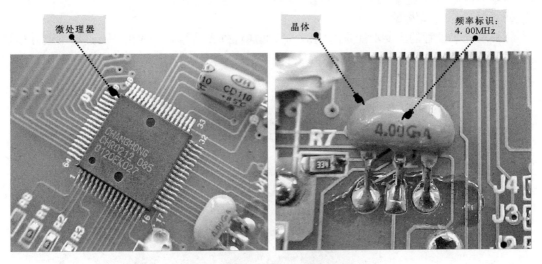

图 8-14　微处理器及晶体的实物外形

　　晶体与微处理器内部的振荡信号构成晶体振荡器，用于为微处理器提供时钟信号，该信号也是微处理器的基本工作条件之一。通常情况下，晶体安装在微处理器附近，在其表面通常会标有振荡频率数值。

【特别提示】

在遥控发射器的电路中，通常安装有两个晶体，如图 **8-15** 所示。其中 **4MHz** 的主晶体与微处理器内部的振荡电路产生高频时钟振荡信号，该信号为微处理器芯片提供主时钟信号。

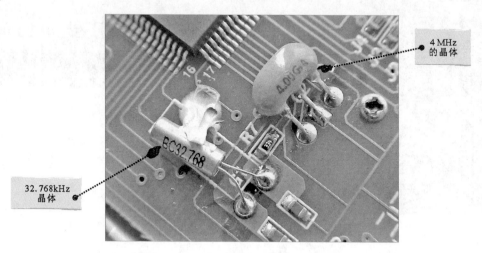

图 8-15　遥控发射器电路中的两个晶体

另外一个晶体为 **32.768kHz** 的副晶体，该晶体也与微处理器内部的振荡电路配合工作，产生 **32.768kHz** 的低频时钟振荡信号，这个低频振荡信号主要是为微处理器的液晶显示驱动电路提供待机时钟信号。

（4）红外发光二极管

红外发光二极管的主要功能是将电信号转变成红外光信号并发射出去，通常安装在遥控发射器的前端部位，如图 8-16 所示。

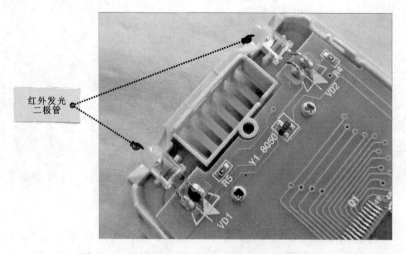

图 8-16　红外发光二极管的安装部位及实物外形

课程 2　搞清显示及遥控电路的工作原理

通过上节课对变频空调器中显示及遥控电路结构组成的学习，我们初步了解了显示及遥控电路的结构特点和主要器件的特性及功能。接下来我们就对这些器件所构成的显示及遥控电路进行分析，进而搞清显示及遥控电路的工作原理。

图 8-17 所示为典型空调器中显示及遥控电路的流程框图。

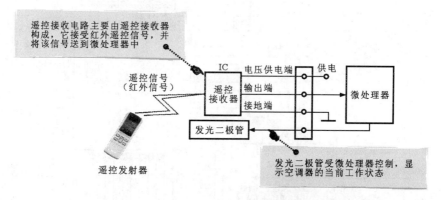

图 8-17　典型空调器中显示及遥控电路的流程框图

从图中可以看出，用户通过遥控发射器将人工指令信号以红外光的形式发送给空调器的遥控接收电路，遥控接收电路将接收的红外光信号转变成电信号，并进行放大、滤波和整形处理变成控制脉冲，然后送入室内机的微处理器中，同时微处理器将显示信号送到显示器件中，以显示当前空调器的工作状态。

图 8-18 所示为海信 KFR—35W/06ABP 型变频空调器的遥控发射器电路和遥控接收及显示电路。

由图可知，该整体功能电路主要是由遥控发射电路、遥控接收电路和显示电路等构成的。下面分别对这些电路进行分析。

1. 遥控发送电路

遥控发送电路主要由微处理器、操作按键和红外发光二极管等构成，图 8-19 所示为海信 KFR—35W/06ABP 型变频空调器的遥控发送电路部分的工作原理。

遥控发射器通电后，其内部电路开始工作，用户通过操作按键输入人工指令，该指令经微处理器处理后输出，再经 V1、V2 放大后去驱动红外发光二极管，红外发光二极管 LED1 和 LED2 通过辐射窗口将控制信号发射出去。

2. 遥控接收电路

遥控接收电路由室内机电源电路供电，主要用来接收由遥控发射器送来的红外信号。图 8-20 所示为海信 KFR—35W/06ABP 型变频空调器的遥控接收电路部分的工作原理。

遥控接收器的②脚送入 5V 工作电压，①脚输出遥控信号并送往微处理器中，为控制电路输入人工指令信号。

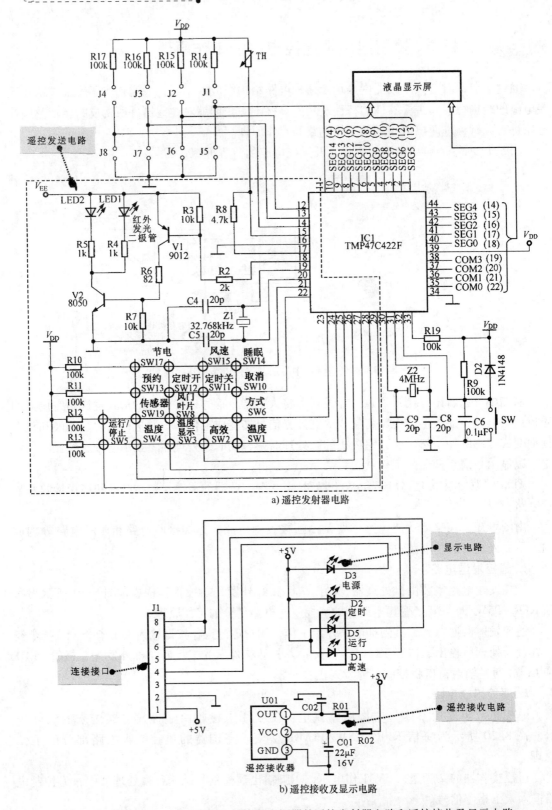

图 8-18　海信 KFR—35W/06ABP 型变频空调器的遥控发射器电路和遥控接收及显示电路

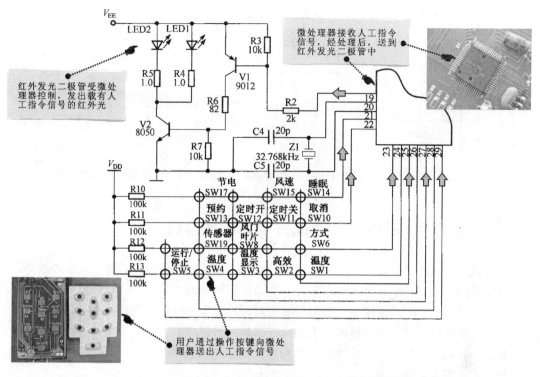

图 8-19　海信 KFR—35W/06ABP 型变频空调器的遥控发送电路部分的工作原理

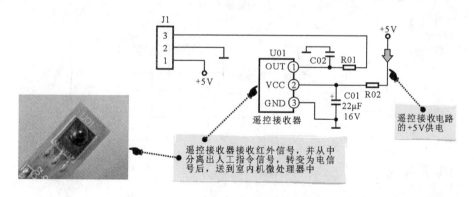

图 8-20　海信 KFR—35W/06ABP 型变频空调器的遥控接收电路部分的工作原理

3. 显示电路

　　该空调器的显示电路主要由四个发光二极管构成，用于在微处理器的驱动下显示当前空调器的工作状态。图 8-21 所示为海信 KFR—35W/06ABP 型变频空调器的显示电路部分的工作原理。

　　由图可知，发光二极管 D3 用来显示空调器的电源状态，发光二极管 D2 用来显示空调器的定时状态，发光二极管 D5 和 D1 分别用来显示空调器的运行和高效状态。

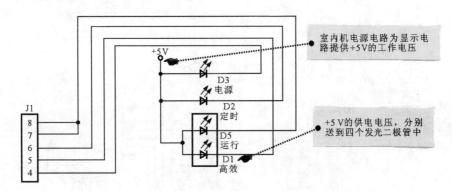

图 8-21　海信 KFR—35W/06ABP 型变频空调器的显示电路部分的工作原理

课程3　掌握显示及遥控电路的检修流程

　　显示及遥控电路是空调器实现人机交互并显示工作状态的部分，若该电路出现故障，经常会引起控制失灵、显示异常等现象。对该电路进行检修时，可依据故障现象分析出产生故障的原因，并根据显示及遥控电路的信号流程对可能产生故障的部件逐一进行排查。

　　当显示及遥控电路出现故障时，首先应对遥控发射器中的遥控发送电路进行检测，若该电路正常，再对室内机上的遥控接收电路和显示电路进行检测。图 8-22 所示为典型空调器显示及遥控电路的检修流程。

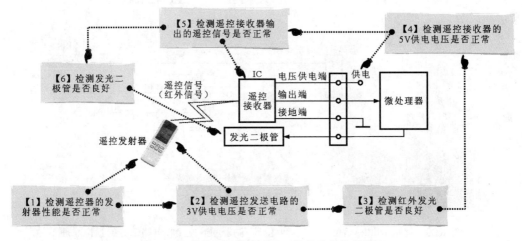

图 8-22　典型空调器显示及遥控电路的检修流程

 # 下午

　　今天下午以操作训练为主，掌握新型空调器中显示及遥控电路的检修技能。共划分成两个训练：

　　训练1　练会显示及遥控电路的基本检修方法

292

训练 2　新型空调器显示及遥控电路的检修实例

我们将借助实际样机，完成对新型空调器中显示及遥控电路的实训操作。

 训练 1　练会显示及遥控电路的基本检修方法

下午，我们对上午学习过的知识进一步验证，练习空调器中显示及遥控电路的检修方法。

根据空调器显示及遥控电路的检修流程可知，在检修显示及遥控电路时，可在操作遥控发射器状态下，对关键点的电压、信号及主要部件进行检测，如检测遥控发射电路的供电、红外发光二极管的状况、遥控接收器的供电、遥控接收器的输入信号以及发光二极管的状况等，根据检测结果判断电路的工作状态或器件的好坏，最终排除故障。

项目 1　遥控发射器的性能检查

空调器出现遥控失灵或遥控无反应等故障时，应首先检查遥控发射器是否正常，即检测遥控发射器能否发出红外遥控信号。

检查遥控发射器能否发出红外遥控信号，可利用手机摄像头或收音机等设备辅助测试，如图 8-23 所示。

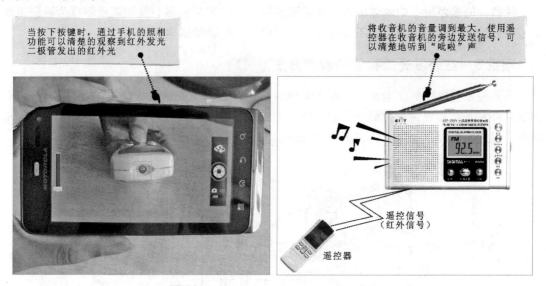

当按下按键时，通过手机的照相功能可以清楚的观察到红外发光二极管发出的红外光

将收音机的音量调到最大，使用遥控器在收音机的旁边发送信号，可以清楚地听到"呲啦"声

遥控信号（红外信号）

遥控器

图 8-23　红外发光二极管的性能检测方法

若经初步检查，遥控发射器发出的遥控信号（红外光）正常，而空调器遥控功能失常，则说明故障是由遥控接收电路或空调器主控电路部分异常引起的，应进一步做针对检测；若遥控发射器无遥控信号发出，则应对遥控发射器本身进行检测，如检查遥控发射电路的供电条件、红外发光二极管的状况等。

项目 2　遥控发射电路供电的检测方法

遥控发射器出现故障时，可首先检查该器件基本的工作条件是否正常，即用万用表检测遥控发射电路部分的供电电压是否正常，具体检测方法如图 8-24 所示。

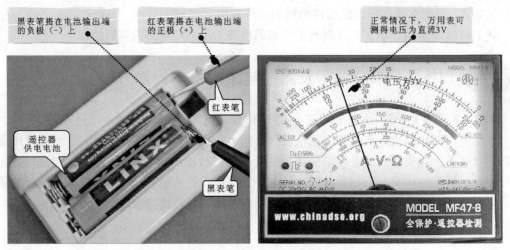

黑表笔搭在电池输出端的负极（-）上

红表笔搭在电池输出端的正极（+）上

正常情况下，万用表可测得电压为直流3 V

红表笔

黑表笔

遥控器供电电池

图 8-24　遥控发射电路部分的供电电压的检测方法

【特别提示】

注意，遥控发射器中的供电电池是串联连接的，在实际检测时要注意检测点为两只供电电池串联后输出端的电压，而不可检测两只供电电池连接端的电压。

项目3　红外发光二极管的检测方法

若遥控发射电路的供电正常，接下来可对遥控发射器中发送遥控信号的部件进行检测，即对红外发光二极管进行检测。检测红外发光二极管时，可用万用表欧姆挡检测其正反向电阻值，以此判断其是否正常，如图 8-25 所示。

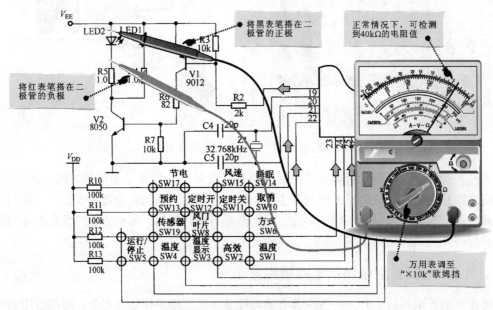

将黑表笔搭在二极管的正极

正常情况下，可检测到40kΩ的电阻值

将红表笔搭在二极管的负极

万用表调至"×10k"欧姆挡

图 8-25　红外发光二极管的检测方法

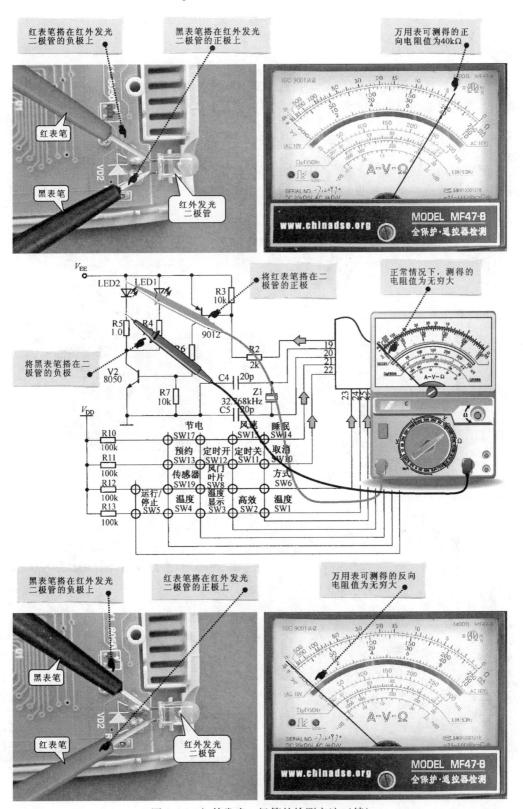

图 8-25 红外发光二极管的检测方法（续）

【特别提示】

若使用指针式万用表 "×1" 欧姆挡检测发光二极管的正向电阻值，由于此时万用表内阻较小，两只表笔输出电流较大，正常情况下应可以看到发光二极管发亮。

项目4　遥控接收器供电的检测方法

若遥控发送电路无故障，接下来应对遥控接收电路进行检测，一般也首先检测其基本的供电条件，即对遥控接收器的5V供电进行检测，如图8-26所示。

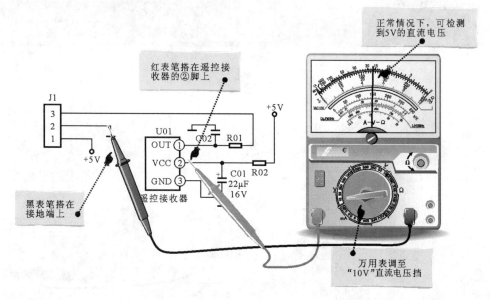

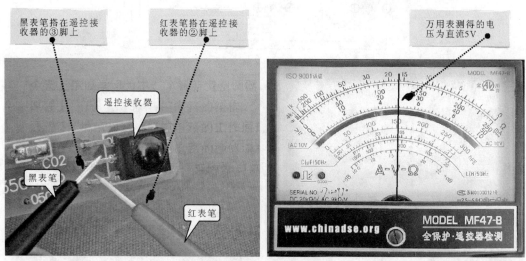

图 8-26　遥控接收器供电的检测方法

项目 5　遥控接收器输出信号的检测方法

若遥控接收器的供电正常，接下来应对遥控接收器输出的信号进行检测，如图 8-27 所示。若信号波形不正常，说明遥控接收器有故障；若信号波形正常，则说明遥控接收器正常，应对后级主控电路部分进行检测。

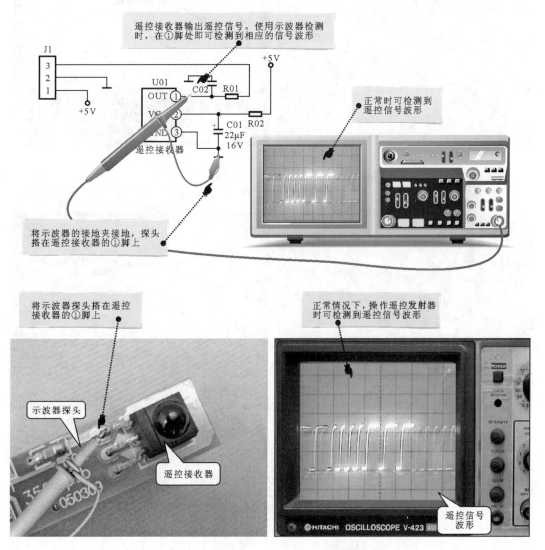

图 8-27　遥控接收器输出信号的检测方法

项目 6　发光二极管的检测方法

发光二极管是显示空调器当前状态的关键器件。若空调器无显示或显示异常时，可对显示电路中的发光二极管进行检测，如图 8-28 所示。若发光二极管良好，说明空调器的控制电路可能存在故障。

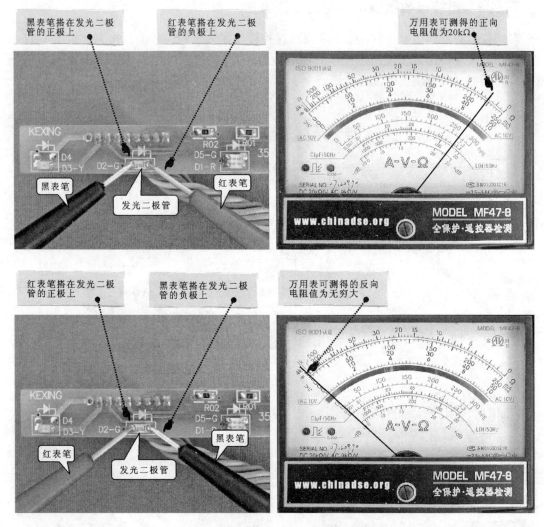

图 8-28　发光二极管的检测方法

 训练 2　新型空调器显示及遥控电路的检修实例

这节训练通过实际例子，进一步巩固空调器显示及遥控电路的检修技能。

一台海信 KFR—5001LW/BP 型变频空调器，通电后可以正常工作，显示屏显示正常，但使用遥控发射器进行控制时，发现控制失灵。图 8-29 所示为海信 KFR—5001LW/BP 型变频空调器的遥控接收电路部分。

由图可知，遥控接收器 U05（HS0038B）的③脚为 5V 供电电压端，首先可对遥控接收器 U05 的供电电压进行检测，若无供电电压，则遥控接收器 U05 便无法正常工作。具体检修实例如图 8-30 所示。

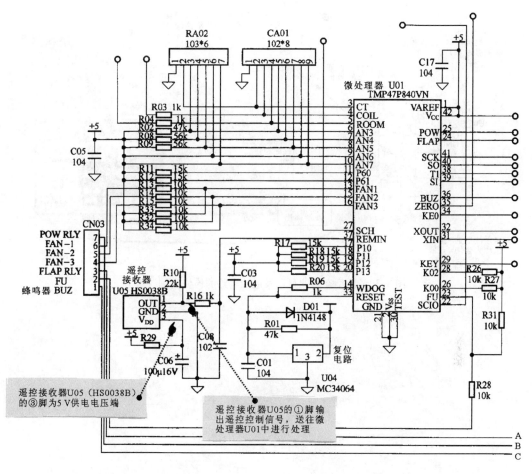

图 8-29　海信 KFR—5001LW/BP 型变频空调器的遥控接收电路部分

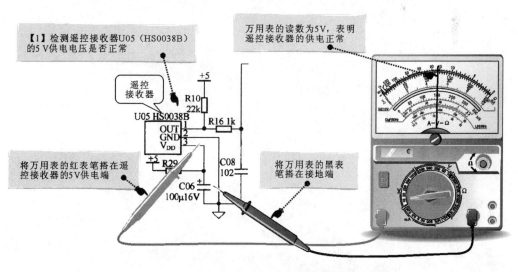

图 8-30　新型空调器显示及遥控电路的检修实例

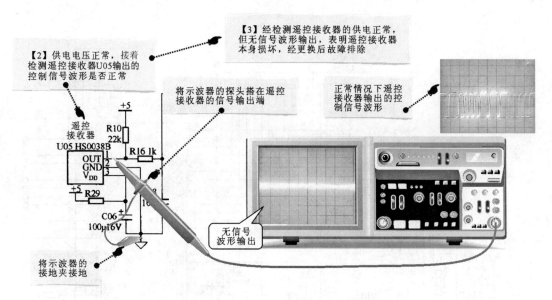

图 8-30 新型空调器显示及遥控电路的检修实例（续）

练会新型空调器中变频电路的检修技能

【任务安排】

今天，我们要实现的学习目标是"练会新型空调器中变频电路的检修技能"。

上午的时间，我们主要是结合实际样机，了解并掌握新型空调器中变频电路的结构、工作原理以及检修流程等基本知识。学习方式以"授课教学"为主。

下午的时间，我们将通过实际训练对上午所学的知识进行验证和巩固；同时强化动手操作能力，丰富实战经验。

上午

今天上午以学习为主，了解新型空调器中变频电路的检修知识。共划分成三课：

课程1　了解变频电路的结构
课程2　搞清变频电路的工作原理
课程3　掌握变频电路的检修流程

我们将用"图解"的形式，系统学习新型空调器中变频电路的结构、工作原理以及检修流程等专业基础知识。

课程1　了解变频电路的结构

这节课主要学习和了解新型空调器中变频电路的结构，为下一步搞清变频电路的工作原理和检修流程作好铺垫。

变频电路是变频空调器中特有的电路，其主要的功能就是为变频压缩机提供驱动信号，用来调节压缩机的转速，实现不同速率下空调器制冷剂的循环，完成热交换的功能。

变频电路通过接线插件与变频压缩机相连，一般安装在变频压缩机的上面，由固定支架

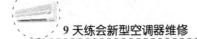

固定。图 9-1 所示为海信 KFR—35GW 型变频空调器中变频电路的实物外形。

在该电路板上可以看到其各个连接部位的标识。其中，P、N 端是变频电路中逆变器（功率模块）直流电源的输入端，而 U、V、W 端则为变频压缩机的连接端，模块控制插件与室外机主控电路连接。

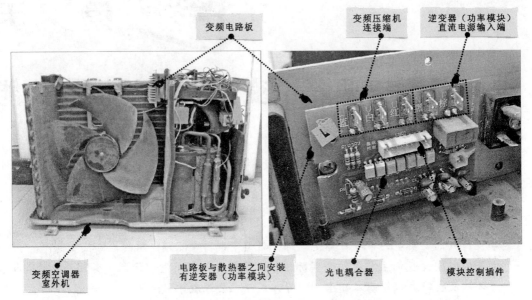

图 9-1　海信 KFR—35GW 型变频空调器中变频电路的实物外形

由图可知，海信 KFR—35GW 型变频空调器的变频电路主要是由连接插件、光电耦合器（规范称呼为"光耦合器"，但为照顾读者的作业习惯用语，以下统称"光电耦合器"）G1～G7、逆变器（功率模块）STK621-601 等组成的。

【特别提示】

由于逆变器（功率模块）工作时的功率较大，会产生较大的热量，为帮助散热，通常会将逆变器（功率模块）安装在散热片上，如图 9-2 所示。

图 9-2　逆变器（功率模块）的安装位置

1. 逆变器（功率模块）STK621-601

逆变器（功率模块）STK621-601 是一种混合集成电路，其内部包括逻辑集成电路、门控管以及阻尼二极管等，主要用来输出变频压缩机的驱动信号，其实物外形如图9-3 所示。

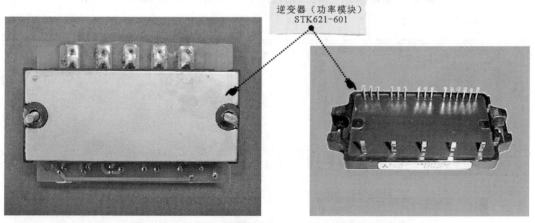

图9-3 逆变器（功率模块）STK621-601 的实物外形

【知道更多】

变频空调器中常用的逆变器（功率模块）主要有 **PS21564-P/SP**、**PS21865/7/9-P/AP**、**PS21964/5/7-AT/AT**、**PS21765/7**、**PS21246**、**FSBS15CH60** 等几种类型。这几种逆变器（功率模块）将微处理器输出的控制信号放大后，对空调器的变频压缩机进行控制。图9-4 所示为空调器中几种常见逆变器（功率模块）的实物外形。

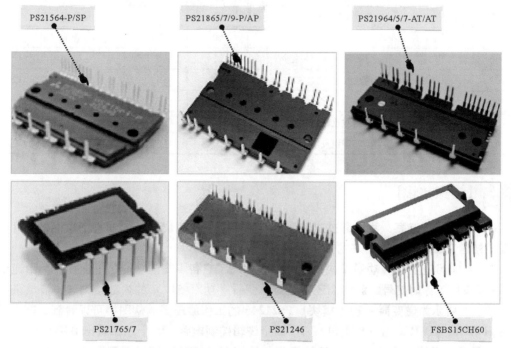

图9-4 空调器中几种常见逆变器（功率模块）的实物外形

对逆变器（功率模块）的了解，一般可从其引脚功能入手，如 **PS21246—E** 型逆变器（功率模块），该模块主要有 **26** 个引脚，其中①～⑬脚为数据信号输入端，⑭～⑱脚为信号检测端，而⑲～㉖脚与变频压缩机的绕组端连接，用于信号的输出。图 **9-5** 所示为 **PS21246—E** 型逆变器（功率模块）的实物外形，其各引脚功能如表 **9-1** 所示。

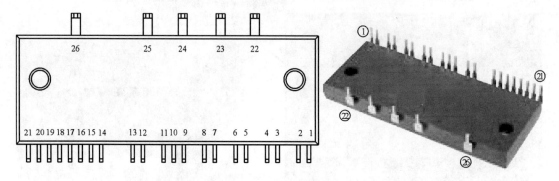

图 9-5 PS21246—E 型逆变器（功率模块）的实物外形

表 9-1 PS21246—E 型逆变器（功率模块）各引脚功能

引脚号	标识	引脚功能	引脚号	标识	引脚功能
①	U_P	功率管 U（上）控制	⑭	V_{N1}	欠电压检测
②	V_{PI}	模块内 IC 供电 +15V	⑮	V_{NC}	接地
③	V_{UFB}	U 绕组反馈信号输入	⑯	C_{IN}	过电流检测
④	V_{UFS}	U 绕组反馈信号	⑰	C_{FO}	故障输出（滤波端）
⑤	V_P	功率管 V（上）控制	⑱	F_O	故障检测
⑥	V_{PI}	模块内 IC 供电 +15V	⑲	U_N	功率管 U（下）控制
⑦	V_{VFB}	V 绕组反馈信号输入	⑳	V_N	功率管 V（下）控制
⑧	V_{VFS}	V 绕组反馈信号	㉑	W_N	功率管 W（下）控制
⑨	W_P	功率管 W（上）控制	㉒	P	直流供电端
⑩	V_{PI}	模块内 IC 供电 +15V	㉓	U	接电动机绕组 U
⑪	V_{PC}	接地	㉔	V	接电动机绕组 V
⑫	V_{WFB}	W 绕组反馈信号输入	㉕	W	接电动机绕组 W
⑬	V_{WFS}	W 绕组反馈信号	㉖	N	直流供电负端

 【专家热线】

Q：请问一下专家，我们通过对逆变器（功率模块）引脚功能的学习，是不是就可以很清楚地知道它工作时信号的来龙去脉了呢？

A：在学习逆变器（功率模块）时，仅仅知道了它各引脚的功能仍不能彻底明白逆变器（功率模块）工作时信号的流向，还需要对逆变器（功率模块）的内部结构进一步学习。

图 9-6 所示为逆变器（功率模块）**PS21246** 的工作原理图。从图中可以看到，其内部主要由 **HVIC1**、**HVIC2**、**HVIC3** 和 **LVIC** 四个逻辑控制电路，六个功率输出 **IGBT**（门控管）和六个阻尼二极管等构成。**+300V** 的 **P** 端与地端 **N** 为 IGBT 提供电源电压，由专用的直流

稳压器电路为其中的逻辑控制电路提供 +5V 的工作电压；由微处理器为 PS21246 输入控制信号，经功率模块内部的逻辑电路处理后为 IGBT 管控制极提供驱动信号；U、V、W 端为变频压缩机绕组提供驱动电流。

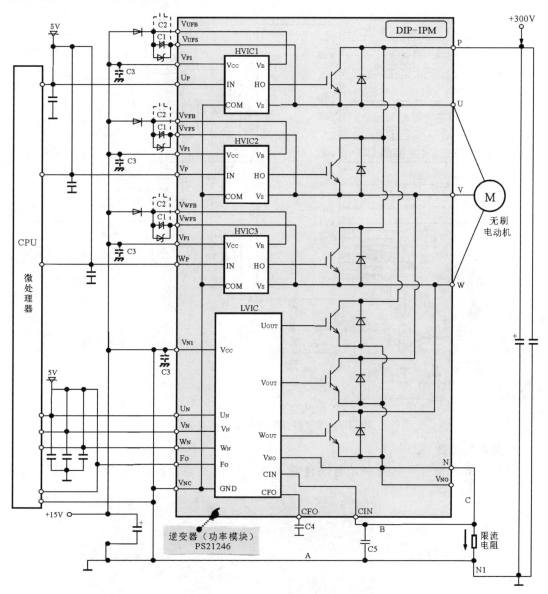

图 9-6　逆变器（功率模块）PS21246 的工作原理图

【知道更多】

图 9-7 所示为 PS21246 逆变器（功率模块）的典型应用电路。电源供电电路为压缩机驱动模块提供直流工作电压后，由室外机主控电路中的微处理器为逆变器（功率模块）IC2（PS21246）提供驱动信号，经逆变器（功率模块）IC2（PS21246）内部电路的放大和转换，为压缩机电动机提供变频驱动信号，驱动压缩机电动机工作。

在变频压缩机驱动电路中,通过过电流检测电路对变频驱动电路进行检测和保护,当驱动电动机的电流值过高时,过电流检测电路便将过电流检测信号送往主控电路中的微处理器中,由微处理器对室外机电路实施保护控制。

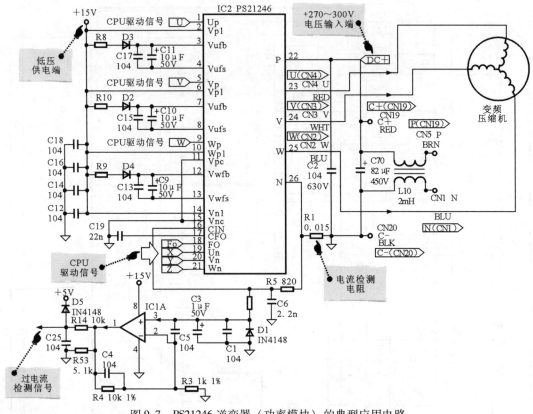

图 9-7 PS21246 逆变器(功率模块)的典型应用电路

2. 光电耦合器

图 9-8 所示为变频电路中光电耦合器(标准中称光耦合器,本书为符合读者行业

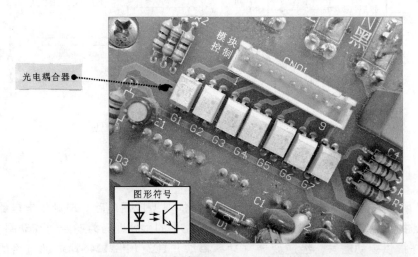

图 9-8 光电耦合器 G1～G7 的实物外形

用语习惯，以下均用光电耦合器）G1～G7 的实物外形。光电耦合器用来接收室外机微处理器送来的控制信号，经光电转换后送入逆变器（功率模块）中，驱动逆变器（功率模块）工作。采用光电耦合器传输控制信号，可以实现微处理器与功率模块的电气隔离。

【知道更多】

不同品牌和型号的变频空调器中，变频电路的具体结构也稍有差异，但其核心部件基本相同，都是由光电耦合器以及逆变器（功率模块）等组成的，如图 9-9 所示。

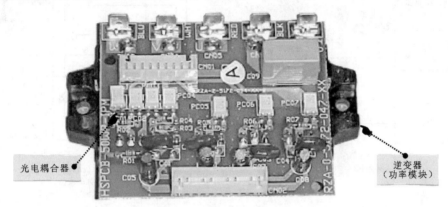

图 9-9 另一种变频电路的实物外形

课程 2 搞清变频电路的工作原理

通过上节课对变频空调器中变频电路结构组成的学习，我们初步了解了变频电路的结构特点和主要器件的特性及功能。接下来我们就对这些器件所构成的变频电路进行分析，进而搞清变频电路的工作原理。

变频空调器采用变频调速技术，其最根本的特点在于它的压缩机的转速并不是恒定的，而是可以随着运行环境的需要而改变，所以空调器的制冷量（或制热量）也会随之变化。为了实现对压缩机转速的调节，变频空调器室外机内部有一个变频电路，用来改变压缩机的供电频率，从而控制转速，达到调节制冷量（或制热量）的目的。

变频电路的变频工作是利用二次逆变得到交流电源，通过改变逆变电源的频率来控制压缩机的转速，从而达到制冷或制热的不同要求。图 9-10 所示为变频空调器变频控制电路的示意图。

从图中可以看出，交流 220V 经室内机电源电路送入室外机中，经室外机电源电路以及整流滤波电路后，变为 300V 直流电压，为逆变器（功率模块）中的 IGBT 进行供电。

同时由室内机主控电路控制室外机主控电路工作，并将其控制信号送入变频控制电路中，由变频控制电路输出 PWM 驱动信号控制逆变器（功率模块），为变频压缩机提供所需的工作电压（变频驱动信号），变频驱动信号加到变频压缩机的三相绕阻端，使变频压缩机起动，进行变频运转，压缩机驱动制冷剂循环，进而达到冷热交换的目的。

图 9-11 所示为典型变频电路的结构框图，交流 220V 市电电压经整流滤波后得到约 300V 的直流电压，送给六个 IGBT（门控管），由这六个 IGBT 控制流过变频压缩机绕组的电流方向和顺序，形成旋转磁场，驱动变频压缩机工作。室外机主控电路中的微处理器送来的脉宽调制（PWM）驱动信号，送到 IGBT 的控制极上，控制 IGBT 的导通和截止。

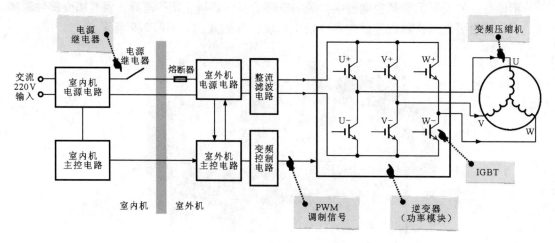

图 9-10　变频空调器变频控制电路的示意图

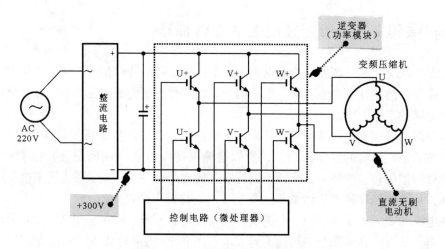

图 9-11　典型变频电路的结构框图

图 9-12 所示为 U＋和 V－两只 IGBT 导通周期的工作过程。交流 220V 电压经整流滤波电路输出直流电压，为逆变器电路中的 IGBT 提供直流电源，主控电路为逆变器提供控制信号。在电动机旋转的 0°～60°周期段，控制信号同时加到 IGBT U＋和 V－的控制极，使之导通，于是电流从 U＋流出经变频压缩机的绕组线圈 U、线圈 V、门控管 V－到地形成回路。

图 9-13 所示为 V＋和 W－两只 IGBT 导通周期的工作过程。在变频压缩机旋转的

60°～120°周期段，主控电路输出的控制信号产生变化，使 IGBT V + 和 W - 控制极为高电平而导通，电流从 IGBT V + 流出，经绕组 V 流入从绕组 W 流出，再流过 IGBT W - 到地形成回路。

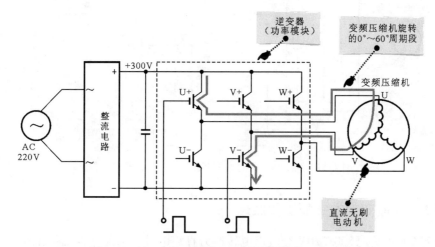

图9-12　U + 和 V - 两只 IGBT 导通周期的工作过程

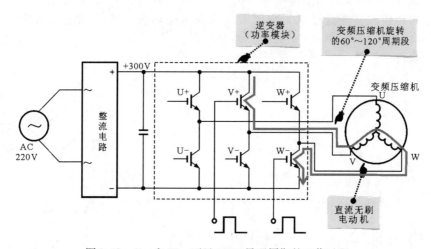

图9-13　V + 和 W - 两只 IGBT 导通周期的工作过程

图9-14 所示为 W + 和 U - 两只 IGBT 导通周期的工作过程。在变频压缩机旋转的120°～180°周期段，电路再次发生转换，IGBT W + 和 U - 控制极为高电平导通，于是电流从 IGBT W + 流出，经绕组 W 流入从绕组 U 流出，再经 IGBT U - 流到地形成回路，又完成一个流程。变频电路按照这种规律为变频压缩机的定子线圈供电，变频压缩机定子线圈会形成旋转磁场，使转子旋转起来，改变驱动信号的频率就可以改变变频压缩机的转动速度，从而实现转速控制。

目前，变频空调器采用的变频方式主要有两种，即交流变频方式和直流变频方式。

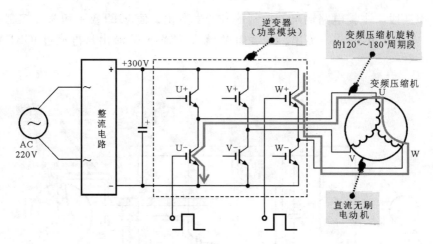

图 9-14   W + 和 U – 两只 IGBT 导通周期的工作过程

项目 1   交流变频方式的工作原理

交流变频方式是把 380/220V 交流市电转换为直流电源，为逆变器提供工作电压，逆变器在变频器的控制下再将直流电"逆变"为交流电，用该交流电去驱动交流电动机。"逆变"的过程受控制电路的指令控制，频率可变的交流电压输出后，使电动机的转速随电压频率的变化而相应改变，这样就实现了微处理器对电动机转速的控制和调节，如图 9-15 所示。

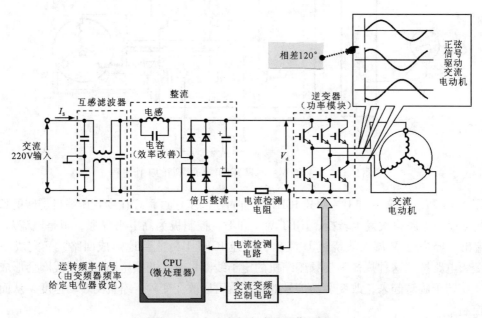

图 9-15   交流变频方式的工作原理

项目2　直流变频方式的工作原理

直流变频方式同样是把交流市电转换为直流电，并送至功率模块，功率模块同样受微处理器指令的控制。微处理器输出变频脉冲信号经逆变器转变成驱动电动机的信号，该电动机采用直流无刷电动机，其绕组也为三相，特点是控制准确度更高。

图9-16所示为采用PWM脉宽调制的直流变频控制电路原理图，该类变频控制方式按照一定规律对脉冲信号列的脉冲宽度进行调制。整流电路输出的直流电压为功率模块供电，功率模块受微处理器控制。

直流无刷电动机的定子上绕有电磁线圈，采用永久磁钢作为转子。当施加在电动机上的电压或频率增高时，转速加快；当电压或频率降低时，转速下降。这种变频方式在空调器中得到广泛的应用。

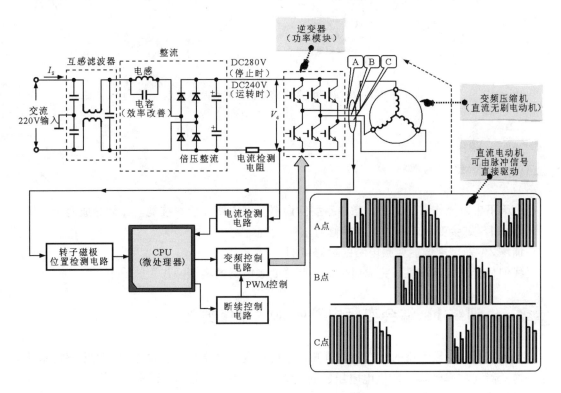

图9-16　采用PWM脉宽调制的直流变频控制电路原理图

课程3　掌握变频电路的检修流程

变频电路出现故障，经常会引起空调器出现不制冷或不制热、制冷或制热效果差、室内机出现故障代码、压缩机不工作等故障现象。对该电路进行检修时，可依据变频电路的信号流程对可能产生故障的部位进行逐级排查，如图9-17所示。

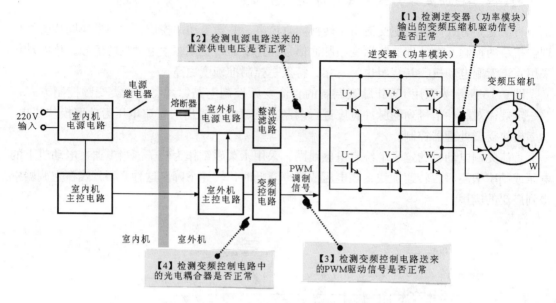

图 9-17　空调器变频电路的检修流程及测试点

下午

今天下午以操作训练为主，掌握新型空调器变频电路的检修技能。共划分成两个训练：

训练1　练会变频电路的基本检修方法

训练2　新型空调器变频电路的检修实例

我们将借助实际样机，完成对新型空调器变频电路的实训操作。

 训练1　练会变频电路的基本检修方法

根据空调器变频电路的检修流程可知，在检修变频电路时，主要是对变频压缩机驱动信号、逆变器（功率模块）的供电电压、逆变器（功率模块）的 PWM 驱动信号以及光电耦合器等进行检测。

项目1　变频压缩机驱动信号的检测方法

当怀疑空调器变频电路出现故障时，应首先对逆变器（功率模块）输出的变频压缩机驱动信号进行检测。若变频压缩机驱动信号正常，说明逆变器（功率模块）及变频电路正常；若变频压缩机驱动信号不正常，则需对电源电路板送来的供电电压和主控电路板送来的PWM 驱动信号进行检测。

变频压缩机驱动信号的检测方法如图 9-18 所示。

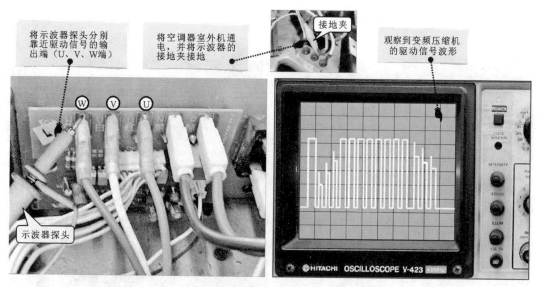

将示波器探头分别靠近驱动信号的输出端（U、V、W端）

将空调器室外机通电，并将示波器的接地夹接地

接地夹

观察到变频压缩机的驱动信号波形

示波器探头

图9-18　变频压缩机驱动信号的检测方法

项目2　逆变器（功率模块）300V直流供电电压的检测方法

逆变器（功率模块）的工作条件有两种，即供电电压和PWM驱动信号。若逆变器（功率模块）无变频压缩机驱动信号输出，在判断是否为逆变器（功率模块）的故障时，应首先对逆变器（功率模块）工作电压输入端（P端）的电压值进行检测。图9-19所示为逆变器（功率模块）300V直流供电电压的检测方法。

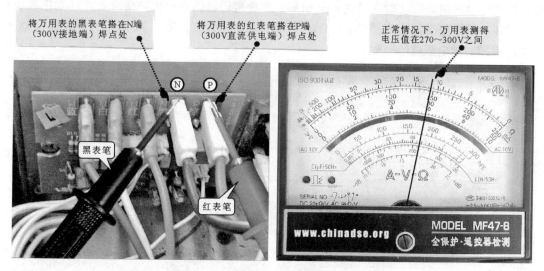

将万用表的黑表笔搭在N端（300V接地端）焊点处

将万用表的红表笔搭在P端（300V直流供电端）焊点处

正常情况下，万用表测得电压值在270～300V之间

黑表笔

红表笔

图9-19　逆变器（功率模块）300V直流供电电压的检测方法

项目3　逆变器（功率模块）PWM驱动信号的检测方法

若经检测逆变器（功率模块）的供电电压正常，接下来需对主控电路板送来的PWM驱动信号进行检测，如图9-20所示。若PWM驱动信号也正常，就说明逆变器（功率模块）

存在故障；若 PWM 驱动信号不正常，则需对主控电路板进行检测。

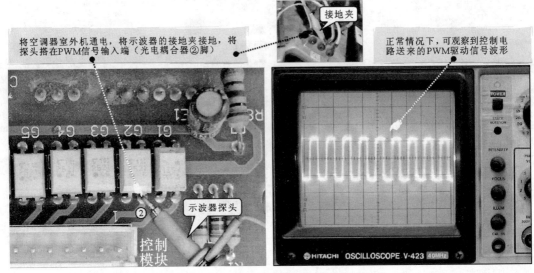

将空调器室外机通电，将示波器的接地夹接地，将探头搭在PWM信号输入端（光电耦合器②脚）

接地夹

正常情况下，可观察到控制电路送来的PWM驱动信号波形

示波器探头

控制模块

图 9-20　变频电路 PWM 驱动信号的检测方法

【特别提示】

若经检测逆变器（功率模块）输入的供电电压和 PWM 驱动信号均正常，而逆变器（功率模块）输出的变频压缩机驱动信号不正常，就说明逆变器（功率模块）本身可能损坏，可通过检测逆变器（功率模块）各引脚的对地电阻值，进一步判断逆变器（功率模块）是否损坏。以逆变器（功率模块）STK621-601 的②脚为例，图 9-21 所示为逆变器（功率模块）引脚对地电阻值的检测方法。

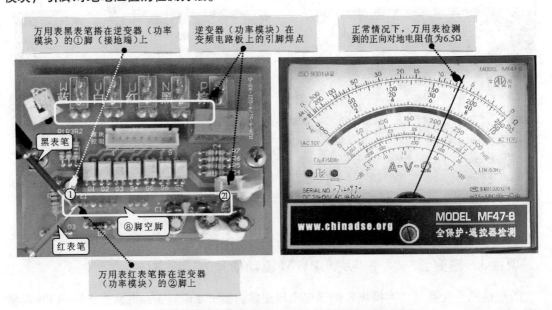

万用表黑表笔搭在逆变器（功率模块）的①脚（接地端）上

逆变器（功率模块）在变频电路板上的引脚焊点

正常情况下，万用表检测到的正向对地电阻值为6.5Ω

黑表笔

⑧脚空脚

红表笔

万用表红表笔搭在逆变器（功率模块）的②脚上

图 9-21　逆变器（功率模块）引脚对地电阻值的检测方法

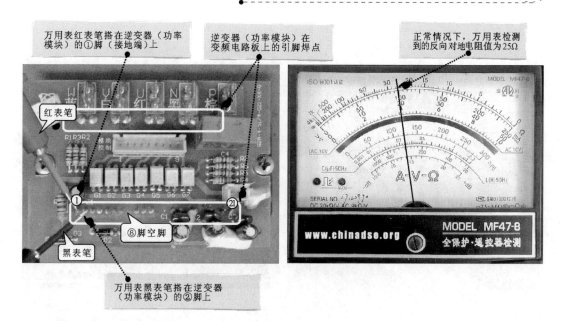

图 9-21　逆变器（功率模块）引脚对地电阻值的检测方法（续）

正常情况下逆变器（功率模块）各引脚的对地电阻值如表 **9-2** 所示。若测得逆变器（功率模块）的对地电阻值与正常情况相差过大，说明逆变器（功率模块）已经损坏。

表 9-2　正常情况下逆变器（功率模块）各引脚的对地电阻值　　（单位：kΩ）

引脚号	正向对地电阻值	反向对地电阻值	引脚号	正向对地电阻值	反向对地电阻值
①	0	0	⑮	11.5	∞
②	6.5	25	⑯	空脚	空脚
③	6	6.5	⑰	4.5	∞
④	9.5	65	⑱	空脚	空脚
⑤	10	28	⑲	11	∞
⑥	10	28	⑳	空脚	空脚
⑦	10	28	㉑	4.5	∞
⑧	空脚	空脚	㉒	11	∞
⑨	10	28	P 端	12.5	∞
⑩	10	28	N 端	0	0
⑪	10	28	U 端	4.5	∞
⑫	空脚	空脚	V 端	4.5	∞
⑬	空脚	空脚	W 端	4.5	∞
⑭	4.5	∞			

项目 4　光电耦合器的检测方法

光电耦合器是用于驱动逆变器（功率模块）工作的主要元器件，其损坏后会导致逆变器（功率模块）不工作。在判断逆变器（功率模块）无异常后，应对光电耦合器进行检测，如图 9-22 所示。

将万用表的黑表笔搭在光电耦合器的①脚

将万用表的红表笔搭在光电耦合器的②脚

正常情况下，测得其内部发光二极管的正向电阻值为22kΩ

光电耦合器电路符号

黑表笔　红表笔　控制模块

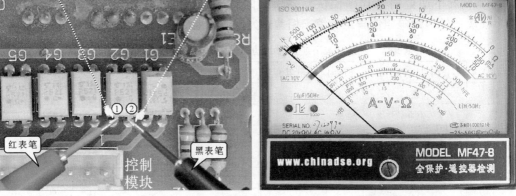

将万用表的红表笔搭在光电耦合器的①脚

将万用表的黑表笔搭在光电耦合器的②脚

正常情况下，测得其内部发光二极管的反向电阻值为无穷大

红表笔　黑表笔　控制模块

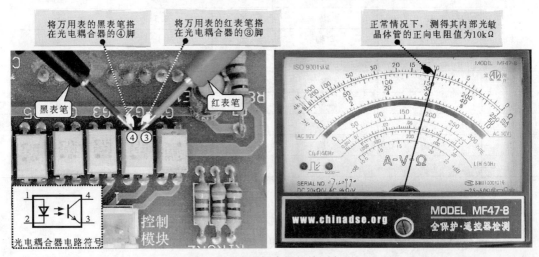

将万用表的黑表笔搭在光电耦合器的④脚

将万用表的红表笔搭在光电耦合器的③脚

正常情况下，测得其内部光敏晶体管的正向电阻值为10kΩ

黑表笔　红表笔　控制模块

光电耦合器电路符号

图 9-22　光电耦合器的检测方法

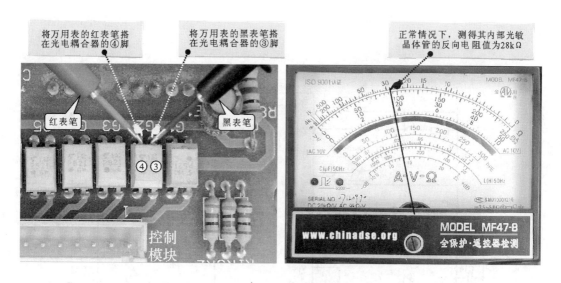

图 9-22 光电耦合器的检测方法（续）

在路检测时，可能会受外围元器件的干扰，测得的电阻值会与实际电阻值有所偏差。但光电耦合器内部的发光二极管和光敏晶体管都基本满足正向导通、反向截止的特性，若测得的光电耦合器内部发光二极管或光敏晶体管的正反向电阻值均为零、均为无穷大或与正常电阻值相差过大，都说明光电耦合器已经损坏。

 训练2 新型空调器变频电路的检修实例

这节训练通过实际例子，进一步巩固空调器变频电路的检修技能。

一台海信 KFR—4539 型变频空调器，正常通电开机后，压缩机不工作，怀疑是变频电路中有损坏的元器件造成的。图 9-23 所示为海信 KFR—4539 型变频空调器的变频电路部分。

由图可知，室外机电源电路送来的直流 300V 电压送入逆变器（功率模块）IC2 的㉒脚，+15V 电压送入逆变器（功率模块）IC2 的②脚，为其提供工作电压。由主控电路中的微处理器送来的驱动控制信号，送入逆变器（功率模块）IC2 的①、⑤、⑨脚，而逆变器（功率模块）IC2 的㉓～㉕脚输出变频压缩机的 U、V、W 驱动信号，送往变频压缩机中。

在对该电路部分进行检测时，主要检测逆变器（功率模块）的供电电压、输出信号以及输入信号等。图 9-24 所示为海信 KFR—4539 型变频空调器的变频电路的检修实例。

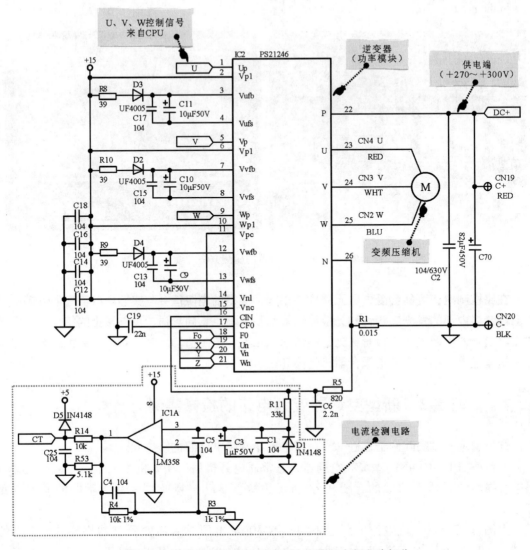

图 9-23　海信 KFR—4539 型变频空调器的变频电路部分

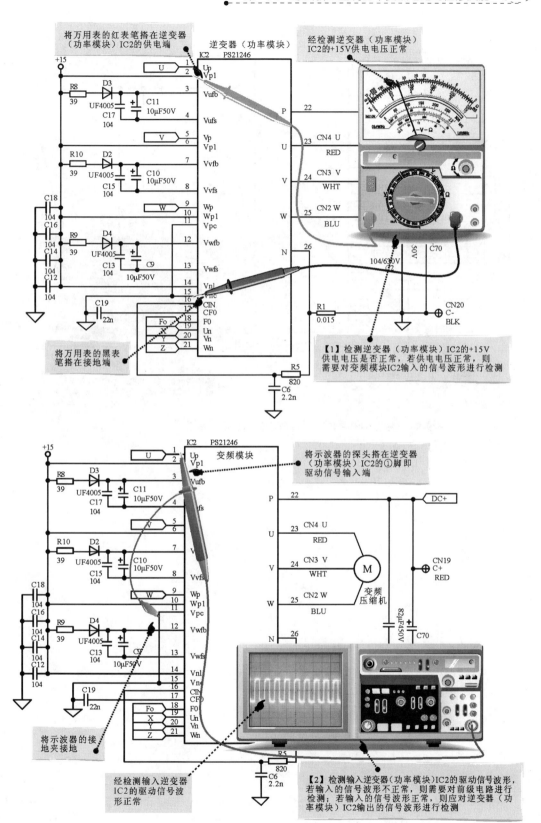

图9-24　海信KFR—4539型变频空调器的变频电路的检修实例

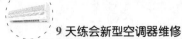

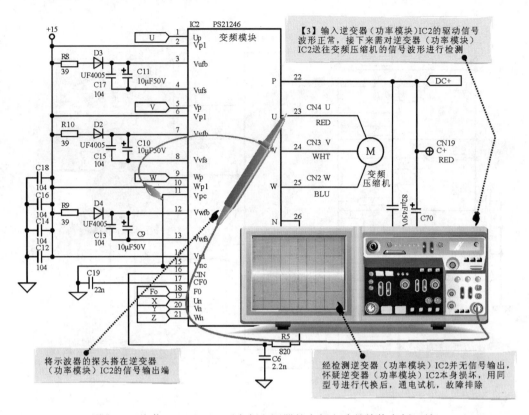

【3】输入逆变器（功率模块）IC2的驱动信号波形正常，接下来需对逆变器（功率模块）IC2送往变频压缩机的信号波形进行检测

将示波器的探头搭在逆变器（功率模块）IC2的信号输出端

经检测逆变器（功率模块）IC2并无信号输出，怀疑逆变器（功率模块）IC2本身损坏，用同型号进行代换后，通电试机，故障排除

图 9-24　海信 KFR—4539 型变频空调器的变频电路的检修实例（续）

检
18